U0311439

国际关系学院中央高校基本科研业务费专项项目
"全球视野下环境治理的机制评价与模式创新"批准号3262015T77

全球视野下环境治理的
机制评价与模式创新

史亚东◎著

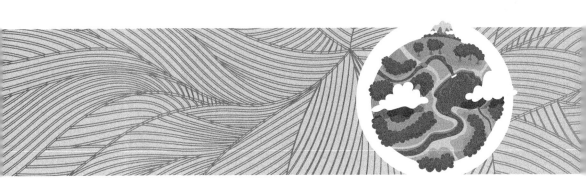

知识产权出版社
全国百佳图书出版单位
——北 京——

图书在版编目（CIP）数据

全球视野下环境治理的机制评价与模式创新/史亚东著 . —北京：知识产权出版社，2020.8
ISBN 978 - 7 - 5130 - 7061 - 4

Ⅰ.①全… Ⅱ.①史… Ⅲ.①环境综合整治—研究—世界 Ⅳ.①X3

中国版本图书馆 CIP 数据核字（2020）第 133134 号

内容提要

本书的整体框架按照理论阐述—实践总结—创新分析的思路展开。具体来说，首先，阐述环境治理理论、环境治理的政策工具与评价方法的基本理论；其次，在理论指导下，深入分析全球主要国家环境问题和全球气候变化问题的治理实践，并对主要国家的治理政策和机制以及全球气候治理机制进行总体性评价；最后，探讨发展中国家环境治理和全球碳减排责任分担机制的模式创新，包括从制度层面入手，探讨公众参与、环境意识等环境非正式制度约束对环境治理的影响，以及提出兼顾生产者责任和消费者责任的静态减排责任分担机制和动态责任分担机制等。

责任编辑：张水华		责任校对：王 岩	
封面设计：臧 磊		责任印制：孙婷婷	

全球视野下环境治理的机制评价与模式创新

史亚东 著

出版发行：**知识产权出版社** 有限责任公司		网 址：http：//www.ipph.cn	
社 址：北京市海淀区气象路 50 号院		邮 编：100081	
责编电话：010 - 82000860 转 8389		责编邮箱：46816202@ qq.com	
发行电话：010 - 82000860 转 8101/8102		发行传真：010 - 82000893/82005070/82000270	
印 刷：北京九州迅驰传媒文化有限公司		经 销：各大网上书店、新华书店及相关专业书店	
开 本：720mm×1000mm 1/16		印 张：17.75	
版 次：2020 年 8 月第 1 版		印 次：2020 年 8 月第 1 次印刷	
字 数：280 千字		定 价：69.00 元	

ISBN 978 - 7 -5130 -7061 -4

序

　　史亚东博士的学术新著《全球视野下环境治理的机制评价与模式创新》，将由知识产权出版社出版。邀我为之作序。记得收到她的上一部学术著作《全球环境治理与我国资源环境安全研究》时，我给她的回复是"期待下一部"。果然，三年后，便读到了新作书稿。为其学术努力、为其学术进展而高兴，欣然应允为之写序。

　　史亚东，2009 年由山东大学经济学院考入南开大学经济研究所攻读博士，2012 年 6 月顺利毕业并获得经济学博士学位。期间，我是她的指导教师。她原本报考的导师是在空间经济学领域卓有成就的知名学者安虎森教授，然而却被转到了我的名下，转向一个非自愿选择的专业方向——资源环境经济学与可持续发展。虽然她对于被转专业、被转导师没有表现出不安情绪，但其时内心的无助与无奈是可想而知的。因此，对于亚东，我心存一份"歉意"。好在，她没有任何的抱怨，很快就融入到了这一新的专业领域之中，直至今日，依然在这个专业领域里持续耕耘，并且取得了不俗的研究业绩。

　　从教学相长的角度来说，我对亚东还有一份"谢意"。那就是从他们这一届开始，基本上形成了一种持续传递的"门风"。一是，每周一次，所有在校博士生对于各自研究内容的汇报和讨论，一方面督促着大家每周都有所进展，另一方面也集思广益、相互启发使得各自研究日臻完善，一篇篇的专业论文、各自的毕业论文，就是在这样的过程中完成的；二是，无论是在校学习，还是毕业后工作中，相互之间总是有着一种无形的比学赶超的良性竞逐氛围，各自在不甘落后的心态下努力前行，此后多届博士师弟师妹都是在师兄师姐"优秀"的压力效应和榜样影响作用下而逐步进入科研状态的；三是，作为我招收的第一个女博士，亚东在学习过程中所展现的学业努力、学术悟性及其研究成果，使我转变了此前对于"女博士"或多或少的疑虑。自此之后，我对于女生报考博士，不再抱有偏见，而是乐观其成。此后多位女博士的养成也佐证了这一点；四是，博士在学期间和博士毕业不久就完成了结婚生子的人生重要过程，享受着家庭生活快乐的同时，坚守着学术研究的兴趣。这是我乐见学生们应有的一种生活形态，亚东在这方面也对后来者起着良好的示范。总之，作为老师，要感谢我的学生们，感谢他们学术讨论带给我的快乐，感谢青春年华的他们对我的学术陪伴，感谢他们每一学术进步带给我的内心骄傲。这是我对亚东想说的，同时也是对我前前后后指导的所有博士生想说的。

亚东，有着齐鲁人士的那份爽直、那份聪敏，更有着那份执着。看上去，她前行的路途平坦而坚实，但实质上是其勤勉用心应得的回报。从南开毕业后进入国际关系学院国际经济系从事教学科研工作，转瞬间八年已经过去，她也从一个青涩学生成为了一名成熟的经济学研究者。"优秀是一种习惯"，亚东持久地保有这一"习惯"。本书便是这一习惯下的阶段性收获吧?！通读书稿，作为同行研究者，我认为：该书，从全球视野的角度出发，着眼于环境治理的理论与实践，对各国环境治理政策和机制进行了梳理和比较，提出了环境治理模式创新的方向。该书值得推介的价值是，将环境治理理论与政策实践相结合，将国家治理主体与全球环境治理机制以及包括公众在内的微观治理主体相结合。通过理论与实践的比较，发达国家与发展中国家的比较、国家治理与全球治理的比较以及政府管理与公众参与的比较，多维度地探查环境治理相关问题，得出了若干有现实价值的结论和政策主张。生态环境经济学领域的理论工作者，生态文明建设领域的实际工作者，阅读此书，必将有所获益。

希望史亚东博士著述中的学术思想，能够不断精进、不断深化，对后续研究者有所影响并将这一影响持续地传承下去。这是为师者的一点"私心"，更是作为学术同行对"后浪"在学术阶梯上持续攀升的期许。丘吉尔有一句话"持续努力，而不是依赖强势或才具，方是释放我们潜能的关键"（Continuous effort, not strength or intelligence, is the key to unlocking our potential），愿借此语与史亚东博士及其同学们共勉！

钟茂初

2020 年仲夏于南开园

前　言

2008 年国际金融危机爆发以来，一股"逆全球化"的浪潮甚嚣尘上。英国脱欧、特朗普上台等"黑天鹅"事件层出不穷，贸易保护主义、民粹主义在许多国家肆虐蔓延，国与国之间，特别是大国与大国之间的较量空前激烈。在当前这种复杂多变的国际形势下，国际合作面临严峻挑战，这也使得在当前背景下，国际社会联合起来共同应对决定人类命运的生态环境问题显得格外重要。生态环境问题是一个整体性、复杂性和多变性的问题。人类应对生态环境问题必须有整体意识，即要认识到生态环境的影响是整体性的、人类对生态环境的作用是整体性的，以及人类社会对生态环境问题的治理是整体性的。党的十八大报告中明确指出，人类只有一个地球，各国共处一个世界，倡导"人类命运共同体意识"。其中，以人类整体利益为目标，国际社会联合起来共同应对生态环境问题，是人类命运共同体的核心内容之一。因而，作为一部研究环境治理机制与模式的学术专著，将研究聚焦于全球视野下，进行国际比较研究和全球环境问题的研究是十分必要的。

与此同时，随着《巴黎协定》的签署，全球环境治理开启了以"国家自主贡献"为代表的新型治理模式，即生态环境的治理更加强调和凸显每个国家的主体责任。从生态环境问题的产生和演变过程来看，发达国家已经积累了较为丰富和成功的环境治理经验，但很多发展中国家还正处于"要发展还是要环境"的两难选择中。如何避免重蹈发达国家"先污染、后治理"的老路，实现"绿水青山就是金山银山"的可持续发展，发展中国家可以借鉴发达国家的经验，但不能完全照搬发达国家的环境治理模式。在此背景下，如何因地制宜地提高发展中国家的环境治理水平，探索一条适宜发展中国家的环境治理模式，是本书写作的主要动因。

本书的整体框架按照理论阐述——实践总结——创新分析的思路展开。具体来说，首先，阐述环境治理理论、环境治理的政策工具与评价方法的基本理论；其次，在理论指导下，深入分析全球主要国家的环境问题和全球气候变化问题的治理实践，并对主要国家的治理政策和机制以及全球气候治理机制进行总体性评价；最后，探讨发展中国家环境治理和全球碳减排责任分担机制的模式创新，包括从制度层面入手，探讨公众参与、环境意识等环境非正式制度约束对环境治理的影响，以及提出兼顾生产者责任和消费者责任的静态减排责任分担机制和动态责任分担机制等。

在上述研究思路的指导下，本书的研究内容分为如下四个方面。

一是环境治理理论、政策工具与评价方法。本书从环境运动和环境治理的思想源流入手，详细阐述了环境治理中政策工具理论与环境治理和政策评价理论，厘清了环境治理理论脉络，形成了系统的环境治理评价的框架体系。

二是世界各国环境治理的政策实践与机制评价。本书选取了以美国、欧盟和日本为代表的主要发达国家，和以印度、东南亚岛国和巴西为主的主要发展中国家作对比，详细分析了我国环境治理的政策机制，并利用相关计量模型对我国环境政策法规的实施效果进行了定量检验和评价。

三是全球气候治理的理论、机制与评价。本书在详细梳理全球可持续发展思想形成的基础上，详细阐述了全球气候治理的机制框架和政策工具。利用计量模型对《京都议定书》框架下的碳泄漏问题进行了定量评估，由此对该治理机制进行了系统评价。

四是环境治理的模式创新。这部分研究内容分为两部分：首先是对发展中国家基于制度创新基础上进行环境治理的模式创新进行了理论阐述，其次是深入讨论了全球环境治理机制的改进方向。在第一个部分详细介绍了大数据背景下环境治理模式创新的具体路径。在第二个部分建立了相关理论和实证模型，对全球碳减排责任分担机制提出了改进建议。

本书的研究形成了较为系统的有关环境治理的政策工具和机制评价的理论体系；对全球视野下主要国家环境治理的经验进行了较为完整的总结；梳理了环境治理的评价标准和评价方法，形成了较完整的环境治理评价体系。本书在全球视野下系统梳理不同国家环境治理的政策实践，使得我国的环境治理理论与实践得以在全球视野下进行国际比较分析，对我国环境治理水平的提升提供了经验借鉴。另外，本书在理论和经验上论证了以公众环境参与的环境非正式制度进行环境治理的重要意义，为我国环境治理模式创新提供了具体路径。

　　本书是笔者所主持的国际关系学院中央高校基本科研业务费专项资金项目"全球视野下环境治理的机制评价与模式创新"（3262015T77）的最终成果。本书的部分成果同时也获得了北京市社会科学基金青年项目"大数据背景下北京市环境治理模式创新与政策实施效果研究"（16YJC061）的资助。在本书写作期间，正值笔者在国际关系学院国际经济系讲授《人口、资源与环境经济学》课程，本书的一些研究主题因与课程内容紧密相关，而得以在课堂上进行了广泛而深入的讨论。建立在这种讨论的基础上，本书的写作得到了笔者所指导的国际关系学院国际经济系学生们的积极参与和大力支持。部分同学对这一领域思考、总结和写作的成果也在本书中得以展现。这些同学分别是李真巧、王一迪、周捷、马梦奇、董楠、徐志鹏、柯文欣、阴姿琦、饶加贝、盛蓓珂、覃枥庆和张雅玮。另外，有关全球环境问题和全球环境治理问题，本书吸收了笔者已出版的《全球可持续发展经济学》《全球环境治理与我国的资源环境安全研究》的相关内容。

　　当然，本书的研究也存在一些问题和不足：首先，由于各国情况差异巨大、环境治理政策工具庞杂、相关数据资料获取困难等原因，研究并未制订统一的环境治理评价指标体系进行量化分析。其次，针对我国环境治理政策的量化评价研究尚不够全面，实证分析仅针对环境影响方面。针对这些研究缺陷与不足，笔者计划继续深入相关问题的探讨，进一步细化研究内容，并将其作为今后的研究方向之一。在此还请各位读者不吝赐教，激励笔者在今后的研究中不断充实和完善。

目　录

理论篇

国家环境治理篇

理论篇

第一章　环境运动的兴起与环境治理的思想源流

本章在回顾人类环境保护思想启蒙的基础上，详细介绍了工业革命之后西方发达国家所出现的严峻的环境问题，以及由此而兴起的环境保护运动。通过对环境运动历史的回顾，可以逐渐厘清西方环境治理的思想源流。在系统回顾国际社会应对全球环境问题的行动历程之上，本章还梳理了可持续发展理念的形成。最后，本章对环境治理理论和全球环境治理理论分别进行了概述。

第一节　环境保护的思想启蒙

尊崇自然、保护生态的思想，早在几千年前的人类社会发展初期就有所体现。我国《诗经》有云"怀柔百川，及河乔岳"，就体现了远古时期我国人民尊崇自然山川的思想。到先秦时期，从统治者颁布法令的角度可以看出那时对自然资源保护的规定更加清晰，人们已经意识到过度利用自然资源可能导致经济损失。西周时期《伐崇令》规定："毋坏屋，毋填井，毋伐树木，毋动六畜。有不如令者，死无赦。"《礼记·月令》也载："孟春之月……命祀山林川泽，牺牲毋用牝。禁止伐木，毋覆巢，毋杀孩虫，胎夭飞鸟，毋麛毋卵。"齐国管仲认为，"为人君而不能谨守其山林菹泽草莱，不可以为天下王"，他提倡"春政不禁则百长不生，夏政不禁则五谷不成"，体现了对自然资源合理利用的思想。湖北云梦县出土的记载秦国法律的秦简《秦律·田律》，被广泛认为是我国第一部有关环境保护的法律。其写道："春二月，毋敢伐材木山林及雍堤水。不夏月，毋敢夜草为灰，毋……毒鱼鳖……到七月而纵之。"

在古希腊，由于山区居民过度放牧和乱伐森林，森林面积大幅度减少和水土流失严重，哲学家柏拉图对此表达了深切的忧虑，在其所著的《对话》一文中，他形象地描述了雅典土地的巨大变化："先前富饶的土地现在只剩下一副病快快的骨架。所有肥沃松软的表土都被冲蚀殆尽了，剩下的只有光秃裸露的骨架。许多现在的荒山都是可耕作的土地，眼前的沼泽原为遍布沃土的平原；那些山丘上曾覆盖着森林，并生产出丰富的畜产品，而如今只有仅够供蜜蜂吃的食物。……一些现在已经荒芜了的古神殿，就坐落在那些曾经涌出喷泉的地点，它们证实了我们关于土地状况描绘的真实性。"在古罗马，许多哲学家、历史学家如卢克莱、李维等有识之士也已经意识到土地过度开垦所导致的水土流失和农作物产量下降的严峻问题。事实上，在人口大量增长的情况下，土地和森林等生态系统遭到破坏而产生的资源危机和生态危机，是造成包括玛雅文明、古埃及文明和古希腊文明等众多古文明衰落的共同、重要的原因。

总体来看，在农业社会，随着人类对自然改造能力的提高，资源破坏产生的生态危机已经显现。但是，受限于落后的生产力，这一时期人们对自然的改造主要表现为大面积的砍伐森林、破坏植被和开垦草原等方式。加之城市规模和人口聚集程度有限，因而，此时的环境问题突出体现为生态破坏问题，而广泛、严重的污染问题并没有凸显。因此，广大人民群众并没有因污染问题而产生强烈的环境保护诉求。或者说，此时统治阶级所采取的一些看似保护环境的政策法规，实际是出于保护统治阶级利益和需求的目的。在封建集权的高压管制下，底层人民连生存温饱都难以为继，只能加紧对生态资源的索取和利用，因而对环境问题可以说是漠不关心的。学者董新凯（1991）认为："在十八世纪六十年代前，各国统治阶级并未认识到自然环境的重要性、规律性，也未受到任何公众的压力，统治阶级基本上也未意识到环境保护会关系到自己的切身利益，所以都肆无忌惮地滥采滥用自然资源，污染和破坏自然环境，他们也就不会去自觉地制定出环境保护方面的法律。"❶ 所以说，在工业革命发生以前，生态环境保护的思想虽有萌芽，但环境污染问题并未大范围产生，公众也没有保护环境的诉求和动机，环境治理的实践和理论也无从谈起。

---

❶ 董新凯. 不能说我国古代存在环境保护法律 [J]. 法学杂志，1991 (3)：19.

第二节 工业革命后西方环境运动的
兴起与早期的环境治理

一、工业革命时期英国的环境问题与早期的环境治理

1. 工业革命时期英国的环境污染问题

以机器取代人力、以大规模工厂生产取代个体手工作坊的工业革命，开启了人类历史发展的新纪元。它的发生，标志着人类告别了农业社会，走向了工业文明，在人类历史上具有里程碑式的意义。但是，这场以纺织业的机械化为开端、以煤炭作为主要能源、以蒸汽机的广泛应用为标志的工业革命，一方面成就了人类物质文明和精神文明的巨大进步，另一方面也开启了人类大规模地对自然环境和生态系统的征服与破坏之门。正是以工业革命为开端，地球上的自然生态系统遭到了前所未有的破坏，环境污染问题成了阻碍人类长期生存与发展的最重要威胁。正如生活在工业革命时期的英国著名作家狄更斯所言："那是最好的年代，也是最糟的年代；那是光明的时节，也是黑暗的时节；那是希望的春季，也是悲伤的冬日。"

在工业革命的发源地英国，随着纺织业和钢铁业发展而产生的大规模的环境污染问题，正在逐渐地向人类展露出其狰狞的外貌。正如恩格斯所告诫的："我们不要过分陶醉于我们人类对自然界的胜利，对于每一次这样的胜利，自然界都对我们进行报复。"

首先，英国遭受了严重的大气污染。1780—1880 年的 100 年间，英国利用自己的煤炭储备所提供的能源建立了世界上最先进、最有活力和最繁荣的经济。但与此同时，由于没有任何环境保护措施，煤炭燃烧造成了严重的烟气、粉尘和二氧化硫等污染。"烟雾滚滚""房屋黝黑""恶臭刺鼻"等成为这一时期英国城市共同的特征，狄更斯称呼为"伦敦特色"。1879 年 12 月，伦敦曾爆发了一次严重的大气污染事件，浓重的烟雾使得道路上能听见马车声却看不见马车影，行人要靠摸索建筑物的外墙前行。1880 年 2 月《纽约时报》报道，伦敦"烟雾弥漫，一些居民因为呼吸有毒

气体而死亡……行人在路上行走要大声喊叫，以免被车辆碾伤"。1879 年，伦敦死亡人数比上一年上升了 220%，烟雾导致婴儿死亡人数达 3000 人，而 1880 年死于支气管炎的人数比正常年份高出 130%。❶

其次，是河流的污染。大量纺织工厂将所产生的污水直接排放到河流；伴随着纺织业而兴盛的化工业更是给水资源带来巨大破坏。英国学者卡特莱特指出，到 1830 年，英格兰的大工业城市没有一个安全的饮用水供应，这些地区的河流都受到了严重的污染，以致河里的鱼类都无法生存。

最后，在工业发展、城市规模扩大和人口集聚的情况下，城市生活环境急剧恶化。❷ 这种情况在工人、穷人和底层群众聚集的地区更为凸显。

马克思尖锐地指出："资本来到人间，从头到脚，每个毛孔都滴着血和肮脏的东西。"在工业化大生产中，资本嗜血的本性让工厂主和资本家在利益的驱动下，不会考虑生态环境的问题而主动地限制生产和减少污染。而在维多利亚时期，信任自由经济和万能市场的政府，也认为其"应予优先考虑的事项是允许市场无约束地发挥功能，而不是健康的管理或环境保护"❸。在资本的疯狂逐利和政府的漠视不管之下，英国环境污染形势急剧恶化，这使得环境治理，特别是有关大气污染的治理得到了来自公众的广泛而强烈的支持。可以说，环境治理的实践自产生起，先天就带有公众参与和社会运动的基因。

2. 工业革命时期英国的环境治理

实际上，针对大气污染，早在 14 世纪初，英国议会就曾颁布法令，禁止伦敦工匠和制造商在议会开会期间用煤。然而，此类法令目的主要是保护统治阶层权益，未能得到广大民众的支持，因而其颁布并未取得实际效果。直至 19 世纪中期，大气污染带来的广泛而持续性的影响，引起社会最广范围的公众关注和讨伐，由此才直接推动了议会层面多个立法的出台。1863 年，英国议会通过了控制路布兰制碱工艺所产生毒气的《碱业法》

---

❶ 崔艳红. 第二次工业革命时期非政府组织在英国大气污染治理中的作用 [J]. 战略决策研究，2015（3）：59 - 72.

❷ 李宏图. 英国工业革命时期的环境污染和治理 [J]. 探索与争鸣，2009，1（2）：60 - 64.

❸ 斯蒂芬·施奈德. 地球———我们输不起的实验室 [M]. 诸大建，周祖翼，译. 上海：上海科学技术出版社，1998：100.

（*Alkali Works Act*），标志着英国历史上第一个治理空气污染的法规的诞生。

路布兰制碱工业首先产生于 1814 年的英国，是英国碱生产方法向新工业转变的标志。该方法的基本过程是用普通的盐加硫酸处理生成硫酸钠，然后与石灰石和煤一起煅烧生成纯碱，其主要的副产品是盐酸。平均使用一吨的盐就会产生半吨的盐酸。虽然当时已有技术发现，通过使用风车凝结盐酸，即建造"酸塔"的方法可以减少至少 95% 的盐酸气体，但是出于经济利益考虑，制碱商不愿采购设备，而是采取建造高烟囱的方法，希望废气与空气混合后能够自然减少毒性。然而这一做法不但没有减少污染，反而在英国季风气候的作用下加剧了有毒气体的扩散。更为严重的是，当排入高空中的盐酸接触到大气中的水分后，会形成具有破坏性的"酸雨"，从而危害植物、腐蚀建筑物，并对人类健康造成十分严重的影响。从影响健康的角度考虑，那些在制碱工厂工作的工人们所遭受的危害无疑是最大的，"他们时常因为工厂泄漏的废气灼烧他们的衣服，腐蚀他们的牙齿，甚至还会引起他们的呕吐和晕厥"❶。然而，这样的健康损害在当时并未引起工人们的强烈反应，他们反而会因为就业和生存问题而维护制碱商的利益。因而，当时推动《碱业法》颁布的主要的民间力量，不是受健康风险影响最大的底层工人，而是制碱工厂所在地的农场主和英国贵族。

在制碱工厂所在地，农场主发现作物收成和农用设施出现巨大损失，于是通过与工厂谈判或采取诉讼和仲裁的方式寻求损失赔偿。值得一提的是，当时大部分针对制碱工厂的索赔案件都获得了胜利，但由于损失难以准确估计，农场主往往会夸大其实际损失，甚至为此而成立了专门的组织，聘请秘书和律师影响司法审判以获取利益。当时位于韦德尼斯（Widnes）的一位制碱商就曾抱怨："每一个懒惰的农场主在大多数情况下都是从制碱商那里获得全部或大部分租金的，而制碱商为了不被骚扰和阻挠经营也总是只好同意支付。"❷ 由此可见，标志着英国正式环境规制政策的《碱业法》，其颁布实施的背景具有如下特点：一是该法规受到了遭受

---

❶ 张一帅. 科学知识的运用和利益博弈的结晶——1906 年英国《碱业法》探究 [D]. 北京：北京师范大学，2005.

❷ Dingle, A. E. "The Monster Nuisance of All"：Landowners, Alkali Manufacturers, and Air Pollution [J]. The Economic History Review, 1982, 4 (35)：533.

污染影响的农场主、政府官员、贵族阶层以及以他们为主所形成的民间组织的推动；二是由于制碱商屡屡承担巨额赔偿，他们自身也希望出台相关法律对赔偿损失形成可靠依据，因而制碱商也没有抵制该法令的颁布，甚至还参与到其制定当中。可见，《碱业法》的颁布有着广泛的公众基础，这为其顺利实施奠定了基础。

《碱业法》试行的 5 年取得了显著的减排成果，其注册的工厂都达到了法令规定的盐酸凝结量，盐酸的平均排放量也从 1.28% 持续下降到 0.62%。❶ 然而，随着新技术的发展和新工艺的产生，盐酸逐渐不再成为主要污染物，而其他污染物的出现又未覆盖在该法案监控范围之内，这导致单纯依靠《碱业法》难以有效改善空气污染问题。虽然，《碱业法》只是针对酸雨问题的单项法案，并且其并未从根源上治理污染物的产生，但是该法案的制定在世界环境治理的实践史中仍具有重要意义。

首先，《碱业法》预示着政府对环境问题的态度由"坐视不管"到"主动干预"。当看到工厂由于缺乏激励对控污设备弃而不用时，从前那种认为市场是万能的普遍信仰开始瓦解，政府干预市场的行为拥有了合理而科学的理论依据。

其次，《碱业法》下碱业检查团的"劝导""合作""协商"性的调查方式，让理论界发现"灵活"手段对于政府干预方式的重要性。这为未来基于市场化机制进行环境治理的方式提供了实践经验、思路启示和理论准备。许多文献指出，在《碱业法》实施过程中，碱业检查团十分注重与工厂主的关系。当时的首席检察长（Chief Inspector）罗伯特·史密斯（Robert Angus Smith）特别提道："不要给予那种看上去像是一种干涉的建议；我们没有权利决定达到预期结果的方式。"❷ 这种政策上的"灵活性"，在 1874 年议会颁布的第二个碱业法中也有所体现。当时通过了一项控污准则，被称为"切实可行的措施"（the Best Practicable Means，BPM），成为英国环境污染治理的特色之一。BPM 原则实施的优点在于，它能将污染控制措施实施于污染过程的方方面面，提供了一种灵活、有效的方法来达到控制开支与收益之间的平衡，并且能够针对独特的地方环境而灵活地加以

---

❶❷ 张一帅. 科学知识的运用和利益博弈的结晶——1906 年英国《碱业法》探究［D］. 北京：北京师范大学，2005：24.

运用，体现了"强制性"和"灵活性"。❶

二、工业革命初期到"二战"以前的环境运动与环境组织

1. 英国精英主义的环境组织

由前述分析可见，在工业革命时期，环境污染问题已经成为社会公害。虽然生活在社会最底层的民众遭受到的污染和健康损失最为严重，但是由于污染源已经成为大部分底层民众赖以生存的经济支柱，因而广大工人阶级、贫困人口和少数族裔等受污染影响最严重的群体，并未成为这一时期环境社会运动的主要力量。相反，这一时期的环境组织主要由科学家、农场主和贵族所组成，带有明显的精英主义倾向。环境组织的这一特点导致了这一时期没有产生较有影响力和广泛性的环境社会运动。以英国为例，由于当时对环境问题的关注只是"绅士的业余爱好"，英国的民间环境组织大多不敢针砭时弊，挑战和反对国家政策。当时注册的环境组织几乎一半是慈善性机构，原则上不能参加公开性的政治活动，而这些组织与政府的协商往往被视为一种特权，只能循规蹈矩、遵守规则才能收到与政府协商的"邀请"，甚至还可能得到"皇家"的冠名权。这大大削弱了环境组织向政府施加的环境治理压力，同时环境组织在治理决策中处于边缘化的地位，其作用和力量受到极大限制。❷

与此同时，从世界范围来看，这一时期，无论是环境组织还是环境保护运动，都带有明显的资源保护主义色彩，环境污染问题及生态整体价值还没有引起足够重视。例如，1865 年，英国产生的世界上第一个民间环保组织——公共用地及乡间小路保护协会，主要是为了保护公共用地不被过度砍伐或放牧等侵害。1867 年，英国又成立了世界上第一个野生动物保护团体——东区保护海鸟协会；1895 年，英国还组建了历史古迹和自然风景区国家信托社。

2. 美国资源保护运动的派别之争

在同一时期的美国，围绕自然资源是应当保存还是保护，环境社会运

---

❶ 梅雪芹. 工业革命以来英国城市大气污染及防治措施研究［J］. 北京师范大学学报（社会科学版），2001（2）：124.

❷ 李峰. 试论英国的环境非政府组织［J］. 学术论坛，2003（6）：47 – 50.

动出现了两个派别，分别是荒野保存者运动（the Movement of Wildness Preservationists）和自然资源保护者运动（the Movement of Conservationists）。其中，荒野保存主义的领袖、被誉为美国"国家公园之父"的约翰·缪尔（John Muir）认为，"把自然当作资源开发利用，并最终作为人类的消费品是极其错误的行为"❶，因而保存主义主张对"自然的保护应尽量保存其原貌，强调自然具有独立于人类而存在的审美价值和道德意义"❷。1892 年，约翰·缪尔创立了世界上第一个自然保护组织，同时也是美国时至今日创立时间最长、规模最大的民间环保组织——塞拉俱乐部（Sierra Club）。约翰·缪尔及其创立的塞拉俱乐部所倡导的理念体现了生态中心主义的环境伦理思想。总结起来，其思想精髓表现为："第一，自然是一个有机整体。地球不是一个僵死的、没有活力的物体，而是一个拥有精神的、生生不息的有机体。第二，亲近自然是人类精神健康的构成要素。只有在自然中，人的灵性才能得到更新和提高。自然的简朴、纯洁和美丽能够砥砺我们的道德本性。第三，文明想要保持长久的生命力，就必须与自然保持平衡。古代优秀文明都是野性的肥沃大地所养育的结果。脱离自然的文明是没有前途的文明，必须要用浪漫主义和审美主义来抵制和纠正工业文明无处不在的商业主义和物质主义。第四，人与自然界的其他存在都是一个伟大共同体的成员，人类没有理由过分抬高自己的地位和价值。因为自然不属于人类，而人类却属于自然。那种试图把人从自然中孤立出来的观点在哲学上是错误的，在道德上是荒谬的。"❸

与保存主义针锋相对的，是以吉福德·平肖（Gifford Pinchot）为代表的一批实用主义自然资源保护学家。他们认为自然资源的使用需要科学而有效的管理，而有效管理的最终要义是要使自然资源满足大多数人的要求，因而自然资源应当受到人们广泛的利用和支配。吉福德·平肖在其撰写的《为保护自然资源而战》一书中提到："资源保护是一个从人类文明

---

❶ 刘莉. 试论生态文明建设中的新生态伦理观——以约翰·缪尔和吉福德·平肖的生态观对比为视角 [J]. 福建论坛（人文社会科学版），2014（09）：168－172.

❷ 胡群英. 资源保护和自然保护的首度交锋——20 世纪初美国赫奇赫奇争论及其影响 [J]. 世界历史，2006（3）：12－20.

❸ 杨通进. 环境伦理：全球话语　中国视野 [M]. 重庆：重庆出版社，2007：49.

角度出发的基本物质方针，同时又是一个为了人的持久利益开放和利用地球及其资源的政策。资源保护的第一个原则是为了现在生活于这块大陆上的人们的利益而开发和利用现存自然资源。为了当代人的利益开放和利用自然资源是这一代人的首要责任。第二个原则是避免浪费。开发利用有一定'度'的限制。第三个原则是必须为多数人的利益开放和保护自然资源。资源保护要服从于最大多数人的最长远的最大利益这一宗旨。要从长远的角度出发，审慎、节俭和明智地利用资源。❶"

吉福德·平肖所主张的保护主义与约翰·缪尔所主张的保存主义之争，实际体现了环境伦理思想中的人类中心主义与生态中心主义之争。而前者所秉承的"有效管理"原则、"为最大多数人的利益服务"原则与现代西方主流经济学思想及其背后所体现的功利主义价值观不谋而合。因而，吉福德·平肖的资源保护理论可被视为早期的环境经济学理论，是利用经济学思想进行环境治理的最早体现。

3. "赫奇赫奇山谷"事件及其对美国环境运动的影响

在现实中，上述两个环保派别的激烈对抗与争论体现在赫奇赫奇山谷（Hetch–Hetchy valley）的保护与利用问题上。赫奇赫奇山谷位于美国加州优胜美地公园内（the Yosemite Park）。它风景优美，水资源丰富，约翰·缪尔曾多次撰文赞叹并倡议保护。然而，19 世纪末，土木工程师也涉足这里，发现如果在山谷内修建水库将会解决旧金山市及其周围各县清洁用水长期不足的问题。1901 年，美国国会通过《通行权法案》，规定在符合公共利益的前提下，内务部长可以被允许在国家公园内进行开发。于是旧金山市提出了在赫奇赫奇山谷筑蓄水库的计划，如果这一计划得到批准，大坝拦截起来的水势必将淹没整个山谷，进而对整个国家公园的奇特景观和完整性造成破坏。约翰·缪尔及其领导的塞拉俱乐部对此计划表示了强烈反对，但 1906 年旧金山市因没有足够水源，在地震引发的火灾之后遭遇严重损失，这一计划又被提请到国会。1908 年，当时的美国林业局长批准了旧金山市的赫奇赫奇大坝计划，这一决定引发了全国范围内大规模的抗

❶ 刘莉. 试论生态文明建设中的新生态伦理观——以约翰·缪尔和吉福德·平肖的生态观对比为视角 [J]. 福建论坛（人文社会科学版），2014（09）：170.

议运动，迫使国会因此问题连续召开了 5 年的听证会。❶

虽然，事件最终以约翰·缪尔一方的失败和赫奇赫奇大坝计划通过而告终，但"赫奇赫奇山谷"事件对美国环境运动的影响却是深远的。首先，"保存派"的观点让人们意识到自然资源除了能满足人类的物质需要，还存在着审美、娱情和休闲的价值，环境的价值究竟包含哪些方面引起了人们重新审视。其次，资源保护主义的胜利，预示着功利主义下对环境的"有效"管理成为环境治理的主流思想，这一思想为环境经济学的诞生和运用提供了基础准备，成为当前西方环境治理中主要政策工具制定的价值观基础。另外，更为重要的是，围绕这一方小小的山谷问题，争论双方广泛运用了听证会辩论、报纸媒体上撰文和宣传发动群众等手段，这使得民众即便对大坝的修建的意见反应不一，但却普遍开始对环境问题持高度关注的态度，公众随之接受了一场生动的有关环境保护的宣传和教育。围绕大坝的修建和山谷保护，美国全国范围内组建了许多环境组织，兴起了一场关于资源"保护主义"和荒野"保存主义"的社会运动，成为当代环境运动的前奏。这一运动，一方面初步激发了美国民众对环境问题的重视，开启了美国公众的环保意识；另一方面也为推动美国现代环境运动的广泛开展及在 20 世纪六七十年代成为全球环境运动的领导者奠定了基础。

第三节　当代环境运动与西方社会环境治理的思想基础

一、"二战"以后的环境污染"公害事件"

进入 20 世纪，特别是第二次世界大战之后，以美国为代表的西方国家经济迅速提升，在第三次科技革命带来的技术进步影响下，这些国家的工业化和城市化水平迅速提升，资本不断积累，物质财富空前繁盛。然而，在物质主义的刺激和科技发展的帮助下，人类对自然生态系统的影响和破坏也达到了史无前例的严重程度。与工业革命时期污染只在局部发生不

---

❶　胡群英. 资源保护和自然保护的首度交锋——20 世纪初美国赫奇赫奇争论及其影响［J］. 世界历史，2006（3）：12–20.

同，这一时期全世界范围内爆发了一些极其严重的环境污染的"公害事件"，这些事件影响之恶劣、后果之严重直接催生了环境保护运动的兴起。

在20世纪发生的诸多"公害事件"中，以美国洛杉矶的光化学事件、英国伦敦烟雾事件以及日本的"公害病"事件最为瞩目，也最具代表性。

洛杉矶位于美国西南海岸，一面临海，三面环山，气候温暖，风景优美。"二战"后，随着金矿开采和运河开发，洛杉矶所在的加州地区经济迅速崛起，飞机制造业、汽车工业、国防工业发展迅速，人口规模迅速膨胀，汽车使用量飙升。工业的发展和机动车的增加使得这所城市面临严重的空气污染。从20世纪40年代起，每年的5月到10月，只要是晴朗的日子，洛杉矶城市上空就会弥漫一种浅蓝色的烟雾。这种烟雾刺激人的眼睛、咽喉，让人产生呼吸憋闷、头昏脑涨之感。1952年12月的一次严重污染，曾导致65岁以上的老人死亡400多人，上千人产生呼吸困难和头疼等症状。洛杉矶的光化学烟雾是由汽车尾气和工业废气中所含的碳氢化合物和二氧化氮在阳光紫外线照射下产生光化学反应所致，因而是一种典型的因经济发展所造成的严重大气污染事件。

自工业革命时期就饱受空气污染的伦敦，1952年12月又遭受了一场严重的烟雾污染事件。当时逆温层笼罩伦敦，城市处于高气压的中心，连续多日无风，这使得煤炭燃烧产生的气体和其他污染物在城市上空累积，引发连续数日的大雾天气。据统计，仅仅4天左右，伦敦市死亡人数达到4000多人。在事件发生后的两个月内，又有8000多人因呼吸系统疾病而死亡，这次事件成为空气污染史上最骇人听闻的事件。

在日本，同样由于工业化发展，造成了四种严重危害公共健康的"公害病"发生。第一种是水俣病，发生在1956年的熊本县水俣湾。当时陆续出现大量动物行为异常和死亡的现象，不久，附近村民又出现口齿不清、走路不稳、精神失常直至死亡的现象。后来研究表明，日本氮肥公司排放的废水中含有大量的汞，这些废水被海中鱼虾摄入体内后转化成甲基汞，然后又被人类食用，导致该病发生。第二种是痛痛病，发生在1955年至1972年的富山县神通川流域。1955年神通川流域的居民开始出现一种怪病，患者一开始是局部关节疼痛，延续几年之后出现全身骨痛、不能行动、自然骨折直至病死的现象。后来查明，这种病的发生与当时三井金属矿业公司神冈炼锌厂的废水有关。该公司把未经净化处理的含镉废水长年累月地排放到河流中，导致居民长期饮用受污染的河水并食用污染水灌溉的稻米，致使重金属镉在人体内堆积，最终引发骨痛症。第三种是四日市哮喘病。四日市位于日本东部海湾，是日本重要的石油工业基地。由于石油冶炼和工业燃油产生的废气大量排放，致使该市在 1956 年到 1972 年之间多次爆发大规模哮喘疾病，导致数十人死亡，并蔓延至全国。第四种是第二水俣病，发生在 1965 年的新潟县阿贺野川流域，因与雄本县的水俣病症状相同，都是由于重金属汞导致的水污染，而得此名。

二、当代环境运动的兴起与西方社会环境治理思想的形成

1. 美国 20 世纪六七十年代的主流环境运动

随着公害事件在全世界范围内层出不穷，并且其影响范围越来越大、后果越来越严重，西方社会开始重新审视人与自然环境的关系，环境污染的危害与环境保护的意识在公众心中萌生。1962 年美国一位女海洋生物学家蕾切尔·卡逊（Rachel Carson），出版了一部名为《寂静的春天》（Silent Spring）的书籍，点燃了公众环境保护的热情，拉开了美国乃至全世界环境社会运动的序幕。

《寂静的春天》主要利用生态学中食物链的原理，说明化学杀虫剂DDT 不仅能杀死害虫，也能杀死那些吃过染上 DDT 的害虫的鸟类，并最终沿着食物链影响到人类自身。卡逊说："撒向农田、森林和菜园里的化学药品也长期存在于土壤里，然后进入生物的组织中，并在一个引起中毒和死亡的环链中不断传递迁移。有时它们随着地下水流神秘地转移，等到再度显现出来时，它们会在空气和阳光的作用下结合成为新的形式，这种新物质可以杀伤植物和家畜，使那些曾经长期饮用井水的人受到不知不觉的伤害。"❶ 《寂静的春天》一书最初在美国很有影响力的杂志《纽约客》（New Yorker）上连载，1962 年 9 月正式出版后，一石激起千层浪，被形容"犹如旷野中的一声呐喊"，在美国社会引起强烈反响。书正式出版的当年就卖出了 10 万册，连续几个月位居畅销书榜首位，继而又被译成了多国语言在世界范围内广泛发行。1963 年，时任美国总统的肯尼迪任命了一个特别委员会专门对此书进行了调查，调查结果发现书中所警示的农药使用的

---

❶ 蕾切尔·卡逊. 寂静的春天［M］. 上海：上海译文出版社，2014：5.

危害是存在的。此后，美国政府通过立法开始限制杀虫剂在各州的使用，其他国家也陆续颁布了禁用有机氯农药的法令。1990年，美国副总统戈尔在给该书作序时说，"如果没有这本书，环境运动或许被延误很长时间，或者现在还没有开始"，足见这本书的重要影响。

《寂静的春天》一书之所以能引起美国社会空前高涨的环境保护运动，与当时美国社会环境和社会思潮动向紧密相关。"二战"后在工业发展和经济繁荣的背后，美国的贫富差距和种族歧视等社会问题日益突出。在国际社会上，冷战阴云密布，同时又深陷越战泥潭，这一切都造成了"二战"后美国的异常动荡与不安。在"二战"后亚非国家有色人种争取民族独立斗争胜利的鼓舞下，20世纪50年代中期美国开始了声势浩大的黑人反对种族歧视和种族压迫的民权运动。以该运动为先导，反战运动、自由主义运动、女权运动、新左派运动、反主流文化运动等社会运动此起彼伏，逐步在60年代走向高潮。这些运动与环境运动一样，都对美国传统价值观提出了挑战，其产生的社会思潮给予环境运动充分的思想启迪和理论养分。在其他社会运动逐步进入低潮后，社会运动的参与者把主要精力都投身到环境运动中来，因此这些社会运动更进一步壮大了环境运动的队伍。

将美国环境运动推向巅峰的是1970年4月22日的"世界地球日活动"。据统计，这一天全美国有超过2000多万人、1万所中小学、2000所高校以及2000个社区和各大团体聚集。人们通过举行集会、游行和其他多种形式的宣传活动，要求政府采取切实措施保护环境，这次活动被誉为人类历史上规模最大的一次有组织的示威游行和环境保护运动。"大约2000万人在同一天聚集在美国各地的街道、大学、河岸、公园、公司和政府机关门口，采用几乎相同的方式，这在历史上是绝无仅有的。"[1] 这次运动声势之浩大，被认为是世界环境革命开始的象征，"地球日之后，一切都发生了变化"[2]。

除了规模空前的示威游行之外，美国这一时期的环境组织发展迅速。新成立的环境组织主要有：1967年成立的环境保护基金会和动物保护基金

---

❶ 滕海键. 试论20世纪60—70年代的美国环境保护运动 [J]. 内蒙古大学学报（人文社会科学版），2006，38（4）：114.

❷ 滕海键. 试论20世纪60—70年代的美国环境保护运动 [J]. 内蒙古大学学报（人文社会科学版），2006，38（4）：115.

会；1969 年成立的国际性环境组织"地球之友"；1970 年成立的自然资源保护委员会，以及保护选举人同盟；1971 年成立的国际环境组织"绿色和平组织"等。在这一期间，一些原有的环保组织也继续发展壮大，例如塞拉俱乐部 1960—1965 年组织规模扩大了两倍，1965—1970 年扩大了三倍。❶

但需要指出的是，这一时期美国主流的环境组织，被称为"环保十重组"（group of ten），主要是由科学家、中产阶级、白人、男性组成。在由其推动的环境运动的后期，其逐渐脱离了公众参与的传统，而转向政府和机构层面进行诉讼、技术评估和环境立法活动。因而美国"自下而上"式的主流环境运动的发展推动了美国"自上而下"式制度化环境治理机制的建立。美国学者 Corbett 认为："美国主流的环境意识形态由人类中心主义所主导，而有关环境的社会范式、法律和规制也以此为基础，因而美国环境运动只获得了部分成功：它虽然持续了很长时间，但发展平稳且并未取得重要胜利，其传播具有官僚性、专业性、法律性和妥协性。"❷ 实际上，Corbett 的评论揭示出了当前几乎所有西方国家环境治理模式建立的基础，在"满足最大多数人最大幸福"的功利主义价值观和"人类中心主义"生态伦理观下，环境治理以"经济有效"为目标，环境经济学的理论思想得以产生，相应的市场化的环境治理政策成为西方社会主流的环境治理工具。

2. 美国环境正义运动

在美国环境运动历史上，除了 20 世纪 60 年代由白人和中产阶层所领导的主流环境运动外，值得一提的是，在 20 世纪 70 年代美国还兴起了另一类关注有色人种和低收入阶层的环境权益的环境正义运动。环境正义是指环境保护中的社会公平与正义，环境正义运动表现为受到不公平环境风险分担的有色人种、少数族裔和低收入群体争取公平待遇、反对环境种族主义的斗争形式。因而，环境正义运动虽然属于环境运动的一个维度，但又不同于一般意义上的环境运动，它与民权运动相结合，在运动中导致直接的利益和政治冲突。

---

❶ 滕海键. 试论 20 世纪 60—70 年代的美国环境保护运动 [J]. 内蒙古大学学报（人文社会科学版），2006，38（4）：115.

❷ 刘景芳. 从荒野保护到全球绿色文化：环境传播的四大运动思潮 [J]. 西北师大学报（社会科学版），2015，52（03）：108.

美国环境正义运动的开端，一般人认为是发生在 1982 年北卡罗来纳州的沃伦县（Warren County）事件。该县一个主要的黑人贫困社区联合附近居民抗议州政府将多氯联苯（PCB）有毒废弃物掩埋场兴建在当地。当地居民认定，有毒废弃物掩埋场的选址存在种族歧视，因而发起了声势浩大的抗议活动。抗议者倒卧在道路中间，用身体阻拦满载 PCB 污染物的 6000 辆卡车，导致大规模的警民冲突，警方逮捕了超过 500 名的抗议示威者。虽然沃伦县的抗议运动最终失败，但此事件却引起了美国上下对环境不公正的重视。在事件发生后，美国社会掀起了一股有关环境风险不公平分担的研究浪潮。

1983 年，美国审计总署对美国东南部的有害垃圾填埋点的分布进行了调查，结果发现，垃圾填埋场的分布与所处社区的种族、收入状况存在紧密联系。1987 年美国基督教联合教会种族正义委员会（United Church of Christ Commission for Racial Justice，UCC）发布了第一份涵盖美国全国的全面性报告，发现种族是美国垃圾掩埋场选址与建厂的最重要指标。1990 年，美国社会学教授、被誉为"环境正义之父"的罗伯特·布拉德（Robert Bullard）出版了《迪克西的倾倒》（*Dumping in Dixie*）一书，该书发现环境歧视是以种族、阶级为特征对群体和社区区别对待，而造成这一现象的原因在于污染寻求最小抵抗路径，即由于有色人种和低收入群体社区长久以来欠缺雄厚的社会资本，因而缺乏反对环境污染的抵抗力量，而政府的行为有意或无意助长了不平衡状况的加剧，因而导致这种环境不公现象的扩大化。

美国的环境正义运动强化了环境运动的政治影响力，推动了环境运动从精英阶层向普通民众的转变。更为重要的是，这种最初以抗议国内环境种族主义的环境正义运动，逐渐成为国际环境正义运动兴起的推动力。在全球环境问题日益严峻的背景下，南北国家针对环境风险与权益的分担问题展开了激烈争论，由此产生了发展中国家针对发达国家生态帝国主义的抗议和斗争。❶

虽然环境正义运动触及了西方社会政治集团的利益分配问题，但该运

❶ 张纯厚. 环境正义与生态帝国主义：基于美国利益集团政治和全球南北对立的分析［J］. 当代亚太，2011（3）：57－78.

动并没有动摇西方社会主流的人类中心主义的生态价值观，以及在经济理论指导下进行环境治理的理论和政策实践。在市场经济发达的西方社会，主流观点认为，传统环境正义理论不是解决问题的灵丹妙药。传统环境正义运动反对垃圾场建在自家后院，UCC 的会长贾维斯（Benjamin Chavis）在阐释环境正义的意义时曾说道："我们并不是要把焚化炉或有毒废弃物垃圾场赶出我们的小区，然后把它们放到白人的小区里，——我们要说的是，这些设施不应该设在任何人的社区里。"❶ 但是人类只要存在经济活动就会产生污染，要求零污染的后果意味着人类社会付出极大的成本。因而，西方许多经济学家批判，在无污染的目标尚未达成之前，解决污染该去哪里、垃圾填埋场应该建在哪里等问题，贾维斯等传统环境正义学者显得束手无策，甚至完全无法提供解决方案。美国著名的环保主义者、前副总统戈尔（Albert Gore）曾说道："我总是被焚化炉或掩埋场计划所能动员众多反对不受欢迎设施兴建的民众而为之语塞。在这样的争议里，似乎没有人考虑到经济与失业的问题；对他们而言，唯一重要的事就是保卫自家的后院。"❷ 由此可见，环境不正义可以看作西方市场经济下的一种自然的结果，而对此问题的看法也成为在应对全球环境问题时发达国家的立场所在。

第四节　可持续发展理念形成及全球环境治理行动的开展❸

一、可持续发展理念的形成与行动纲领

可持续发展思想的形成，以 1992 年联合国环境与发展大会通过的全球

---

❶ 黄之栋，黄瑞祺. 光说不正义是不够的：环境正义的政治经济分析——环境正义面面观之三 [J]. 鄱阳湖学刊，2010（6）：22.

❷ 黄之栋，黄瑞祺. 光说不正义是不够的：环境正义的政治经济分析——环境正义面面观之三 [J]. 鄱阳湖学刊，2010（6）：23.

❸ 本节内容参见：钟茂初，史亚东，孔元. 全球可持续发展经济学 [M]. 北京：经济科学出版社，2011.

可持续发展行动计划《21世纪议程》为分界，1992年之前"可持续发展"还只是停留在思想认识层面，1992年之后逐步转化为行动或行动纲领。

1. 思想起源与理念的首倡

1968年4月，来自10个国家的有关学者、实业家、政府人员及国际组织文职人员约30人在罗马集合，讨论当代和未来人类面临的困难问题，并成立了一个非正式的国际学术团体——罗马俱乐部。1972年，由D. L. Meadows等人执笔的罗马俱乐部报告《增长的极限》（*The Limits to Growth*）发表，其中提出由于人类经济活动呈指数化的增长而造成资源过度开发和浪费，必然会导致自然资源枯竭和环境恶化，从而将导致严重的人类生存危机。其基本结论为，如果人类社会按目前的趋势继续发展下去，将会出现生活更不安定，人口更拥挤，污染更严重，资源更匮乏。如果不立即采取全球性的坚决措施来制止或减缓人口和经济增长速度，则在100年内的某一时刻，人类社会的增长就会达到极限，此后便是人类社会不可逆转的瓦解，人口和经济产量都将大幅度下降。《增长的极限》的主要论点为：人类社会的增长由5种互相影响、互相制约的发展趋势构成，即加速发展的工业化、人口剧增、粮食短缺和普遍的营养不良、不可再生资源枯竭、生态环境日益恶化，它们的增长都是呈指数型的（指数型增长的一个特征是以上一段的基数为基础成倍增长，另一个特征是通向极限的突发性，因为极限到来之前只有极短的一段时间）。人类社会增长的5种趋势的物质量构成相互间的正反馈循环，加剧了增长接近极限的可能。人们或许可以采用科学技术手段来解决当前的某些问题，但无法根本解决发展无限性与地球有限性的矛盾，即或许能推迟危机的出现和延长增长的时间，但无法消除危机。

以未来学研究著称的罗马俱乐部，通过把增长和可持续性两个概念结合起来研究，提出了发展的概念。他们较早地涉足了人口、经济和资源环境相协调的问题，提出了对单纯经济增长的怀疑，打破了经济增长带来无限美好未来的神话，明确地界定了发展一词的含义，为可持续发展理念的建立奠定了重要的基础。❶

---

❶ 李存. 从增长到发展——罗马俱乐部可持续发展思想述评 [J]. 热带地理，1999，19（1）：92.

1972年6月，联合国人类环境会议在斯德哥尔摩举行，考虑到需要取得共同的看法和制定共同的原则以鼓舞和指导世界各国人民保持和改善人类环境，发表了《人类环境宣言》。宣言宣布了会议提出和总结的7个共同观点和26项共同原则。其中，7个共同观点是：（1）人类既是环境的创造物，又是环境的塑造者。人类环境天然和人为的两个方面，对于人类的幸福和享受基本人权都是必不可少的。（2）保护和改善人类环境是关系到全世界各国人民的幸福和经济发展的重要问题，也是全世界各国人民的迫切希望和各国政府的责任。（3）在现代，如果明智地使用人类改造环境的能力，就可以给各国人民带来开发的利益和提高生活质量的机会。如果使用不当，或轻率地使用，这种能力就会给人类和人类环境造成无法估量的损害。在地球上的许多地区，我们可以看到周围有越来越多的人为损害的迹象：在水、空气、土壤以及生物中污染达到危险的程度；生物界的生态平衡受到严重和不适当的扰乱；一些无法取代的资源受到破坏或陷于枯竭。（4）在发展中国家中，环境问题大半是由于发展不足造成的。因此，发展中国家必须致力于发展工作，牢记他们优先任务和保护及改善环境的必要。为了同样目的，工业化国家应当努力缩小他们自己与发展中国家的差距。在工业化国家里，环境一般同工业化和技术发展有关。（5）人口的自然增长不断地给保护环境带来一些问题。（6）现在已达到历史上这样一个时刻，即当我们决定在世界各地的行动时，必须更加审慎地考虑它们对环境产生的后果。由于无知或不关心，我们可能给我们生活和幸福所依靠的地球环境造成巨大的无法挽回的损害。为了这一代和将来的世世代代，保护和改善人类生存环境已经成为人类一个紧迫的目标，这个目标将同争取和平、全世界的经济社会发展共同协调地实现。（7）为实现这一环境目标，将要求公民和团体以及企业和各级机关承担责任，大家需要一起努力。各地方政府和全国政府，将对发生在他们管辖范围内的大规模环境政策和行动承担最大的责任。为筹措资金以支援发展中国家完成他们在这方面的责任，还需要进行国际合作。形式越来越多的环境问题，因为它们在范围上是地区性或全球性的，或者因为它们影响着共同的国际领域，将要求国与国之间广泛合作和国际组织采取行动以谋求共同的利益。会议呼吁各国政府和人民为着全体人民和子孙后代的利益而做出共同的努力。

此次会议是人类环境保护的一个划时代事件，会议除了产生了世界上第一个维护和改善环境的纲领性文件，还取得了其他丰富的成果，包括：将每年的 6 月 5 日定为了"世界环境日"；把生物圈的保护列入了国际法之中，使其成为国际谈判的基础；将发展中国家纳入，使环境保护成为全球性的一致行动。此次会议还成立了联合国环境规划署，总部设在肯尼亚首都内罗毕，此国际机构成为今后全球环境治理的重要机构。

为纪念斯德哥尔摩联合国人类环境会议 10 周年，成员方于 1982 年 5 月聚会于内罗毕，审议并通过了《内罗毕宣言》（*Nairobi Declaration*）。该宣言是第二个人类环境宣言，是全球环境保护的新的里程碑。该宣言指出：（1）斯德哥尔摩会议加深了公众对人类环境脆弱性的认识和理解。宣言的原则在今天仍和 1972 年时一样有效。这些原则为今后提供了一套改善和保护环境的基本守则。（2）行动计划仅部分得到执行，其结果不能令人满意。主要是由于对环境保护的长远利益缺乏足够的预见和理解，在方法和努力方面没有进行充分的协调，以及资源的缺乏和分配的不平均。因此，行动计划还未对整个国际社会产生足够的影响。人类的一些无控制或无计划的活动使环境日趋恶化。森林的砍伐、土壤与水质的恶化和沙漠化已达到惊人的程度，并严重地危及世界大片土地的保有条件。有害的环境状况引起的疾病继续造成人类的痛苦。大气变化（如臭氧层的变化、二氧化碳含量的日益增加和酸雨）、海洋和内陆水域的污染、滥用和随便处置有害物质以及动植物物种的灭绝，进一步严重威胁环境。（3）进行环境管理和评价的必要性。环境、发展、人口和资源之间的紧密而复杂的相互关系，只有采取一种综合的并在区域内统一的办法，并强调这种相互关系，才能使环境无害化和社会经济持续发展。（4）对于环境的威胁，因为贫穷和挥霍浪费变得更为严重，这两者都会导致人们过度地开发环境，因此，《联合国第三个发展十年国际开发战略》和建立新的国际经济秩序，均属于旨在全球性地努力扭转环境退化的主要手段。将市场调节和计划相结合起来，也可有利于社会的健康发展，以及环境和资源的合理管理。（5）一种和平安全的国际气氛，没有战争的威胁，不在军备上浪费人力、物力，对于人类环境将有极大的好处。（6）许多环境问题是跨越国界的。为了大家的利益，在适当的情况下，应通过各国间的协商和协调一致的国际行动加以解决。（7）不发达状况造成的环境缺陷是一个严重的问题，但可以通过各国间更公平地利用技术和经济资源加以克服。发达国家应协助受到环境失调影响的发展中国家。（8）需要进一步努力发展环境无害化，应注意技术革新在促进资源的代替、再循环和养护方面发挥的作用。（9）与其花很多钱、费很多力气在环境破坏之后"亡羊补牢"，不如预防其破坏。（10）国际社会庄严重申各国对斯德哥尔摩宣言和行动计划所承担的义务，重申要进一步加强和扩大在环境保护领域内的各国努力和国际合作。国际社会督促世界各国政府和人民既要集体地、也要单独地负起其历史责任，使我们这个地球能够保证人人都能过有尊严的生活，代代相传下去。

1987 年 2 月，在日本东京召开了第八次世界环境与发展委员会，通过了《我们共同的未来》的全球环境报告。这份报告包含了大量的历史资料和各种数据，涉及当今人类面临的 16 个严重的环境问题。截至 2018 年，这些问题仍没有根本性的改变，甚至有日益深化的趋势。该报告系统地阐述了人类面临的一系列重大经济、社会、环境问题，提出了"可持续发展"概念，这一概念得到了广泛的接受和认可。可持续发展的定义是：既满足当代人的需求，又不对后代人满足其自身需求的能力构成危害的发展。

2. 主要行动纲领

1992 年，联合国环境与发展大会（UNCED）通过了《21 世纪议程》《里约环境与发展宣言》《可持续发展世界首脑会议实施计划》等有关全球可持续发展的重要文件，这 3 个文件成为此后全球可持续发展的主要行动纲领。其中对于全球可持续发展的合作最为重要的一点是《里约环境与发展宣言》中提出的原则 7——"各国应本着全球伙伴精神，为保存、保护和恢复地球生态系统的健康和完整进行合作。鉴于导致全球环境退化的各种不同因素，各国负有共同的但是又有差别的责任。发达国家承认，鉴于他们的社会给全球环境带来的压力，以及他们所掌握的技术和财力资源，他们在追求可持续发展的国际努力中负有责任。"

《21 世纪议程》是一个关于环境保护与可持续发展问题的世界范围的行动计划。该议程提供了一个从 1992 年起至 21 世纪的行动蓝图，它涉及与地球可持续发展有关的所有领域。《21 世纪议程》全文 35 章，共有 4 大部分内容：（1）社会和经济（第 1～8 章）。为了加强可持续发展的国际环境，建议形成旨在放宽贸易限制、使贸易和环境相互支持、提供充足资金来源、处理国际债务、鼓励有助于环境和发展的宏观经济政策；（2）资源保护和管理（第 9～23 章）。为了保护资源和环境，强调基本立足于有效的、无害的生产和消费。建议制订国家计划：将能源、环境、环境政策融为一个能承受的框架，发展考虑环境费用的经济和规章措施，建立高效能生产和消费的生产方式和生活方式；（3）加强主要社团的作用（第24～32章）。强调所有社团参与可持续发展的重要性；（4）实施的方法（第33～35章）。包括资金来源及机制，使人人享有环境无害的技术、可持续发展的科学等。

《21世纪议程》概括了人类对环境与发展问题的认识成果，其内容为：（1）统一了人类对环境问题的认识，发达国家和发展中国家都认识到环境问题对人类生存与发展的严重威胁，认识到解决环境问题的紧迫性，认识到妥善解决全球环境问题的前提条件是基于共同利益利害的责任感和合作精神；（2）扩展了人类对环境问题的认识深度和广度，突出地把环境问题和经济发展结合起来，探求它们之间的相互影响和相互依赖关系，指出经济、社会、环境相协调的可持续发展道路是人类解决环境问题的唯一选择；（3）在找出环境问题产生根源和解决环境问题的途径的同时，也明确了各国家的责任。

1992年，联合国环境与发展会议在里约热内卢发表《里约宣言》（*Rio Declaration*，又称*Earth charter*），重申1972年在斯德哥尔摩通过的《人类环境宣言》，并试图在其基础上再推进一步，怀着在各国、在社会各个关键性阶层和在人民之间开辟新的合作层面，从而建立一种新的、公平的全球伙伴关系的目标，致力于达成既尊重所有各方的利益，又保护全球环境与发展体系的国际协定，认识到我们的家园——地球的整体性和相互依存性，提出有关问题的相关原则。

2002年9月，在南非约翰内斯堡召开的可持续发展世界首脑会议，通过了《可持续发展世界首脑会议实施计划》（*Plan of Implementation of the World Summit on Sustainable Development*），为实现全球可持续发展提供了基本原则和行动计划。该计划采用里约原则（包括《里约宣言》原则7所规定的"共同但有区别的责任"原则），致力于在各个层面采取具体行动和措施并增进国际合作，还将促进可持续发展的三个既相互依赖又彼此加强的组成部分——经济发展、社会发展和环境保护融为一体。消除贫困和改变不可持续的生产和消费模式，以及保护和管理经济及社会发展所需的自然资源基础，是可持续发展的首要目标，也是根本要求。实施该计划有利于所有人，实施中还应通过伙伴关系（尤其是北方和南方之间，各政府和主要群体之间的伙伴关系）吸引所有相关行动者来参与，实现普遍认同的可持续发展目标。此种伙伴关系在日益全球化的世界中是实现可持续发展的关键。各国内部和国际层面上的良好治理（good governance，"良政"）是可持续发展不可缺少的。由于全球化，外部因素已经成为影响发展中国家国内努力成败的至关重要因素。发达国家和发展中国家之间的差距表明，要维持并加快全球实现可持续发展的势头，需要继续努力创造具有活力和有利的国际经济环境，这种环境支持国际合作，尤其是在资金、技术转让、债务和贸易等领域，并支持发展中国家全面和有效参与全球决策过程。

2000年9月，联合国十年首脑会议召开，来自世界各国的150多位国家元首和政府首脑签署通过了《联合国千年发展宣言》，共同承诺采取措施，努力消除贫困，解决人类发展所面临的共同问题，促进人类的尊严与平等，实现世界的和平、民主和环境可持续性。为落实《联合国千年发展宣言》的各项承诺，会议向各国政府提出了一个到2015年由8大目标、18个具体目标、48个监测指标组成的《千年发展目标》（*Millenium Development Goals*，MDGs），要求各国政府承担起责任，共同解决消除饥饿与贫困，促进男女平等，降低儿童和孕产妇死亡率，与艾滋病等传染疾病抗争，确保普及基础教育，支持21世纪议程中可持续发展原则，支持发达国家通过援助、贸易、减免债务和投资来帮助发展中国家等多方面的问题。其中，"环境可持续"被列为人类发展的主要条件，并提出其相应的千年发展目标（即确保环境的可持续性，将可持续发展原则纳入国家政策和项目中，扭转环境资源的浪费）；提出其监测指标包括：（1）森林覆盖率；（2）为保护生物多样性而设立的自然保护区面积与地表面积之比率；（3）单位国内生产总值（1美元GDP，按购买力平价折算）对应的能源消耗（能源当量）；（4）单位二氧化碳排放量和损耗臭氧的氟氯化碳物质（CFCs）的消耗量；（5）使用固体燃料的人口比重。

二、全球环境问题的治理行动

1. 应对臭氧层破坏的蒙特利尔行动

1974年美国科学家发表研究报告，指出氯氟烷烃（CFCs）破坏了同温层中的臭氧层。在经过多年的争论和验证后，各国专家对此问题的意见基本一致，认为人类广泛使用的冰箱和空调制冷、泡沫塑料发泡、电子器件清洗的 CFCs 排入大气，进入平流层，使臭氧浓度减少，危及人类与生态环境，从而引起了国际社会的广泛关注。1977 年联合国环境规划署通过了《关于臭氧层行动世界计划》，并成立国际臭氧层协调委员会，1985 年通过了《保护臭氧层维也纳公约》，明确了保护臭氧层的宗旨和原则。1987 年 9 月在加拿大蒙特利尔由 26 个国家共同签署了要求所有国家参加的《关于消耗臭氧层物质的蒙特利尔议定书》（*Montreal Protocol on Substances that Deplete the Ozone Layer*，以下简称《蒙特利尔议定书》），规定了消耗臭氧层的化学物质生产量和消耗量的限制进程，标志着国际社会认识逐渐一致，并采取联合行动。《蒙特利尔议定书》的主要内容包括：规定了受控物质的种类；规定了控制限额的基准（受控物质的生产量和消费量）；规定了控制时间（发达国家对于第一类受控物质，其消费量、生产量不得超过限额基准，并逐步减少。发展中国家的控制时间表比发达国家相应延迟 10 年）。1990 年在伦敦召开了《蒙特利尔议定书》缔约国第二次会议，提出了《蒙特利尔议定书》的修正案。修正的主要内容是：主要受控物质全部在 2000 年 1 月 1 日停止消费；确定了建立保护臭氧层的国际资金机制，为发展中国家缔约国实现对消耗臭氧层物质的控制措施提供援助；规定发达国家必须以公平和最优惠的条件向发展中国家缔约国迅速转让替代品和有关技术，发展中国家执行控制措施的能力将系于财务合作和技术转让的有效实行。

《蒙特利尔议定书》是集体行动的典范，以其为核心的全球保护臭氧层集体行动得以顺利推进并取得了成功。于宏源在总结分析集体行动困境理论的基础上，研究了臭氧层保护集体行动成功的原因。从正面选择性激励来说，在保护臭氧层的集体行动中，为了使各缔约国停止制造和使用氟利昂及其他破坏臭氧层的化学品，《蒙特利尔议定书》及其后续的修正案建立的多边基金旨在帮助发展中国家淘汰其消耗臭氧层的物质等。尽管全球多边基金仅花费了 21 亿美元，但是发展中国家却从中得到了巨大的实惠。20 世纪 90 年代末，多边基金就在很大程度上帮助发展中国家解决和减缓了资金造成的困扰，资助了发展中国家的约 1800 个项目，削减了约 8 万吨消耗臭氧潜能值（ODP）。从负面选择性激励来说，《蒙特利尔议定书》主要内容是贸易惩罚措施。国际社会禁止在国际贸易中买卖和使用破坏臭氧层的化学剂氟利昂等，并要求凡是使用氟利昂的设备必须更换。国际上普遍认为，臭氧损耗出现趋于稳定的迹象，与控制氟利昂在全世界范围内使用的国际性条约有很大关系。

联合国前任秘书长安南曾评价道："《蒙特利尔议定书》是迄今最为成功的也是唯一成功的国际协定。"《蒙特利尔议定书》的深远影响不仅在于各国政府在面临臭氧层空洞问题时可以摒弃短期经济利益，以严密的科学事实为依据，为人类整体利益而协同努力，更重要的是它开拓了国际环境问题成功合作的先河，为今后解决国际环境问题提供了一个极有价值的参考框架。

2. 应对气候变化的行动

在南极洲上空的臭氧空洞日益扩大、全球冰川消融、全球海平面的不断上升威胁到太平洋小岛的全球变暖背景下，20 世纪 80 年代科学家们提供的证据促使世界气象组织（WMO）联合联合国环境计划署创建了一个由全球气象学家组成的政府间气候变化委员会（IPCC），在世界范围内共同研究气候问题。IPCC 成立两年后，发表了第一份评估报告，并于两年后催生出了《联合国气候变化框架公约》（*United Nations Framework Convention on Climate Change*，UNFCCC）。《联合国气候变化框架公约》是世界上第一个为全面控制二氧化碳等温室气体排放，以应对全球气候变暖给人类经济和社会带来不利影响的国际公约，也是国际社会在对付全球气候变化问题上进行国际合作的一个基本框架。该公约由序言及 26 条正文组成。这是一个有法律约束力的公约，旨在控制大气中二氧化碳、甲烷和其他造成"温室效应"的气体的排放，将温室气体的浓度稳定在使气候系统免遭破坏的水平上。公约对发达国家和发展中国家规定的义务以及履行义务的程序有所区别。公约要求发达国家作为温室气体的排放大户，采取具体措施限制温室气体的排放，并向发展中国家提供资金以支付它们履行公约义务所需的费用。而发展中国家只承担提供温室气体源与温室气体汇的国家清单的义务，制定并执行含有关于温室气体源与汇方面措施的方案，不承担有法律约束力的限控义务。公约建立了一个向发展中国家提供资金和技术以使其能够履行公约义务的资金机制。

应对气候变化的历程：1992 年，《联合国气候变化框架公约》在巴西里约热内卢的联合国环境与发展大会上通过，它的签署标志着全球应对气候变化的行动正式启动。截至 2012 年 12 月，已有 196 个国家加入了该公约。该公约还规定每年举行一次缔约方大会。

其中，较为重要的历程包括：

（1）《京都议定书》（Kyoto Protocol）。IPCC 第二次评估报告发表于 1995 年，两年后签署了《京都议定书》，《京都议定书》第一次为发达国家的减排赋予了法律约束力。签署公约尚不具有法律效力，还必须交由各国国会通过。为催促各国国会尽快通过《京都议定书》，IPCC 于 2001 年发表了第三次评估报告，促成了《京都议定书》于 2005 年正式生效。该议定书中规定工业化国家将在 2008—2012 年，使它们的全部温室气体排放量比 1990 年减少 5%。限排的温室气体包括二氧化碳（CO_2）、甲烷（CH_4）、氧化亚氮（N_2O）、氢氟碳化物（HFC_S）、全氟化碳（PFC_S）、六氟化硫（SF_6）。为达到限排目标，各参与公约的工业化国家都被分配到了一定数量的减少排放温室气体的配额，如欧盟分配到的减排配额大约是 8%。为达到议定书中所规定的限排目标，减少发达国家为达到限排目标而付出的代价，公约中引进了两种机制，即清洁发展机制（CDM）和排放贸易机制（ET）。清洁发展机制是指发达国家的政府或企业，以资金和技术投入的方式，帮助发展中国家实施具有减少温室气体排放项目的一种合作机制。发达国家可以通过此方式抵偿自己在公约中规定的减排份额。排放贸易机制则是允许那些已经超额完成减排配额的国家将自己多减排的部分卖给那些达不到减排配额的国家。议定书规定，要使议定书成为生效的国际法必须达到以下条件：（1）议定书应得到不少于 55 个公约缔约方的批准书、接受书、核准书或加入书；（2）其合计二氧化碳排放总量至少达到议定书附件一规定缔约方 1990 年二氧化碳排放总量的 55%。以上条件均得到满足的第 90 天，议定书正式成为具有强制力的国际法。这两个条件中，"55 个国家"在 2002 年 5 月 23 日当冰岛通过后首先达到，2004 年 12 月 18 日俄罗斯通过了该条约后达到了"55%"的条件，条约在 90 天后于 2005 年 2 月 16 日开始强制生效。

（2）巴厘岛路线图（Bali Road Map）。2007 年 12 月 3 日，来自《联合国气候变化框架公约》的 192 个缔约方以及《京都议定书》176 个缔约方的 1.1 万名代表聚会巴厘岛，商讨全球如何减少温室气体排放。IPCC 发表了第四次评估报告，把"人类活动造成气候变化"的可能性从以前的"可能""很可能"变成了"几乎可以肯定"。大会最后通过决议，设立"适应基金"，并委托世界银行负责管理。由于《京都议定书》效力到2012年，为了保证2012年年底以前完成一份新的"议定书"，UNFCCC认为必须在这次谈判后制定一份进程明确的时间表，即"巴厘岛路线图"。2007年12月15日，联合国气候大会通过了名为"巴厘岛路线图"的决议，为2012年之后的"后《京都议定书》"谈判定下了明确的时间表。此次大会讨论最激烈的当属"技术转让"议题。发展中国家急需发达国家提供先进技术用于提高能效，以及开发可再生能源，但是以美国为首的几个发达国家却坚持认为，技术属于专利，不能随便转让。按照IPCC的建议，为了把地球平均气温的升幅控制在2℃之内，发达国家就必须在2020年把排放量减少25%~40%（以1990年为基准）。而且全球温室气体排放必须在10~15年后达到顶峰，并在2050年时减少至2000年排放量的一半以下。欧盟极力争取把以上三条写入"路线图"中，但却遭到美国的强烈反对。发展中国家也不愿意把这些数字列入其中，因为这很可能意味着它们也将很快被强加上一个具有法律效力的减排指标。

（3）哥本哈根世界气候大会（COP15）。在哥本哈根举行的联合国2009年气候变化会议，由于各方的分歧很大，最终未能达成实质性的碳减排协议，最终只形成了一个"共识性"的《哥本哈根协议》。2010年坎昆世界气候大会也未能取得实质性进展。2012年在卡塔尔首都多哈举行的第18次缔约方会议，在法律上确保了《京都议定书》第二承诺期在2013年实施，但是加拿大、日本、新西兰以及俄罗斯都明确不参加第二承诺期。

（4）《巴黎协定》（Paris Agreement）。2015年气候变化大会第21次缔约方会议在法国巴黎召开，会议通过了继《联合国气候变化框架公约》和《京都议定书》之后，人类应对气候变化历史上第三个里程碑式的国际法律条约《巴黎协定》，形成了2020年之后的全球气候治理新格局。该协定设置了明确的全球升温控制目标：全球平均气温上升幅度控制在2℃以内，并将全球气温上升控制在前工业化时期水平之上1.5℃以内。此外，该协定还进行了一系列制度创新，而最为重要的是对减排义务分配原则和体系的重构。首先，协定要求所有缔约方承担减排义务。其第4条第4款规定：

"发达国家缔约方应当继续带头，努力实现全经济绝对减排目标。发展中国家缔约方应当继续加强它们的减缓努力，应鼓励它们根据不同的国情，逐渐实现全经济绝对减排或限排目标。"这表明所有国家均需减排，但是力度有所不同。由于《巴黎协定》同《京都议定书》一样都具有法律约束力，因而发展中国家承担减排义务是强制性的。其次，《巴黎协定》依然坚持了"共同但有区别的原则"。其序言中就明确表示："根据《公约》目标，并遵循其原则，包括以公平为基础并体现共同但有区别的责任和各自能力的原则，同时要根据不同的国情。"其次，《巴黎协定》开启了以"国家自主贡献"（intended nationally determined contributions）的方式作为2020年后实现减排的基本模式。其第4条第2款规定："各缔约方应编制、通报并保持它打算实现的下一次国家自主贡献。缔约方应采取国内减缓措施，以实现这种贡献的目标。"第3款规定："各缔约方下一次的国家自主贡献将按不同的国情，逐步增加缔约方当前的国家自主贡献，并反映其尽可能大的力度，同时反映其共同但有区别的责任和各自能力。"第9款规定："各缔约方应根据第1/CP.21号决定和作为《巴黎协定》缔约方会议的《公约》缔约方会议的任何有关决定，并参照第十四条所述的全球总结的结果，每五年通报一次国家自主贡献。"

中国全国人大常委会于2016年9月3日批准中国加入《巴黎协定》，中国成为第23个完成批准协定的缔约方。2016年10月5日，《巴黎协定》达到生效所需的两个门槛，定于2016年11月4日正式生效。2017年10月23日，尼加拉瓜政府正式宣布签署《巴黎协定》，随着尼加拉瓜的签署，拒绝《巴黎协定》的国家只有叙利亚和美国。

第五节　环境治理理论概述

在厘清环境治理理论之前，首先应当阐明什么是环境治理。由前面的分析可见，环境问题与人类的社会经济活动是相伴而生的。只不过在人类社会早期，受制于落后的生产力和科技水平，人类改造自然的能力有限，对环境的保护并没有成为人类社会生存和发展的首要关注，因而也没有产生应对和解决环境问题的大范围的社会行动。从广义上讲，本书认为，这种人类社会所采取的应对和解决环境问题的行动，都可以被视为环境治理；而解释、分析和规范这种行动的理论也都可以视为环境治理理论。虽然目前大部分研究都将环境治理理论视为"治理理论"在环境问题上的应用和延伸，但实际上，早在治理理论兴起之前，"环境治理"和"污染治理"的提法就早已频繁出现。因而，环境治理理论是多维度、多层次、多视角和多内容的。它并没有显著的学科领域划分，而是涉及环境科学、经济学、社会学、公共管理、政治学和国际关系学等多个学科的交叉和融合。因此，这一定程度上造成了当前有关环境治理理论的研究缺乏系统完整的理论体系和清晰合理的研究框架；同时，该领域关注于应用研究的多，而关注于理论本身的研究较少。

一、公共治理理论的缘起

按照治理理论创始人之一罗西瑙（James N. Rosenau）的定义，"治理"不同于政府统治和管理，治理是一种由共同的目标支持的活动，其主体未必是政府，也无须依靠国家的强制力量来实现。换句话说，治理机制既包括政府治理，也包括非政府的和非正式的机制。❶ 面对全球化的冲击和信息技术的浪潮，传统应对公共问题的机制受到巨大挑战。当政府和市场不再是解决公共问题的"灵丹妙药"，以非政府的和非正式的第三方力量探讨解决公共问题之道的理论应运而生。作为最典型的社会公共问题——环境问题，其产生过程和应对机制都是基于公众环境意识的觉醒和环境社会运动的。因而，环境问题是治理理论最典型和最适用的实践领域。环境问题的应对和解决机制，在理论上归纳起来也就形成了环境公共治理理论。

作为治理理论的"治理"一词，是英文"governance"在汉语中的对应。在英语中，"governance"一直和"govern"是同义词。但是，从20世纪90年代起，西方学术界展开了大量有关"governance"的理论研究，对这一词汇赋予了新的内涵和用法，使它区别于"govern"和"government"，由此一种新的解释和规范现实社会管理和发展的理论范式产生了。作为一

---

❶ 詹姆斯．N．罗西瑙．没有政府的治理——世界政治中的秩序与变革［M］．张胜军，等译．南昌：江西人民出版社，2001：5．

种新的研究范式和理论思潮，治理理论的产生有其错综复杂的历史背景和原因。

在后工业经济发展和全球化的冲击下，人类社会越来越呈现出整体性、系统性和不确定性等复杂性的特点，而传统的、简单的、官僚式的社会管理方式面临严重挑战。传统的公共行政机制的特征如下：一是存在严格的等级制，有一套自上而下的命令系统；二是有一套行政规制和程序；三是政治行政两分化，官僚是具有专长的技术性和事务性人员；四是专业化运作，公共服务由专业人士垄断，官僚体制在决策制定和执行中起中心作用；五是非人格化的运作方式。❶ 然而，这种传统的公共行政方式在"二战"以后的西方发达国家却遇到了前所未有的管理危机，其表现为，官僚机构的规模越来越庞大，政府机构服务差且效率低下。与此同时，传统公共行政方式在应对类似跨国犯罪、环境问题、金融危机、毒品走私等具备复杂的、全球化特征的公共事务时，越来越显得能力不足。英国国际公共管理教授 Osborne（2010）认为，官僚机构对公共服务的垄断导致其效率低下，政府对权力的独享使得其可以忽略公众的意见，而公众意见的缺失则进一步纵容了政府的"肆意妄为"。在此背景下，提倡从市场途径研究政府、提高政府行政效率和经济效益的理论——新公共管理理论应运而生。

新公共管理理论起源于英国撒切尔夫人的政府改革，其主要特征是："起催化作用的政府：掌舵而不是划桨；社区拥有的政府：授权而不是服务；竞争型政府：把竞争机制注入提供服务中去；有使命感的政府：改变照章办事的组织；讲究效果的政府：按效果而不是投入拨款；受顾客驱使的政府：满足顾客的需要而不是官僚政治的需要；有事业心的政府：有收益而不浪费；有预见的政府：预防而不是治疗；分权的政府：从等级制到参与和协作；以市场为导向的政府：通过市场力量进行变革"。❷ 新公共管理的思想强调经济、效益和效率，又被称为"三 E"，即 economy，effectiveness，efficiency。该思想强调"业绩评估和效率，注重用市场或准市场

❶ 竺乾威. 新公共治理：新的治理模式？［J］. 中国行政管理，2016（7）.

❷ 唐兴霖，尹文嘉. 从新公共管理到后新公共管理——20 世纪 70 年代以来西方公共管理前沿理论述评［J］. 社会科学战线，2011（2）：179.

的方法来改造政府业务部门的运作，用限期合同、节约开支、确定工作目标、金钱奖励以及更大的管理自由度等方法来加强政府工作的竞争性"❶。虽然，新公共管理的市场化、分权化以及民营化的改革克服了传统公共行政方式效率低下的一些弊端，但是随着公共行政实践的开展，这种思想也暴露出越来越严重的弊端。一是行政市场化的思路在追求效率的过程中，忽略了社会公平与正义等原则，无法实现公共行政追求公民权利和社会公正的基本目标。二是追求公共服务机构的分散化和小型化的思路，在避免机构臃肿的同时却带来了碎片化的行政结构，并未真正提高行政效率。三是在民营化的思路下，政府将部分公共事务移交给企业和市场，同样面临"市场失灵"的问题。并且，由于无法按照科层组织的结构处理管理者之间的关系，公共事务管理缺乏协调与合作。

随着对公共管理理论的批评日益尖锐，这一理论思想日渐式微。但是把复杂性思想引入行政管理理论，重视"政府失灵"问题的存在，却已经深入公共事务管理的思想之中。于是，在吸收新公共管理理论思想的基础上，代表西方公共治理理论前沿的五大理论出现。❷

一是新公共服务理论。该理论提倡民主、公民权和公共利益，着力探讨如下问题：公民参与是否起作用、公共利益和协作性领导的价值如何体现、企业化和私人化的市场模式是否减弱，以及政府是"划桨""掌舵"还是"服务"。

二是网络治理理论。该理论认为市场或科层组织都不是治理的恰当形式，❸科层组织建立在系统的剥削之上，结果造成了系统的不稳定，而市场缺乏协调，不能克服市场失灵。相比之下，网络是水平的、谈判的、可以自我协调，因而能够避免其他治理形式产生的问题。在网络中，公共和私人的集体行动者处于相互依赖的关系，适应于复杂和动态的社会环境。

三是整体治理理论。该理论是为了解决公共服务"碎片化"的问题而提出的，它主张协调、整合、紧密化和整体主义，提倡多主体以合作的方

❶ 唐兴霖，尹文嘉. 从新公共管理到后新公共管理——20 世纪 70 年代以来西方公共管理前沿理论述评 [J]. 社会科学战线，2011 (2)：179.

❷ 娄成武，谭羚雁. 西方公共治理理论研究综述 [J]. 甘肃理论学刊，2012 (2)：114 - 119.

❸ 竺乾威. 新公共治理：新的治理模式？[J]. 中国行政管理，2016 (7).

式联合起来，组成紧密化的共同体。在该理论指导下，1997 年英国进行了政府机构协同化治理改革，合并了一些功能相近的机构，重塑中央政府，并产生了协调性地方政府机构。

四是数字治理理论。该理论是在整体治理理论基础上结合数字时代而提出的，强调政府服务整合和协同的方式以数字化技术来保证。现代信息技术的发展使得信息收集、处理、传播更为便利和高效，信息技术的应用打破了私人部门之间以及公私部门之间的信息壁垒，促进了治理主体之间信息共享，为治理主体多元化提供了条件。

五是公共价值管理理论。该理论认为，公共管理者的使命是创造公共价值，而公共价值是公民期望的集合，认知公共价值是其中的关键；在公共价值管理中，民主与效率不是独立的关系，政治民主应当与机构效率协同推进；公共管理的目标是在网络结构中，以合作、协商的方式寻求公众的集体偏好，通过互动沟通追求和创造公共价值。

二、环境治理的基本特征与政策工具

1. 环境治理的基本特征

根据前述西方公共治理的前沿理论，可以总结出环境治理的基本特征：首先，环境治理的主体是多元化的，政府不再是环境问题管理的唯一主体。具体来说，环境治理的主体包括政府部门、市场中的微观主体、社会组织和公民等。其次，环境治理主体之间形成了相互依赖和复杂的网络关系，也由此造成了政策制定者与政策执行者之间、公共部门与私营部门和非营利部门之间、官僚组织内部不同层级之间、管理者与工作人员之间，不同部门之间以及政府与公民之间的权责趋于模糊。❶ 最后，环境治理的手段多元化。环境管理理论下，政府的命令控制政策是环境政策的主体；环境治理理论强调多元主体参与，因而公众环境参与、合作与协商治理成为新的治理政策。

2. 环境治理的政策工具

公共治理理论将治理的政策工具分为四类：一是立法工具；二是服务条款，即以签约外包的方式或另外成立准官方机构将公共事务交由民间机

---

❶ 麻宝斌. 公共治理理论与实践 ［M］. 北京：社会科学文献出版社，2018：9.

构处理；三是赋税工具；四是说服工具。❶ 也有学者按照政府政策强制性的程度，将治理工具划分为强制性工具、混合性工具和自愿性工具等。环境治理领域政策工具的划分，更常见的是在经济学理论视角下的表述，但就其具体内容而言，可以看出其划分标准与公共治理理论基本吻合。在经济学理论视角下，环境治理的政策工具可以划分为命令控制政策、基于激励的市场化政策，以及自愿性政策工具等。其中，命令控制政策体现了传统公共行政的思路，即以政府强制性干预为代表，表现为政府制定各项环境标准和技术标准等。基于激励的市场化政策，则体现了传统公共行政理论向新公共治理理论的改变，即强调市场机制，通过给予主体自由和激励，实现有效率的环境治理。在公共治理理论下，环境治理的政策工具又有了进一步创新，体现为环境治理的多元主体相互协调与合作，以"自愿"为特征进行环境规制。在实践中，这类环境政策包括公众参与、自愿性协议、环境标志与认证，以及环境管理系统等。这类政策工具体现了公共治理理论的基本特征，同时环境经济学理论认为该类政策工具源于环境非正式制度约束，其以环境信息披露为基础，能够极大降低交易成本，从而比市场化政策工具更具效率。

三、全球环境治理理论概述❷

1. 全球治理理论

当前人类社会日益受到全球化的冲击，产生诸多的全球化问题。显然，这些问题的解决单独依靠一个国家或几个国家是不可能完成的，在此背景下，全球治理的理念应运而生。作为国际政治领域的新生概念，全球治理的许多理论在各派学者之间还存有很多争论，首当其冲就是关于其内涵，目前尚未形成统一的、明确的认识。一般而言，学者们大多把全球治理当作是治理理论在国际范围的延伸，甚至将全球治理等同于治理。托尼·麦克格鲁把全球治理定位于多层次的全球治理，认为多层次的全球治理是从地方到全球的多层面中，公共机构与私人机构之间逐渐演进的（正

---

❶ 麻宝斌. 公共治理理论与实践 ［M］. 北京：社会科学文献出版社，2018：36.
❷ 史亚东. 全球环境治理与我国的资源环境安全研究 ［M］. 北京：知识产权出版社，2016.

式与非正式）一种政治合作体系，其目的是通过制定和实施全球的或者跨国的规范、原则、计划和政策来实现共同的目标和解决共同的问题。利昂·戈登克尔和托马斯·韦斯认为，全球治理就是给超出国家独立解决能力范围的社会问题和政府问题带来更有秩序和更可靠的解决办法的努力。国内学者俞可平提出，所谓全球治理指的是通过具有约束力的国际规则解决全球性的冲突、生态、人权、移民、毒品、走私、传染病等问题，以维持正常的国际政治经济秩序。全球化与全球问题研究专家蔡拓认为，所谓全球治理是以人类整体论和共同利益论为价值导向的，多元行为体平等对话、协商合作，共同应对全球变革和全球问题挑战的一种新的管理人类公共事务的规制、机制、方法和活动。通过对全球治理核心内涵的分析，蔡拓进一步提出了要注意的全球治理的五大要义，包括从政府转向非政府，从国家转向社会，从领土政治转向非领土政治，从强制性、等级性管理转向平等性、协商性、自愿性和网络化管理，以及全球治理是一种特殊的政治权威。

关于全球治理的主体，即制定和实施全球规则的组织机构，一般而言有如下三类：一是各国政府、政府部门及亚国家的政府当局；二是正式的国际组织，如联合国、世界贸易组织、世界银行、国际货币基金组织等；三是非正式的全球公民社会组织。究竟哪类主体在全球治理中起主要作用，各位学者莫衷一是。一些学者认为主权国家过去曾经是全球治理的主体，未来也将承担全球治理的主要职责，另外一些学者强调是否应该建立超主权之上的世界政府，或者改革现有的联合国职能，加强其对各国政府的硬约束，使之成为实质性的世界政府。国内学者庞中英（2011）[1] 认为，全球治理的根本前途在于超于"改革"，甚至不妨"另起炉灶"。而"另起炉灶"就要建设、塑造世界民主政府。只有全球民主政府才是应对全球危机的根本方案：把"政府"和"治理"通过全球民主结合起来。值得一提的是，在这些争论中，学者们普遍看到了除了各个主权国家和世界政府之外，非政府的全球公民社会组织在全球治理中的作用也不容忽视。罗西瑙认为，这些组织可以描述为：非政府组织、非国家行为体、无主权行为

---

[1] 庞中英. "全球政府"：一种根本而有效的全球治理手段？[J]. 国际观察，2011（6）：16 – 23.

体、议题网络、政策协调网、社会运动、全球公民社会、跨国联盟、跨国游说团体和知识共同体。

关于全球治理的对象，主要是很难依靠一个国家或几个国家完成的跨国性问题，俞可平教授总结了这样的问题主要有如下几类：（1）全球安全，包括国家间或区域性的武装冲突、核武器的生产与扩散、大规模杀伤性武器的生产和交易、非防卫性军事力量的兴起等；（2）生态环境，包括资源的合理利用与开发、污染源的控制、稀有动植物的保护，如国际石油资源的开采、向大海倾倒废物、空气污染物的越境排放、有毒废料的国际运输、臭氧衰竭、生物多样性的丧失、渔业捕捞、濒危动植物种、气候变化等；（3）国际经济，包括全球金融市场、贫富两极分化、全球经济安全、公平竞争、债务危机、跨国交通、国际汇率等；（4）跨国犯罪，例如走私、非法移民、毒品交易、贩卖人口、国际恐怖活动等；（5）基本人权，例如种族灭绝、对平民的屠杀、疾病的传染、饥饿与贫困以及国际社会的不公正等。

尽管有些学者如罗西瑙肯定了当前全球治理的绩效，但是也有越来越多的学者批评全球治理现状，指出当前全球治理机制面临的困难重重。戴维·赫尔德（2011）在《重构全球治理》一文中提到，后冷战时代，全球和区域治理机制已经变得极其脆弱，具有代表性的机构，如联合国、欧盟与北约，都遭到了削弱。首先，联合国体系的价值观正受到质疑，安理会的合法性遭遇挑战，一些多边机制的工作实践也遭受批评。其次，欧盟曾被认为是全球治理的典范，但是欧盟未来的发展方向存在高度不确定性，充满创新与进步的欧洲模式正在遭受认同危机。另外，尽管经济多边机制仍然在发挥作用，但一些协调美国、欧盟及其他主导国家行为的多边机制却越来越脆弱。归纳这些困难，赫尔德总结出四大引致全球治理困境的问题：一是国际政府间机制没有明确的工作分工，经常功能重叠、指令冲突、目标模糊。二是国际机构体系的惯性，或者这些机构在集体解决问题时因手段、目标、成本出现分歧时的无能表现，经常导致所谓的无为成本比采取行动成本更大的情况。三是跨国问题，因为缺乏对全球层面问题的基本认知，全球公共事务（如全球变暖或生物多样性的缺失）属于哪些国际机构的责任尚不明确，跨国问题很难被充分理解、领悟，也很难采取有效的行动。制度分裂和竞争不仅导致机构之间的管辖权重叠，而且造成国际机构在全球与国家层面无力承担责任。四是责任赤字或不足，它与两个相互交织的问题相联系，即国家间权力不平衡以及国家行为体与非国家行为体在制定全球公共政策过程中的权利不均衡。多级机制需要充分代表参与其中的所有国家，但目前尚未做到。此外，必须适当安排国家行为体与非国家行为体之间的对话与协商。国家间的不均衡和国家与非国家行为体之间的不均衡不容易被察觉，因为在很多情况下不仅仅是数量的问题，主要问题还是代表权的质量。在主要政府间国际组织的谈判桌上有席位，或者是在重要的国际会议上有席位，并不能确保代表的有效性，即使正式的代表权势均力敌，发达国家还拥有大量延伸谈判权以及技术专家组成的代表，贫穷的发展中国家则常常是只有一个代表席，甚至多国共享一个代表席。

全球治理当前的困境重重使得其前景也变得不甚明朗。全球各主权国家、各公民群体以及各个国际组织，其利益诉求差别巨大，难以在重大的全球性问题上达成共识，这使未来全球治理的有效性存在很大疑问，也是目前学者们讨论重构全球治理要克服的主要问题之一。另外，全球治理不可避免地带来公平性问题，而显然在当前的全球治理体系下，发展中国家或者说落后国家很难有保障其公平的权益。俞可平教授（2002）认为，全球治理理论中存在一些不容忽视的危险因素。首先，全球治理基本的要素之一是治理主体，全球治理主体中的国际组织和全球公民社会组织在很大程度上受美国为首的西方发达国家所左右，因此，全球治理的过程很难彻底摆脱发达国家的操纵。其次，全球治理的规制和机制大多由西方国家所制定和确立，全球治理在很大程度上难免体现发达国家的意图和价值。最后，全球治理由于强调其治理的跨国性和全球性，会过分弱化国家主权和主权政府在国内、国际治理中的作用，在客观上这有可能为强国和跨国公司干涉别国内政、推行国际霸权政策提供理论上的支持，也就是说，不仅全球治理会被扭曲，而且全球治理理论本身也有可能被扭曲和被用来为强权政治辩护。上述这些危险性，或者说全球治理带来的不公平性，都需要发展中国家给予充分认识。

2. 全球环境治理理论❶

全球环境治理与全球治理理论一脉相承。由于全球治理的概念在学术

❶ 史亚东. 全球环境治理与我国的资源环境安全研究［M］. 北京：知识产权出版社，2016.

界尚存在很多争议，因此，对于全球环境治理，学术界也没有达成一致认识。全球治理理论强调利用一系列国际规则来解决全球性的问题，因此在全球环境治理的理论内涵中必然包括一系列具有约束力的国际规则，而治理的目的则是为了整个人类社会的可持续发展。根据联合国《里约环境与发展宣言》《21世纪议程》和联合国环境规划署的文件，全球环境治理的途径是国际社会通过建立新的公平的全球伙伴关系，利用条约、协议、组织所形成的复杂网络来解决全球性环境问题，这里所说的条约、协议、组织所形成的复杂网络构成了全球环境治理的主要机制。

鉴于学术界关于"全球环境治理"一词的概念，仁者见仁，智者见智，每种定义似乎都有其合理性和不足，笔者在此不再针对其定义做出新的解释。但是，综合各位学者的研究，在全球化变革的背景下，笔者认为全球环境治理具有如下几个显著特征。

首先，全球环境问题跨国界的特性，使得其影响对象十分广泛，区别于以往一般性的环境问题由一国政府干预的做法，全球环境问题的应对必然包含越来越多的其他主体。全球环境治理的主体除了各主权国家之外，还包括国际政府间组织、公民社会的群体性组织（国际非政府组织）、跨国公司、全球精英等。其中，国际政府间组织在当前全球环境治理的实践中发挥着主要作用，这些组织主要包括联合国及其分支机构、国际货币基金组织（IMF）、世界银行以及其他区域性的多边发展银行、世贸组织（WTO）等。各主权政府、国际政府间组织代表了治理实践中政府的力量，而公民社会的群体性组织、跨国公司等则展示了非政府组织、非国家行为体和无主权行为体的作用。值得注意的是全球精英在治理实践中的作用正日益增加。这些全球精英包含政治精英、商业精英、知识精英等。他们利用在信息和知识方面的主导地位，形成全球环境治理领域中特定的知识共同体，以知识、权威和理解力参与治理实践，影响了全球变革的进程。对于在全球环境治理中哪类主体才应当是最主要的实施者这一问题，尽管学者们有不同的认识，但可以肯定的是，全球环境治理的主体权利正在由主权主体向非主权主体转移、由国内组织向国际组织转移。

其次，多边主体下的全球环境治理机制是由协议、组织、原则和程序所组成的复杂网络。具体来说全球环境治理机制主要包含：（1）国际环境会议及其达成的多边环境协议；（2）具有强制力的国际环境法律体系；

（3）具体进行全球环境治理的政策工具；（4）解决经济技术援助的资金机制。

全球环境问题的解决是建立在各国广泛参与谈判的基础上。自 1972 年以来，在联合国主持下召开的商讨全球环境问题的会议已超过 1000 次。这其中以 1972 年的斯德哥尔摩会议和 1992 的里约热内卢会议最为重要。特别是里约会议，其通过的《环境与发展宣言》建立了生态环境领域的布雷顿森林体系。这些国际环境会议的召开，为多边环境协议的达成提供了平台，而多边环境协议体现了"治理"理论中的协调互动和自组织的内涵，亦即协议的达成具有自我执行（self – enforcing）的特点。目前这些协议覆盖了全球问题中的海洋、土壤、生物多样性、大气、化学品和有毒废弃物排放等方面，而其中又以海洋公约和相关协议的内容最多，例如，《联合国海洋法公约》《国际防止船舶造成污染公约》等。有关土壤保护的公约主要有《联合国防治沙漠化公约》，有关生物多样性的公约主要有《世界遗产公约》和《生物多样性公约》，有关化学品和有毒废弃物排放的公约主要有《控制危险废物越境转移及其处置巴塞尔公约》和《关于持久性有机污染物的斯德哥尔摩公约》等。20 世纪 90 年代以后，有关大气污染物排放的公约引起了全球更为广泛的关注，这其中以《保护臭氧层的维也纳公约》《蒙特利尔议定书》《联合国气候变化框架公约》《京都议定书》最为瞩目。

随着国际环境会议的召开和各项环境协议的达成，国际环境立法发展也十分迅速。据统计，自 1972—1997 年由联合国主持制定的全球性的国际环境立法已达 40 多项，涉及危险废物的控制、危险化学品国际贸易、化学品安全使用与环境管理、臭氧层保护、气候变化、生物多样性保护、荒漠化防治、物种贸易、海洋环境保护、海洋渔业资源保护、核污染防治、南极保护、自然和文化保护等内容。现在国际环境立法基本上形成了一个门类齐全、内容丰富的国际环境法律体系（何忠义，2002）。

在全球环境治理机制中，有效的政策工具也是重要的组成部分。在治理理念下，政府的行为由"管理""控制"向"协调""组织"转变，因此相应的政策干预也由先前的命令控制，向协调、互动性的政策转变。在全球环境问题治理中，这种转变表现得更为明显。因为，目前尚没有一个世界政府能够实施对全球环境问题的命令控制政策，而且结合全球环境问题的复杂性，实施此类政策也需要耗费大量成本。经济学理论给予利用协调、互动性政策以极大的可能性。在经济学家看来，环境问题的产生归咎于个人行为目标与集体行为目标的背离。因此，实现有效率地解决问题的途径就是使两者的行为目标一致。这样基于效率最大化原则的政策即所谓的对微观行为主体的激励政策，与命令控制政策最大的不同在于其在实现了环境目标的同时节省了社会无谓损失，并且更富有灵活性。但是这类政策实施的前提是具有良好的市场经济环境，这在发达国家并没有太大问题，然而对于发展中国家来说，应用这些政策还需要做好基础设施、制度监管和执行等实施环境的能力建设。

全球环境治理机制还包括进行经济技术援助的资金机制，主要是发达国家针对发展中国家的资金计划。目前，全球环境治理的资金来源主要有三个方面。一是政府发展援助，发达国家在《21 世纪日程》第 33 章中重申将 0.7% 的国民生产总值用于政府发展援助；二是多边国际组织的资金，包括来自世界银行、国际货币基金组织的资金，也包括联合国环境规划署、发展署的资金。例如，1990 年，世界银行、联合国环境署和发展署就共同建立了一项"全球环境基金"，用于帮助发展中国家支付解决全球环境问题的费用；联合国其他的专门机构如粮农组织、教科文组织、世界卫生组织等某些项目的组成部分，也致力于环境活动；此外，经合组织（Organization for Economic Co – operation and Development，OECD）的发展援助委员会、区域性的多边发展银行也是重要的资金来源。三是与多边环境协议相关的资金，主要通过以下几个渠道提供：传统的信托资金、其他旨在应对具体问题的多边基金机制、与捐款国的双边安排、基金、私有部门和非政府组织的捐助等。此外，还包括债务减免、私人资本流动、非传统的资金来源、非政府部门提供的资金和国内的资本流动等（薄燕，2006）。

最后，全球环境治理的显著特征还表现在其从理论到实践都围绕着"公平"与"正义"的量度，随之而来也伴随着诸多争议和不确定性。全球环境治理涉及两个维度上的治理，即地域与时域。从地域方面来看，全球环境问题的产生和影响在国家地域之间分布极度不均衡，这使得在治理机制中如何分配各国责任成为难题。当前，包括全球环境问题在内的全球治理机制都是由西方发达国家所主导，发展中国家要追求符合自身利益的公平对待，须在原有国际格局的框架下，建立一种新的国际秩序。全球环境治理中所体现出的问题实际上也包含了现有国际秩序的问题，这对于发展中国家参与全球环境治理是十分必要的警醒。全球环境治理的时域特点表现为，全球环境问题的产生及其解决和治理不仅影响当代人，还要影响后代。由于后代人无法站出来替自己代言，因此跨时间的公平更加难以保证。治理理论中多层次治理的网络建构可能是解决途径之一，这也是造成未来治理主体更加多样化的原因。

第二章　环境治理中的政策工具与评价理论

环境治理成为当前公共行政研究和实践的前沿和热点问题。环境政策工具的选择与设计是关系环境治理效果和政策执行成败的关键性因素，是政府有效治理环境的途径和手段，也是实现环境政策目标和结果的介质。目前，环境政策工具大致上可以划分为两类：一是"自上而下"由权力机构制定实施的、成文的正式约束工具，主要包括命令控制管制措施、市场性激励政策；二是"自下而上"产生的非正式约束工具，表现为环境影响个体自愿性的行为约束。

政策工具的本质内容是政府的动机、政府的行动机制和制度安排。❶一方面，政策工具作为政府实现政策目标的具体活动机制，主要指政府行动系统的部分及其相互作用的过程或方式。具体而言，政府的具体活动机制是指在通常情况下，服务系统按照某种规则组织起来，选择一定的媒介，向公众提供某种物品或服务活动。作为实现政策目标的行动机制，包括诸多的要素，并且各要素之间相互作用。另一方面，从新制度经济学的角度来说，工具就是制度。制度安排是新制度经济学家经常使用的一个概念，可以被定义为管束特定行为模型和关系的一系列行为规则。由此可见，政策工具的本质就是制度的具体化或操作层次的制度，或者规则。

环境治理机制评价是指一系列环境治理评价的方法及其指标所构成的有机体系。就目前已发展成熟的理论而言，环境治理机制评价主要包括环境治理的成本收益评价、环境政策评价以及环境治理的效果评价等。

---

❶　杨洪刚. 我国地方政府环境治理的政策工具研究［M］. 上海：上海社会科学院出版社，2016.

第一节　环境治理中的政策工具[1]

一、环境政策工具理论

环境政策工具的正式研究起源于 20 世纪 80 年代的西方国家。80 年代初，荷兰的吉尔霍德委员会便得出了以下结论：政策工具知识的缺乏是导致政策失败的重要原因。从此以后，一些关于政策工具的论著出现在政策科学和公共行政领域。1983 年胡德的《政府的工具》一书用木匠和园艺业比喻政府治理工具，他认为工具选择取决于国家目标和国家资源的性质，以及作为对象的社会行动主体的能力。

20 世纪 90 年代，美国学者彼特斯和荷兰学者冯尼斯潘在他们主编的《公共政策工具——对公共管理工具的评价》一书中将国外政策工具的研究途径分为四种基本途径：工具主义、过程主义、备用主义和构造主义。他们认为政策工具的选择并非是在预设好的问题和同样预设好的解决方案之间的一种简单机械匹配的构造。从第一个途径到第四个途径的演变使得政府的工具性特征的重要性程度越来越低，这在一定程度上反映了政府工具的研究走向，即从工具本身和效应分析为主转向将工具、政治环境的匹配性和经济、政治分析相结合。

20 世纪 90 年代后期至 21 世纪，学者们开始从政策网络的角度或者整合的途径研究政策工具的选择，有着不同强弱关联性和连贯性的政策网络，决定了不同政策工具的选择。这时期的著作有：萨拉蒙的《政府工具：新治理指南》、布耶塞尔的《政策网络中的政策工具选择》、豪利特和拉米什的《公共政策研究：政策循环与政策子系统》等。[2]

托马斯·思德纳的《环境与自然资源管理的政策工具》是西方国家关于环境政策工具问题的研究中具有代表性的理论著作。托马斯·思德纳在该书中展现了范围较广的政策工具类型以及这些政策工具在解决很多不同

---

[1] 本节内容主要由周捷、马梦奇、董楠和徐志鹏负责整理并写作。
[2] 甘黎黎. 我国环境治理的政策工具及其优化 [J]. 江西社会科学，2014（06）.

种类问题上的实际应用，他认为在保护环境和自然资源以及降低保护成本等方面，正确地设计政策工具是有效的，这需要必要的经济、技术、法律上的制度能力和社会环境的支持。

根据现有文献，关于环境政策工具的研究主题主要包括环境政策工具类型划分、环境政策工具的应用及其效果，以及环境政策工具的评价和选择等。国内学术界对环境政策工具的研究处于起步阶段，对环境政策工具的应然性研究有待长期深入的跟踪研究。❶

二、环境治理中政策工具的分类方法

根据著名制度经济学家诺思（2014）❷ 将制度区分为正式制度和非正式制度的分析方法，环境治理的政策工具总体上可以划分为由权力机构颁布实施的、成文的规则政策，也可以称为正式约束工具，以及与其相对立的那些不成文的约束规则，也可称为非正式约束工具。正式约束是按正规法和产权来安排经济运作和日常生活的规则，与非正式约束在程度上有差别。非正式约束是社会发展进程中形成的制约，较普遍存在，以行为规范、准则、习俗等为主；而正式约束通常较为正规，包括政治（及司法）规则、经济规则和合约。正式约束工具不仅提供了一个明确的框架来衍生有关组织形式的实证依据，而且是衍生出有关双方在一种交换中将建立的更为复杂的组织形式的方式的线索。政治规则可广义定义为政治团体的结构，以及它的基本决策结构和支配议事日程的明晰特征；经济规则用于界定产权，即关于财产使用、从中获取收入的权利，以及转让一种资产或资源的能力；合约则包含着对交换中一个具体决议的特定条款。

在实施过程中，正式约束与非正式约束的不同之处在于，往往正式约束会有第三方的实施，比如国家，这就意味着出现一种强制力量，使得产权监督或有效的实施合约成为可能。在非人际交换的世界，物品、服务或代理人的绩效有许多有价属性的特征，在财富最大化的逻辑下，从欺骗或违约中获取的收益可能大于从合作行为中获取的收益，因而如果第三方有

---

❶ 李芳慧. 我国环境政策工具选择研究 ［D］. 长沙：湖南大学，2011.

❷ 道格拉斯·C. 诺思. 制度、制度变迁与经济绩效 ［M］. 上海：格致出版社，2014.

强制力，则会为了自己的利益来利用这一权力，规则会得以实施，尽管这又以社会其他人的利益为代价。

从各国环境治理的实践来看，目前正式约束工具是大部分国家采取的主要环境治理政策机制。而正式约束工具所包含的各类政策形式，其划分也较为简单和统一，学术界通常认为其主要包括命令控制式的管制措施和市场化的激励型工具。相对于正式约束工具，环境治理的非正式约束形式十分广泛，难以统一划分，但其通常表现为环境影响主体所自愿实施的一种行为约束。因而，除了上述从制度分析的视角对环境政策工具进行划分之外，理论界对环境政策工具的划分也有其他观点。

从经济学的视角来看，环境问题的产生是由于环境资产的特殊性质使得依靠自由市场不能充分解决环境问题，这为政府干预和介入环境治理提供了理论依据。因而，环境政策最初主要指的是由政府颁布实施的、成文的规则约束。从基于市场与行政的二分法进行划分，环境政策通常被划分为"命令控制式工具"和"市场化工具"。随着环境治理理论和实践的发展，国际上产生了其他的政策分类方法，主要包括：经济合作与发展组织（OECD）的政策工具三分法，即将环境政策分为直接管制、经济手段（或市场机制）和劝说式手段；世界银行的四分法，即利用市场、创建市场、环境管制和公众参与。还有学者将环境政策工具分为管控型工具、市场化工具、信息工具和规劝工具四种。此外，五分法将环境政策工具划分为法律手段、行政手段、经济手段、技术手段和宣传教育手段。具体分类方式如表2-1所示：

表2-1　环境政策的具体分类

分类方式	具体类型				
二分法	命令控制式	市场化工具		——	
OECD	直接管制	市场化手段		劝说式手段	
世界银行	环境管制	创建市场	利用市场	公众参与	
四分法	管控型	市场化		信息工具	规劝工具
五分法	法律手段	行政手段	经济手段	技术手段	宣传教育

资料来源：毛万磊. 环境治理的政策工具研究：分类、特性与选择 [J]. 山东行政学院学报，2014（4）：23-28.

结合上述主流的划分方式，将环境政策工具按约束性强弱分类，如图2-1所示。最传统的二分法治理方式认为，消除环境污染外部性必须依靠政府的强制力（如法规和标准）。命令与控制也就因此成为环境治理的第一代政策工具，其典型特征是被规制者在环境目标选择（即绩效标准，如政府规定企业排污量）或者达成目标的技术手段（即技术标准，如政府强制企业使用指定的生产技术）上无法做自由选择。20世纪80年代后，越来越多的人主张通过经济激励的方式把外部效果内部化。这些政策工具和方法通过市场信号刺激行为人的动机，而不是通过明确的环境控制标准和方法条款来约束人们的行为。经济激励型政策工具可分为利用市场（环境税费、政府补贴、押金—返还等）和创建市场（主要是排污权交易）。

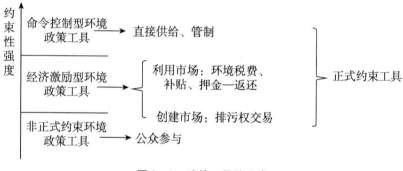

图2-1 政策工具的分类

资料来源：甘黎黎. 我国环境治理的政策工具及其优化 ［J］. 江西社会科学，2014（6）：200.

三、命令控制型环境政策工具

1. 命令控制型环境政策概述

命令控制式（Commond - and - Control，CAC）的环境政策，其基本概念指的是，环境治理机构制定具体的行动要求或标准，单个企业或污染设备必须按照这些要求和标准进行污染控制或环境保护。❶ 命令控制政策的显著特点是指政府对环境影响主体采取强制性约束的行动，从而使得被规划者在环境目标选择或达成的技术手段上无法做自由选择。其体现为政府

---

❶ Charles D. Kolstad. 环境经济学 ［M］. 北京：中国人民大学出版社，2016：215.

利用法律授予的公权力对企业的行为做出强制规范，要求企业在环境污染的限值标准内进行生产，并对违反规范的企业进行处罚。因而该类政策的实质以法律来规范环境影响主体的行为，并通过特定的权威机构来监督执行。

在社会生产力快速提高且技术革新的速度无法跟上生产力要求的情况下，生产型企业的资源利用率较低，不够重视环境保护，由此带来的环境污染问题给社会民众带来了最直接的影响。由于民众的受教育程度上升，环保意识不断增强，对环境的要求越来越高，民众要求借助政府的力量约束企业的污染行为。企业作为社会生产力的基础单元，由于生产而产生的环境污染等负外部性，理论上应由企业承担责任。但在现实情况下，企业解决污染问题需要付出一定成本，如减少产量、购买或研发更环保的新技术等，企业并没有动因对其造成的负外部性负责，因此，缓解环境污染问题需要政府干预。这时，中央政府有出台环境治理相关法律的动机，这些法律在执行时常以行政法规、部门规章、办法规定等形式下达给地方政府，由地方政府执行。

因此，政府对企业行为的强制规范就构成了环境治理正式约束工具的一大部分，这一部分约束工具的主要形式是法律、法规、规章以及其他环境管理的规范性文件，颁布各类环境绩效标准和环境技术标准。环境绩效标准通常指的是对每一单位经济活动所能允许的最大排放量进行规定；而环境技术标准则规定了环境影响主体所必须采用的技术或设备类型。

2. 命令控制型环境政策的实施主体

在一国内部的环境保护，本国政府是使用命令控制型政策工具的唯一行为主体。政府被赋予处罚权力的原因在于，政府是公认的可以进行资源再配置的主体。在污染问题发生后，导致污染的企业和控制污染的政府都需要考虑公平与效率的问题。

不论是企业还是政府，都追求某种高效率。对企业来说，由于技术水平的限制，选择放弃污染意味着放弃生产，等同于放弃原有的利润，放弃污染的机会成本较大，因此，技术水平较低或者资金并非十分充裕的企业都会倾向于选择牺牲环境进行生产。对政府来说，进行污染管制是有必要的，但强制处罚对企业生产率的影响是直接而迅速的：由罚款或者责令停产停业而给企业带去的额外成本会将一部分成本较高、规模较小的企业排除在行业之外；要求企业进行技术创新更不是短期能实现的目标，技术创新需要更高级的人才和更多的前期资金投入，因此对大部分企业来说，处罚的结果是，他们会选择退出行业而不是设法减少污染；企业退出市场所带来的失业问题、市场供给减少问题、竞争不充分问题等也会使社会福利下降。清洁的环境和高效的市场之间的矛盾是政府需要权衡的问题。

在处罚进行的过程中，对企业尤其要注意处罚的公平性。环境处罚规范制度的不完善会使得处罚力度完全掌握在政府官员手中，如果出现不公平行为，企业就会看到寻租的可能性，寻租的发展会让环境处罚措施成为强势企业排除同业竞争的有力武器。因此，应有完善的规章制度来规范政府的处罚行为，政府处罚权应该与环境行政管理权、环境许可权等分离，以此来降低寻租风险。

3. 命令控制型政策工具的实施对象

生产型企业更容易对环境造成破坏，尤其是高污染行业的生产型企业，如化工行业、采掘业、纺织业等。在无监管条件下，企业没有动力去检测自己的生产行为对环境造成了怎样的影响，因为环保检测将会增加成本，且无利可图。在有监管但监管较为宽松的情况下，有部分企业成为行业监管漏洞，尤其是中小企业。原因有二：一是因为这些企业规模较小，政府进行行政处罚所收入的罚款还不能抵消政府的监管费用，政府的监管体制不完全，监管中小企业的边际成本较高，政府不能在监管这些中小企业的情况下达到规模经济，所以政府会放弃监管，转而以监督大企业为主；二是考虑到中小企业的资金实力一般没有大企业雄厚，处罚太高了，容易迫使这些企业退出市场，导致工作岗位减少，从而造成就业压力。因此，较为宽松的监管总体上增加了大企业的成本，小企业继续以污染为代价进行生产，这也是许多发展中国家的现状。在这种模式下，大企业虽然积极避免处罚，但没有积极性进行技术创新，因为中小企业"污染盈利"现象的存在会使得生产者们更愿意开办小型工厂，以此获得更高的效益。在监管较为严密的条件下，政府的监管措施系统化，可操作性强，制度规章完善，此时，对所有企业进行监管的边际成本递减，所以政府的监管可以将一些没有能力进行技术革新以缓解污染问题的企业挤出行业之外，剩下的企业面对污染成本较高的情况，在行业氛围带动下也有进行技术改进的动力，进而环境污染问题可以得到改善。当然，如前文所述，政府需要在清洁的环境和高效的市场之间做出权衡。

4. 命令控制型政策下的行政处罚措施

对环境违法行为，政府环境主管部门或其他被授予权力的职能部门可以依法给予行政处罚，处罚措施依照各国法律规定各有不同，基本都包括警告、罚款、没收三种处罚种类，其中罚款又是最常见的有效手段。

世界各国的环境保护法的法律体系健全程度各不相同，环境处罚措施的规定成熟度和执行力度也参差不齐。

以中国和美国为例。我国的环境保护法律体系处于建立初期，正在逐步补充完善。我国《环境行政处罚办法》规定的处罚种类分为：（一）警告；（二）罚款；（三）责令停产整顿；（四）责令停产、停业、关闭；（五）暂扣、吊销许可证或者其他具有许可性质的证件；（六）没收违法所得，没收非法财物；（七）行政拘留；（八）法律、行政法规设定的其他行政处罚种类。在责权明晰和划分、权力与利益分离等方面，我国亟待加强，例如环境行政管理权、环境许可权、环境处罚权的分离就是形成权力制约、减少"寻租"腐败现象的有效思路之一。

相比之下，美国作为发达国家的代表有着更完备的环境保护制度。自20世纪中期以来，美国颁布了大量环境法律，建立起完善的环境保护体系。经济处罚是美国环境执法中常用的处罚形式，其公众评议机制和罚款最高限额设置等制度使得处罚富有科学性；在处罚的执行手段上，美国环境法给出的民事诉讼制度授予环保局提起民事诉讼的权力，对比较严重的环境违法行为，环保局可以提起民事诉讼，请求法院判决纠正违法行为，迫使违法者交付罚款，环保法得以贯彻执行。❶

5. 命令控制型政策工具的优势与劣势

传统的处理公共问题的理论认为，消除环境污染外部性必须依靠政府的强制力。因此命令控制政策成为环境治理的第一代政策工具，它的典型特征是被规制者在环境目标选择（即绩效标准，如政府规定企业排污量）或者达成目标的技术手段（即技术标准，如政府强制企业使用指定的生产

---

❶ 王舒. 相对集中环境行政处罚权制度研究［D］. 哈尔滨：东北林业大学，2010.

技术）上无法做自由选择。❶

命令控制型环境治理工具有其显著优点。由于命令控制型工具的强制性特点，在执行时有效果确定、容易操作与执行、能够带动其他政策工具发展的优点。

效果确定指的是命令控制政策通过对标准的制定来确定环境治理的有效性。政府对企业生产做出强制性的污染标准限制规定，要求企业生产必须符合环保标准，不能超出最大污染限值，否则会按照法律规定对企业进行一定经济或行政处罚。例如，中国政府实行的重点污染物排放总量控制制度规定，重点污染物排放总量控制指标由国务院下达，省、自治区、直辖市人民政府分解落实；企业事业单位在执行国家和地方污染物排放标准的同时，应当遵守分解落实到本单位的重点污染物排放总量控制指标；对超过国家重点污染物排放总量控制指标或者未完成国家确定的环境质量目标的地区，省级以上人民政府环境保护主管部门应当暂停审批其新增重点污染物排放总量的建设项目环境影响评价文件。由于政府可以对企业实行处罚，命令控制型工具得以有效执行，企业为了规避处罚带来的额外直接经济损失和潜在的对后续生产发展的影响，一般会主动按法律规范执行。

命令控制型工具的强制性决定了其在执行和操作上具备高效的特点。只要政府对相关规定的执行力度足够，为规避处罚企业会很快地采取措施减少污染排放，对环境的改善效果显而易见。2017 年 11 月中旬，中国陕西省关中多地持续出现雾霾天气，西安、咸阳、渭南等地相继启动重污染天气预警和应急响应，同时采取措施，将重污染天气的影响降到最低程度。2017 年 11 月初，中国河北省廊坊市某公司经环保部督查组核实，未严格落实重污染天气应急预案停产、限产要求，仍在生产（施工）或有明显生产迹象，属于违规生产，事件发生后，香河县环保局已按照法律程序对该公司进行立案处罚，并下达《责令改正违法行为决定书》，要求该企业严格落实重污染天气应急响应措施，坚决禁止此类问题再次发生。

命令控制型工具的存在和严格执行是其他经济激励型和自愿型环境治理工具得以发挥作用的基础。命令控制型工具的严苛性使得希望持续发展

❶ 毛万磊. 环境治理的政策工具研究：分类、特性与选择［J］. 山东行政学院学报，2014（4）：23－28.

的企业更偏好选择经济效益更加持续的生产方式，如利用经济激励工具带来的技术创新补贴发展新技术、靠交排污费来弥补一部分污染外部性等。所以命令控制型工具是必要的，它可以推动非命令控制型工具的发展。虽然非控制命令工具已经引起很多国家的关注和重视，但是命令控制型工具依然被广泛运用于许多国家，包括以美国为代表的许多发达国家。保罗·R. 伯特尼认为："尽管美国的政治家近年来对经济激励政策工具兴趣日增，同时也取得了一些进展，但市场导向的政策工具仍未成为美国环境政策的主体，大部分还处于管制政策的边缘。"❶

与命令控制型工具的强制性优势并存的，是同样由强制性带来的劣势，具体表现为对环境质量改善的持续性不强、过分依赖于政府执行力、难以实现减排成本有效性、对企业技术创新缺乏激励等。

环境质量改善的持续性体现在两个方面：一是企业是否能够在政策引导下持续保持污染物排放量处在较低水平；二是企业是否有动力进行减排技术的革新与扩展。在命令控制型环境治理条件下，企业减排是为了避免处罚，追求利润最大化的企业会保持在污染物排放量的最高限额上进行生产，并且由于技术革新所需要的更高前期投入，企业也没有动力进行技术创新，一旦政府取消了命令控制的监管规范，企业马上就会回到从前高污染高回报的生产模式中去。

在命令控制工具的实施过程中，工具是否有效直接取决于政府是否有强大的执行力。不同于基于市场的经济激励型工具，命令控制工具起到的作用是处罚威慑，没有市场自发性，一旦这种强制力减弱，环境质量就会下降。虽然命令控制型工具执行起来比非命令控制型工具要简便迅速，但是政府执行力度的把控也需要许多经验和技巧的累积，执行力度把控不当会为普遍寻租行为和生产力下降留下制度缺口。另外，对执行人员的素质要求也较高。

在环境治理中，以最小的成本实现最大程度的环境改善是非常重要的目标，特别是对于发展中国家来说。然而，命令控制政策很难实现污染控制中的减排成本有效性。在多个污染源治理的背景下，实现总的减排成本

---

❶ 保罗·R. 伯特尼，罗伯特·N. 史蒂文斯. 环境保护的公共政策（第2版）[M]. 穆贤清，方志伟，译. 上海：上海三联出版社，2004.

最小化需要各污染源的边际减排成本相等。而有关污染源的减排成本的信息属于私人信息，在信息不对称条件下，为保证操作简单，政府颁布的环境标准往往无法准确反映各污染源的边际减排成本信息，从而导致命令控制政策的减排成本高于市场机制下的环境政策。

另外，环境标准特别是技术标准的实施，对于企业通过技术创新进一步控制污染排放没有激励作用。在命令控制政策下，企业无法从技术创新中获取额外收益，因而没有动机加大研发，降低减排成本。在技术标准的强制规定下，企业实际上是不允许采取新技术的，因而如果政府没有掌握最充分的有关技术方面的信息，对企业通过技术创新进一步提高环境质量是严重的限制。

四、市场化环境政策工具

在缺少私人减排成本信息的情况下，命令控制政策最大的缺陷是无法实现污染控制的成本有效性。由于微观主体掌握了更多信息，相比集权化的方式，分散化（decentralised）的控制方式能够赋予微观主体更多权利和自由。这种环境治理政策又被称为基于市场激励的政策工具，或者简称为市场化的环境政策工具。具体来说，这类政策工具主要有如下几种。

1. 环境税费

环境税又称庇古税，是20世纪20年代庇古就马歇尔的外部性理论进行了发展，提出的通过税收将企业排污等负外部性问题内部化的思想，尝试通过税收政策来解决环境问题。

由于外部性的作用，市场经济对资源的配置会偏离帕累托最优状态，出现所谓的市场失灵。负外部性是经济个体的私人成本低于社会成本的情况，此时会出现私人成本的外溢，市场决定的产出水平高于最优水平。当企业在没有管制和约束的情况下生产污染产品、排放污染物时，就会出现负的外部性；相反，当企业利用废弃物进行生产或购买环保设备进行污染物治理时，会出现正的外部性。科斯定理指出，外部性问题在一定条件下，可以通过当事人的谈判得到纠正。只要明确财产权，并且交易费用可以忽略不计，无论在开始时将产权赋予谁，达到市场均衡的结果都是有效率的，都会实现资源配置的帕累托最优。然而在解决现实问题中，科斯定理存在着一定的局限性，尤其是与环境相关的问题。环境保护相关的财产权并非都能确定，且交易费用普遍存在。因而应对环境问题时，科斯定理的应用受到局限。

在此基础上，庇古提出了庇古税，通过相应的公共政策进行干预和解决外部性问题。环境税显然是属于庇古税的范围。在环境方面，对于正的外部性，如节能减排、使用环保设备处理污染物等，可以通过财政补贴和税收返还的方式使经济个体的私人收益接近或等于社会收益。而负的外部性如污染环境的生产和消费行为，可以通过征收环境税的方式使经济个体的私人成本接近或等于社会成本。经济学家跟踪研究发现，经济增长和环境质量之间存在一种"倒 U 型"的规律，即所谓的"环境库兹涅茨曲线"。在经济增长初期，往往采取高污染、高能耗、低产出和低附加值的经济发展方式，虽然经济增长速度较快，却伴随着环境质量的恶化。而当经济增长达到一定的水平或"临界点"时，伴随着经济转型和产业结构调整，则更加注重经济发展质量、效率和环境保护，环境质量会随着经济的发展而得以改善和优化。

环境税之所以受到政策制定者们的重视，与学者们声称环境税会带来双重红利效应（double dividend effect）有关。双重红利效应的基本含义是环境税的征收既能有效抑制污染，改善生态环境质量，达到环境保护目的，同时，能利用其收入来减轻社会福利税费等负担或是降低其他税收带来的社会扭曲成本。因而，推进环境税，可以实现兼具保护环境和改善福利的"双重红利"。

1927 年 Ramsey 首次提出了一个基本模型，讨论政府怎样在使得经济福利的损失或消费者效用最大化的同时提升给定的收入水平。Sandmo（1975）提出把 Ramsey 的法则与庇古规则结合，在模型中加入了对一个特定外部性或产生污染的商品征收一单位庇古税，从而开始变成分析最优税的问题。这些研究环境税的工作致力于最优税的特性问题，即检验存在税收扭曲下，最优环境税是否会高于庇古税水平。虽然并未出现明确的"双重红利"概念，但已经有了利用税收中性的意识，在征收环境税的同时减少其他税收，从而为"双重红利"思想奠定了基础。

"双重红利"的起源应追溯至 Pearce，他提出二氧化碳税收入应当被用来大幅度减少现有税收的税率，以减少现有税收如所得税或资本税的福利成本，这样一种税收转移可能以零福利成本或负福利成本获得环境收益，这就是所谓的环境税"双重红利"。随着对其研究的日益深入，很多学者对环境税"双重红利"概念进行了更全面和深入的阐述，除了由于更低的污染外部性而增加"绿色红利"外，环境税的收入可以用来减少其他已存在的税收扭曲，即"效率红利"。目前，在众多的研究中主要有三种理论：一是"弱式双重红利论"，指用环境税收入减少原有的扭曲性税收，减少税收的额外负担；二是"强式双重红利论"，即通过环境税改革可以实现环境收益以及现行税收制度效率的改进，以提高福利水平；三是"就业双重红利论"，指相对于改革之前，环境税改革在提高环境质量的同时促进了就业。

自21世纪初以来，国内外的学者都加入了对环境税"双重红利"的研究，大多结合CGE（可计算一般均衡，Computable General Equilibrium）模型，利用本国或本地区的实际数据，模拟某一项或特定环境税改革的经济效应，尽管如今经济学家对是否产生"双重红利"还未达成共识。

环境税有利于推动污染排放产生的外部负效应内部化，促使经济主体自觉地通过成本效益分析，加强污染治理或者采用更清洁的生产工艺，从而减少污染物的排放。环境税一方面是政府对公共产品的管控手段，可有效控制环境问题，但另一方面会提高企业生产成本，一定程度上会对经济增长和居民福利等方面造成一定影响。

自然环境本是天然所赐，但由于人类对环境的破坏使其难以自我修复，因而如今成了需要政府提供的公共产品。一般来说，政府增加环境公共产品供给有两种方式，一是通过投入财政资金对环境进行物理修复来直接提供，二是采用征收环境税减少或阻止环境破坏行为来间接增加环境公共产品。环境税作为政府设置的对市场主体发挥环境行为引导作用的环境价格信号，在信息不对称或不完整的市场条件下，具有纠正市场主体逆向选择、有效提供环境公共产品的功能。一方面可以让微观主体容易地判断出破坏环境得不偿失，从而自愿做出减少污染的理性选择；另一方面环境税对市场不完整信息的补充，能够扭转市场主体的逆向选择行为，阻止加剧环境恶化的"柠檬市场"的形成。

对于经济方面的影响，通常通过CGE分析，发现征收环境税对实际GDP影响非常小，但能取得相对明显的污染减排效果。相对而言，征收环境税对污染物的减排作用远大于对经济发展的抑制作用。较高税率的环境税能较大幅度地减少污染物的排放。而环境税在增加政府收入的同时会对居民福利产生一定的负面影响。但考虑到对环境带来的改善，进而产生正面的居民福利效应和社会效应，环境税征收产生的社会负面影响相对较小。

2. 环境补贴

相对于环境税，政府对于环境的补贴显得更加温和且具有较强的目的性和针对性。简而言之，补贴作为税收的反方面，能够实现与税收相辅相成、共同作用产生经济和社会效益，达到政府希望的引导社会关注和保护环境的目的。

在经济社会中，补贴作为一个政府向微观经济主体无偿转移收入的经济行为，实质是政府把一部分财政收入转移给一部分人使用，是一种利益的再分配。庇古在其著作《福利经济学》中，将税收和补贴的政策发展成为通过国民收入再分配来实现社会福利最大化，政府通过征税和补贴的行为来干预收入分配过程。财政补贴是政府为了调整价格与私人成本之差，从而直接或间接地给予生产者或者消费者以财政支持的各种干预措施的总称，将这一概念运用于环境保护内容方面，形成了针对环境保护的财政补贴。

环境补贴有着一般政府补贴同样的分类依据，本书从接受主体和支付依据这两方面展开讨论。按补贴的接受主体可分为：对企业的补贴，即生产补贴，这种补贴方式能够激励生产者针对环保项目加大研发力度，进而从供给角度发展环保产业；对个人的补贴，即消费补贴，这种补贴方式激励消费者购买环保产品，增加对环保产品的需求，进而从需求角度拉动产业发展。按补贴的支付依据可分为：直接补贴，指的是政府对于补贴接受主体环保行为的直接激励，补贴数额与参与者的经济和环境效益没有直接挂钩；间接补贴，主要采取税收优惠等方式，补贴数额与参与者的经济和环境效益直接挂钩。

前文提到，环境税通过成本效益（即提高污染的成本）使企业主动关注生产过程中的环境问题，而本部分将从相反的方向（即给予环保行为经济奖励）探究补贴对于经济主体的经济效益。"尽管在社会实践中，环境税收优惠受到了青睐，而环境补贴受到了冷落。但是，从两者的经济效果和环保效果来看，人们之所以选择环境税收优惠而非环境补贴更多的是出

于政治考量。"❶

与环境税收相比,环境补贴有两个明显的特点:

第一,灵活性。环境税收作为立法机构确立的税收制度,具有固定性和预定性的特点,税收不能随意创立和更改,在面对现代社会环境治理情况的复杂性和多变性时无法灵活应付,而财政补贴就相对灵活许多,政府部门无需经过复杂的立法过程而直接投入财政资金,投入的资金流向精准且有效。

第二,友善且鼓励的政治态度。相比于税收,财政补贴含有鼓励的态度,是一种对环保行为的奖励,而税收则可以理解成是对污染环境行为的打压,奖励和打压的态度对于不同的产业部门有着不同的效果,政府灵活地利用这两种工具,能够促使社会产业向有利于环境保护的方向发展。

环境补贴是政府利用市场资源配置来保护环境的重要手段,各国政府针对本国的情况实行了很多的补贴形式,都取得了一定的效果。例如:美国政府对环保电器的直接现金补贴,对购买节能电器的消费者进行一定比例的现金补贴,达到了鼓励消费者购买和鼓励生产者生产的目的;日本政府对节能环保设备的税收优惠,减免对目录内的环保设备征收的税额,也达到了使资源流向环保产业的目的。中国政府也有各种相关补贴工具。

3. 排污权交易

（1）排污权交易的理论分析

排污权交易起源于产权交易理论,其本质是明晰和划分向环境排放污染的权利,并允许个体之间进行自由交易。排污权又称环境容量资源的使用权,是企业等排污单位通过行政申请在获得环境行政部门的许可后,按照许可证的指定范围、时间、地点、方式和数量等内容进行排污的权利。它是对环境容量资源的一种无偿利用,在对环境造成污染时,行政机关又可以通过污染收费制度进行以处罚为目的的行政措施。排污权交易的机制设计包括污染权的初始分配、参与交易的主体以及交易涉及范围等方面。该理论最早由美国经济学家戴尔斯于 20 世纪 60 年代末提出,主要包括"泡泡政策""总量控制""排污补偿""排污剩余量的银行贮存"四个方

---

❶ 王慧. 环境税收和环境补贴——比较研究与政策选择 [J]. 财会研究,2010 (13):18.

面。美国的排污交易政策，简单来说，就是将一定区域内的排污单位或者机构看作一个泡泡，总量控制就是行政机关规定限制泡泡里的排污总量是一定的，为了不超过排污总量的限制，将排污权进行经济化并允许其在泡泡内或者与另一个泡泡间进行排污剩余量的交易，也有排污剩余量充足的企业单位等将它以信用形式贮存在银行里，别的企业需要时可以直接去银行购买，总之是为了在经济发展与环境保护之间寻求一种平衡和支撑，降低排污成本、发展经济的同时也保护环境。

污染物排放总量控制环境容量是"在人类生存和自然状态不受危害前提下，某一环境能容纳的某种污染物的最大负荷量"。排污权交易的前提条件是既对污染物排放总量给以量化的控制，也有一定的富裕环境容量。我们允许一定量的污染物排放，是因为现实中的任何生产和消费活动不可能实现污染的零排放。但这种允许必须加以量化，以一种直观的方式表明一定区域所能承载的污染量。

排污权交易隐含的经济学原理可以追溯到20世纪60年代科斯定理及随后兴起的产权交易理论。科斯的思想可以概括为两条定理，即"科斯第一定理"和"科斯第二定理"。"科斯第一定理"可以表述为：若交易费用为零，无论初始权力如何界定，都可以通过市场交易达到资源的最佳配置。其实质性的分析结论是：在交易费用为零的条件下，权利的重新安排并不改变资源的配置效率，但权利的清晰界定本身十分重要，否则不可能得出确定的均衡结果。该定理阐明了产权制度的重要性，即产权清晰界定是价格体系有效运转所依赖的制度条件。"科斯第二定理"说的是在交易费用为正的情况下，不同的权利初始界定会带来不同效率的资源配置。也就是说，如果市场交易是有成本的，则权利的重新界定必然会对经济效率产生影响，如果交易费用过高，从社会角度看，权利的重新界定就有可能是不值得的。因此选择何种权利安排，要通过比较不同社会安排所产生的"总产品"来确定，通过这种比较，就有可能在承认交易费用约束的条件下，找到"帕累托最优"方案。根据科斯第二定理，交易费用的大小将影响制度安排的选择，不同的制度安排将产生不同的资源配置效率结果。

科斯定理为排污权交易提供了理论基础，但对排污权交易理论的理解不应脱离科斯的整个理论体系。科斯的理论局限性在于科斯定理的成立有许多假设条件，当这些条件在现实社会中遭遇挑战的时候，利用科斯定理解决外部性并非看上去那么有效。因此在科斯定理基础上，污染权交易有了总量交易的要求，即在满足一定环境目标约束下，对环境产权进行划分，使污染总量存在上限约束，同时允许污染权利在厂商之间交易，这样的交易机制又被称为总量交易机制，即如前文所述机制。

排污权交易作为以市场为基础的经济制度安排，它对企业的经济激励在于排污权的卖出方由于超量减排而使排污权剩余，之后通过出售剩余排污权获得经济回报，这实质是市场对企业环保行为的补偿。买方由于新增排污权不得不付出代价，其支出的费用实质上是环境污染的代价。排污权交易制度的意义在于它可使企业为自身的利益提高治污的积极性，使污染总量控制目标真正得以实现。这样治污就从政府的强制行为变为企业自觉的市场行为，其交易也从政府与企业之间的行政交易变成市场中的经济交易。

（2）排污权交易的经济效益

从企业的角度出发，排污权交易成本可分为外部成本和内部成本。外部排污权交易成本指的是成本的发生与某一主体的环境影响相关且由其他主体承担的成本，即企业的经济活动影响了外部环境，而企业却不承担相应责任的成本，如检测成本、环境成本、监督成本和信息成本等。内部排污权交易成本主要包括交易费用、技术革新成本和排污成本，交易费用包括进行排污权交易所发生的全部费用；技术革新成本包括企业通过技术革新减低污染物的排放，从而可以减少排污费用或者出售排污权获利所产生的成本；排污成本包括企业超额排放污染物所产生的成本。

企业参与排污权交易产生的收益主要包括两方面：一方面表现为企业进行排污权交易产生的直接收益，主要是企业出售额外的排污权直接取得的收入和污染物的再生收益等；另一方面表现为企业因参与排污权交易获得的间接收益，主要有因参与排污权交易所享受的部分税种免税或减税政策企业所增加的税后净收益，从政府得到的不需偿还的补助或价格补贴，以及排污权交易刺激企业技术革新的支出低于以前会计期间缴纳的排污费、罚款和赔偿金而得到的机会收益等。

污染边际成本存在明显差异是排污权交易机制在市场中顺利运行的基本前提保证。企业间边际污染处理成本存在明显的差异会影响不同企业的排污决策，企业间获得的收益和路径也不大相同。正是由于企业间边际污染处理成本存在明显差异，企业才自发地通过技术革新来治理自身的污染物排放，以此获得额外排污权，进而买卖或是持有这部分排污权。从企业角度来看，初始分配方式的选择会在很大程度上影响企业排污权交易的初始成本。有偿的初始分配方式短期内会增加企业的治污成本，降低企业的收益，影响参与排污权交易的积极性，但从社会责任和企业长远发展战略的角度来看，企业的未来收益将会远远高于初始成本的投入。

4. 生态补偿

（1）生态补偿的概念

自从环境问题以及可持续发展思想提出以来，生态补偿就成为社会各界和专业研究人员关注的热点之一。虽然在生态补偿的研究上已经取得丰硕成果，但对于生态补偿的概念，国内外学术界仍没有形成统一的看法。

生态补偿是一项复杂的多学科工程，学科侧重点不同，对生态补偿的理解也不同。在经济学中，生态补偿的内涵指的是一种对生态环境受益者收费、受损者补偿的经济措施；而在生态学中，生态补偿的内涵讲的是生态系统的自我还原功能。❶

有关生态补偿的第一类定义强调了生态补偿对于保护生态系统服务（生态功能）的重要意义，同时也强调了通过经济手段实现利益关系调整的重要作用。❷ 2007 年，中国科学院李文华院士等人将生态补偿界定为"以保护和可持续利用生态系统服务为目的，以经济手段为主调节相关者利益关系的制度安排"❸。2010 年，他们又将生态补偿的定义扩展为"以保护生态环境，促进人与自然和谐发展为目的，根据生态系统服务价值、生态保护成本、发展机会成本，运用政府和市场手段，调节生态保护利益

---

❶ 陶建格. 生态补偿理论研究现状与进展［J］. 生态环境学报，2012，21（04）：786 - 792.

❷ 汪劲. 论生态补偿的概念——以《生态补偿条例》草案的立法解释为背景［J］. 中国地质大学学报（社会科学版），2014，14（01）：1 - 8、139.

❸ 杨光梅，李文华，闵庆文，等. 对我国生态系统服务研究局限性的思考及建议［J］. 中国人口·资源与环境，2007，17（1）：85 - 91.

相关者之间利益关系的公共制度"❶。

有关生态补偿的第二类定义强调生态补偿是将生态保护活动外部性内部化的经济手段，生态补偿制度的设计目标是运用制度推动人们提供生态产品这一公共物品。❷ 刘峰江、李希昆（2005）❸ 认为，生态补偿是防止生态资源配置扭曲和效率低下的一种经济手段，具体而言是通过一定的法律手段将生态环境保护的外部性内部化，让生态保护产品的消费者支付相应的费用，生态保护产品的生产者获得相应的报酬；通过制度设计解决好生态产品这一特殊公共产品消费中的"搭便车"现象，激励公共产品的足额提供，通过制度创新解决好生态投资者的合理回报，激励人们从事生态环境保护投资并使生态资本增值。❹

这两类生态补偿定义的共同点在于，都突出了生态补偿主要利用经济手段来调整相关主体之间的利益关系。

生态补偿的主体是指有进行生态补偿的权利能力或负有生态补偿职责的国家、国家机关、法人、其他社会组织以及自然人。❺ 政府在生态补偿中作为最常见也是最主要的一类补偿主体，起着极其重要的作用。生态补偿往往延续时间长、耗资大，政府具有组织人力、资金和技术等优势，政府主要从提供公共产品和服务的角度出发实施补偿，实质是依靠国家强制力依法对生态环境和自然资源的利益收入进行再分配，重在维护社会公平，实现社会经济的可持续发展。

在生态补偿法律关系中，企业法人是常见的补偿主体之一。企业作为生态补偿的主体，是因为企业从事生产经营活动几乎都要涉及自然资源的利用和实施有害于生态环境的行为，它们是导致生态环境问题的主要责任

---

❶ 李文华，刘某承. 关于中国生态补偿机制建设的几点思考［J］. 资源科学，2010，32（5）：791–796.

❷ 汪劲. 论生态补偿的概念——以《生态补偿条例》草案的立法解释为背景［J］. 中国地质大学学报（社会科学版），2014，14（1）：1–8，139.

❸ 刘峰江，李希昆. 生态市场补偿制度研究［J］. 云南财经大学学报（社会科学版），2005，5（1）：38–40.

❹ 刘峰江，李希昆. 生态市场补偿制度研究［J］. 云南财经大学学报（社会科学版），2005，5（1）：38–40.

❺ 曹明德. 对建立生态补偿法律机制的再思考［J］. 中国地质大学学报（社会科学版），2010，10（5）：28–35.

者。由企业向自然资源的所有者或生态系统服务功能的提供者支付相应的费用，避免企业把本应由自己承担的污染成本转嫁给社会，从而实现企业外部不经济性的内部化。

生态补偿的其他主体还包括其他社会组织，主要指非营利性组织，是一些社会成员出于自身的政治目的、宗教信仰、个人伦理道德或对于环境资源保护等公益事业的关心而自发组织起来的社会团体；自然人包括我国公民、居住在我国的外国人和无国籍人。公民从事植树造林或退耕还林、退牧还草等改善生态环境，从而成为生态服务功能的提供者，国家或生态服务受益者应对其进行补偿。

生态补偿的客体是主体的权利和义务所指向的共同对象，又称权利客体和义务客体。生态补偿法律关系的客体可以划分为两类：一类是物，主要有自然资源和生态环境；二类是行为，即主体所从事的各种保护生态环境、自然资源的行为，如植树造林、自然保护区的养护与建设等。

（2）生态补偿的付费和补偿原则

一是破坏者付费原则。主要针对行为主体对公益性的生态环境产生不良影响从而导致生态系统服务功能退化的行为进行的补偿。这一原则适用于区域性的生态问题责任的确定。

二是使用者付费原则。生态资源属于公共资源，具有稀缺性，生态环境资源占用者应向国家或公众利益代表提供补偿。该原则可应用在资源和生态要素管理方面，如占用耕地、采伐利用木材和非木质资源、矿产资源开发等。

三是受益者付费原则。在区域之间或者流域上下游间，应该遵循受益者付费原则，即受益者应该对生态环境服务功能提供者支付相应的费用。区域或流域内的公共资源，由公共资源的全部受益者按照一定的分担机制承担补偿的责任。

四是保护者得到补偿原则。对生态建设和保护做出贡献的集体和个人，对其投入的直接成本和丧失的机会成本应给予补偿和奖励。

（3）生态补偿的标准

生态补偿标准是指补偿时据以参照的条件，主要涉及生态补偿客体的自然资本、生态服务功能价值以及环境治理或生态恢复成本。生态补偿一般是经济性的补偿，常常以货币价值方式进行衡量。

通常将以下三个方面作为生态补偿确立的依据❶：

一是从生态保护者的直接投入和机会成本的补偿角度提出生态补偿的标准，"生态保护者为了保护生态环境，投入的人力、物力和财力等直接成本应纳入补偿标准的计算之中；同时，由于生态保护者要保护生态环境，牺牲了部分的发展权，这一部分机会成本也应纳入补偿标准的计算之中"。

二是从生态受益者的获利角度提出生态补偿的标准。生态受益者没有为自身所享有的他人提供的产品和服务付费，使得生态保护者的保护行为没有得到应有的回报，产生了正外部性。为使生态保护的这部分正外部性内部化，需要生态受益者向生态保护者支付这部分费用。

三是从生态系统服务的价值角度提出生态补偿的标准。该角度是基于生态系统服务功能本身的价值或修正后的价值来确定生态补偿的标准。这种角度的核心内容是：采用环境经济学方法估算出生态系统服务功能的价值，并利用估算出的价值进一步确定出生态补偿的标准。

第二节　环境治理的成本收益评价

一、环境价值的评估方法

价值评估是经济学最初始的研究范畴之一。在经济学家看来，通过对个人支付意愿的观察就可以定量评估出消费者意愿购买的该种物品的价值。这种方法的运用具有很高的操作性，只需要收集足够多的购买行为数据就可以进行价值评估，但前提是存在一个对该物品进行交易的市场。由于环境质量通常没有可交易的市场，这意味着环境价值评估需要围绕揭示个体的支付意愿来采取一些特殊的方法采集数据。总体上，这些方法可以归纳为两个方向：一是通过揭示环境质量下降的损失来反面评估环境质量上升得到的收益；二是直接测算个体对环境质量的支付意愿。

---

❶ 李国平，李潇，萧代基. 生态补偿的理论标准与测算方法探讨 ［J］. 经济学家，2013（2）：42－49.

在评价环境质量下降所造成的损失方面，首先需要评估特定环境质量下降所影响的层面。一般而言，这主要包括，受影响群体的健康损失、物质资料损失以及生产损失等。环境质量下降的最严重危害就是对人体所造成的健康影响，这也一直是医学界和流行病学家所关注的焦点。例如，早在20世纪70年代，Lave和Seskin（1969）的研究就表明，空气污染每降低一个百分点，死亡率就会下降0.12个百分点；亦有大量研究发现空气污染物与儿童呼吸系统疾病有正向关系。❶ 对于由于环境质量下降而带来的健康损失通常利用疾病费用法（Cost Of Illness，COI）进行定量评估。这种方法可以理解为定量测算由于环境质量下降或某种污染物排放所带来的疾病治疗的直接费用支出以及相应的机会成本等。

除此之外，环境质量下降还可能造成物质资料的损失，如酸雨对建筑物、金属以及其他机械材料等的腐蚀。对于此类损失的定量评估可以构建损害函数，估计由于材料老化、损失而增加的维修和重置费用。另外，环境质量下降亦会影响生产，如因河流污染而导致的养殖业损失等。由于生产产品通常存在交易市场，生产的损失可以利用市场数据进行相对容易的计量。

值得一提的是，对损失的定量评估存在很多问题。一方面，损失的认定很难顾及所有方面，例如疾病费用法对疾病所造成的心理创伤难以准确衡量。另一方面，损失的评估未考虑到主体对污染和特定环境的适应性问题。例如，气候变暖会对某些区域的农业生产造成不利影响，但损失评估通常不会考虑该地区存在适应气候变暖而改变农作物种植种类的做法。另外，对于环境损害而造成的健康影响方面，在目前的科技条件下，存在很大的不确定性。由于在道德伦理的约束下不能进行人体实验，动物实验的结论又不完全可靠，因而，究竟暴露于多少浓度的污染下或暴露多久才会导致人体患病或死亡，并不能给出精准而确定性的评价，从而导致了环境健康损害评估的不确定性。

从环境价值评估的第二个方向，即直接估计环境价值的支付意愿方面，通常存在以下一些估计方法：

---

❶ 魏复盛，胡伟，滕恩江，等. 空气污染对人体健康影响研究的进展 [J]. 世界科技研究与发展，2000，22（3）：14－18.

1. 揭示偏好法

环境质量或者环境所提供的服务虽然缺乏成熟的市场，无法直接估计消费者的支付意愿，但是由于人们所购买的商品都必然和环境存在一定关系，因而可以通过观察消费者对不同环境特征下的商品购买和选择行为，来间接地推测其对环境质量的支付意愿。这类方法具体来说有特征工资法、特征资产价值法和旅行成本法等。其中，特征工资法利用工资率的差异来体现人们对不同环境特征的评价；特征资产价值法利用特定资产（通常是房屋）的价格差异来体现人们对不同环境特征的评价；而旅行成本法则利用景点区域的游客数量和出行费用倒推消费者对景点环境的支付意愿。值得一提的是，由于这些方法都是利用已有成熟交易市场的商品的交易数据，来间接反映作为该商品特征之一的环境质量所体现的价值，因而，这意味着，这些方法的应用建立在大量可获得的交易数据的基础上。例如，如果利用特征资产价值法评估消费者对于空气质量的支付意愿，则需要大量房屋市场的交易数据。由于我国相关领域的市场尚处于逐步成熟的过程中，特别是相关数据储备和积累有限，这些揭示偏好的方法在我国尚未有充分的应用案例。当然，随着大数据时代的到来，以及我国相关商品市场日趋成熟，利用揭示偏好的方法进行环境价值评估的研究大有潜力。另外，揭示偏好的方法前提假设是环境的价值是通过附加在商品价值上来实现的，即作为商品特征的组成部分来影响消费者购买商品的支付意愿，因而此类方法存在对环境价值低估的可能。

2. 陈述偏好法

针对环境质量（服务）缺乏可交易市场的状况，陈述偏好法并不把环境作为其他商品的特征之一来对待，而是选择直接问询和调查个人对相关环境质量（服务）的支付意愿。这类方法又可称为条件价值评估法（contigent valuation，CV）。之所以在该方法上加入"条件"二字，是由于调查者通常是假设一种情境，利用调查问卷的方式让被调查者陈述其偏好和支付意愿。运用此类方法进行环境价值评估的优点是显而易见的，这种方法灵活性高，不需要依赖大量数据处理，并且应用范围非常广泛，而不仅局限于有可交易的商品市场。在我国环境价值评估的实践研究中，曾广泛应用该方法。但是，需要格外强调的是，该方法的应用并不似看上去那样简单，因为该方法存在很多测量偏差，特别需要谨慎地设计调查问卷，否则运用该方法得到的评估结果是不准确的。条件价值评估法最大的偏差来自于介入性偏差，这是所有问卷调查的方法几乎无法回避的缺陷。所谓介入性偏差，指的是在面临调查访问等外界介入的情况下，受访者倾向于隐瞒其真实的想法和偏好。例如，由于担心环境税收政策依据调查结果而执行，受访者可能会低估相关环境价值；又或者，由于只是假设情景，受访者亦可能夸大其对环境价值的真实的评估。

3. 基于生态经济学的其他评估方法❶

生态经济学认为，复合生态系统是由自然、经济与社会三大系统组合而成的有机整体。在这一复合系统中，自然子系统是基础，构成人类赖以生存的自然环境；经济子系统是人在生存、发展过程中自主地调控、改造生产经营活动的结果；社会子系统是载体，它是人类行为、观念、制度与文化的合集，处处体现着人类活动的烙印。这三大系统在时、空、序、构、量这五方面相互作用和相互影响，最终推动着复合生态系统的发展与演进。复合生态系统强调三大子系统之间的配合与协调，进而才能实现人与环境、社会的平衡、可持续发展。下文将按照任景明、喻元秀等（2018）❷ 提出的基于复合生态管理的环境评价方法，来探究相关评价机理。

（1）生命周期评价（LCA）

生命周期评价是对产品整个生命周期——从原材料获取到加工直到最终处理的一系列过程，即"从摇篮到坟墓"——进行环境影响评价的方法。受20世纪70年代石油危机的影响，生命周期评价方法最初主要应用于能源与资源消耗领域。随着环境问题日渐严重，该方法得到大量的关注，相应的评价机制和工具也不断完善，并在全球得到推广。目前，生命周期评价方法在工业部门得到广泛应用，如产品系统的生态辨识与诊断、生态产品设计与开发、清洁生产审计等。同时，LCA 也为政府部门制定地区和行业的环境发展政策提供决策依据。

参考已有文献，生命周期评价主要遵循四个步骤：①确定研究目的及

---

❶ 本部分由李真巧负责整理并写作。
❷ 任景明，喻元秀，等. 政策环境评价理论与实践探索 [M]. 北京：环境出版社，2018.

范围。这是生命周期评价的第一步，也是直接影响评价结果的关键一步。在这里需要指出做该评价的目的和研究范围，并提出对数据的要求等。②清单分析。制定在目标产品生命周期之内所产生的全部能源消耗，以便量化研究产品对环境的影响。③影响评估。影响评价被认为是技术含量最高、难度最大，同时也是发展最不完善的一个技术环节。国内外学者大多通常通过分类化、特征化、标准化和加权评估来完成这一环节。④结果分析。综合第二步和第三步的分析数据并进行整合，进而得出结论。杨建新、王如松（1998）等❶在进行生命周期评价时，计算了环境影响潜值，首次建立针对中国的环境评价方法体系。

（2）物质流分析（MFA）

物质流分析方法的理念是通过对经济活动中物质流入、流出状况的分析，来判断资源的利用效率，是提高行业或者区域资源使用效率、发展循环经济的一种重要的分析工具。2001年，欧盟统计局出版了第一部有关物质流分析的研究方法的手册——《经济系统物质流核算和派生指标——方法指导》，物质流分析逐步走向成熟。物质流分析有三个层次，从大到小依次为国家层、城市层与工业园区层，其中国家层也是物质流分析研究中较为成熟的领域。国家层的物质流核算可以用来反映经济全球化发展对一国产生的环境压力；通过对城市层的物质流核算可以对城市的良好运转以及可持续发展提供改进建议；工业园区层的物质流分析主要用来分析工业园区之间的依存度或者互补性，进而放大集群效应。三个研究层次虽然关注的研究主体不同，但是整体而言都遵从相似的分析思想和方法，只是在某些具体的选取上存在差别。

核算框架、核算原则与核算指标构成物质流分析的基本框架。王岩（2014）❷在对该分析框架进一步探讨之后，指出物质流分析仍存在一些不足之处："物质流分析并未将不同物质对环境造成的压力进行区分，而仅仅是简单的相加，这抹杀了不同物质对环境的影响程度。"石垚、杨建新

❶ 杨建新，王如松. 生命周期评价的回顾与展望 [J]. 环境工程学报，1998（2）：21 - 28.

❷ 王岩. 物质流分析的核算方法研究 [J]. 东北财经大学学报，2014（1）：9 - 14.

等（2010）❶ 在物质流分析的基础上，提出了针对生态工业园区的核算方法，并对 MFA 进行了改进。刘滨、向辉等（2006）❷ 首次将研究着眼于部门，以单个行业为对象对我国循环经济主要指标进行了核算。除了上述方法外，也有学者采用碳足迹法对环境影响进行评估。

二、环境治理的成本评价

由前述分析可见，环境和自然资源的价值内涵中由于存在许多主观因素，在实际评估和方法选择上存在诸多困难。相比之下，有关环境治理中的投入，或者说，环境治理的成本评估方面，在实际操作和方法选择上就相对容易一些，评估准确性也相对有所保障。环境治理的成本评估是环境治理机制评估中的重要内容之一，决定了环境治理机制是否实现了其应用的效率。目前，有关环境治理评估的理论和方法研究在发展中国家并未获得充分重视。而实际上，发展中国家资源和发展限制，若它们能想办法尽可能提高环境治理的效率，是很有必要的。

环境治理的成本评价可以在不同的层面展开。例如，对于实施某项环境治理战略或规划的某个国家或地区而言，需要进行宏观层面的成本评价；而如果某项环境法规仅针对某个产业或某个区域实施，则需要进行基于产业或区域的中观层面的成本评价；如果环境治理仅仅指的是一项环境治理项目或工程，则需要进行项目工程实施的微观层面的成本评价。

1. 宏观层面的环境治理成本

宏观层面的环境治理成本，指的是一个国家或地区实施环境治理后整体国民经济所付出的代价。这个代价，可以理解为国民经济中用于环境治理的投入，也可以表述为由于环境治理而造成的经济增长差异。以一个国家的污染治理为例，污染治理的成本涵盖如下两个方面：一是政府用于污染治理的直接投入。国家统计局数据显示，2017 年我国环境污染治理投资总额为 9539 亿元（比 2001 年增长 7.2 倍），占当年 GDP 的

---

❶ 石垚，杨建新，刘晶茹，等. 基于 MFA 的生态工业园区物质代谢研究方法探析［J］. 生态学报，2010，30（1）：228－237.

❷ 刘滨，向辉，王苏亮. 以物质流分析方法为基础核算我国循环经济主要指标［J］. 中国人口·资源与环境，2006，16（4）：65－68.

1.16%。二是由于政府治理投入以及社会对污染规制政策的响应而发生的投入转移效应，即由于投入在整个国民经济中会发生转移，在污染规制政策下，投入转移效应会通过投入产出关系变化而对国民经济产生影响。其表现为，在污染治理中的投入会降低其他投入的数量，传统产业中的投入会转移到污染规制活动中，从而导致传统产业产出水平下降，整体经济增长放缓；污染规制在提高污染控制领域的技术创新的同时，降低了其他领域的技术创新水平，从而影响整个经济的技术创新速度。对污染治理投入转移效应的评估需要利用宏观经济模型。这类模型利用宏观经济指标，包括总产出、就业、资本投入等，以及历史数据，估算由于实施环境治理导致投入产出关系变化而对经济增长造成的影响。

2. 中观层面的环境治理成本

中观层面的环境治理成本，指的是具有地方性或行业性规制的环境治理政策对当地或受规制产业所产生的负面影响。虽然大部分国家的中央政府负责本国整体环境治理政策的设计，但细则性的政策颁布和实施往往是地方性的。在环境保护的实践中，地方政府违背中央政府政策目标而消极对待环境治理的现象并不少见，这也意味着严格的地方性环境法规的实施会给当地带来经济损失。例如，受地方性环境法规的影响，对地方经济增长贡献较大的企业可能面临生产成本提高的挑战。如果企业所在的市场存在较高的竞争性，那么将上升的成本转移给消费者的难度就加大，而企业的所得和员工的收入则会下降，如果成本上升巨大，企业可能发生大量裁员，从而对当地的就业产生负面效应。当然，从国家整体来看，某些地方性企业的损失并不一定会造成整个市场的损失。当该企业所在的市场是高度竞争性市场，受损企业下降的产出会马上被其他企业的产出所替代，因而整体上看并不产生负面损失。

另外，中观层面的环境治理成本还涉及行业性环境规制对整个行业生产成本产生的影响。行业性环境规制可能要求整个行业的生产满足一定的环境标准或技术标准，每家企业环境治理成本的提高使得整个行业生产成本上升。估计环境规制带来的行业性损失，通常利用行业中的典型企业来进行。例如，通过衡量行业中的一家典型企业，在加装某个污染处理设施之后其资金成本的变化如何，来估计整个行业污染治理成本的变化。当然，这样的做法也存在一定的不确定性，表现为：一是典型企业的成本变化可能不能准确反映整个行业成本的改变；二是受规制企业成本的变化往往可能被企业方所夸大。

3. 微观层面的环境治理成本

微观层面的环境治理成本，指的是政府或企业所实施的环境治理项目或工程所产生的成本。一般来讲，微观层面的环境治理成本，可以利用项目工程支出的方法进行衡量。相比宏观层面和中观层面的治理成本估计，其更容易测量，准确性也更高。但需要指出的是，利用项目工程支出方法测度微观层面的环境治理成本，需要进一步明晰环境治理成本在项目工程中的内涵。首先，实施环境治理项目的支出是一种机会成本的概念。例如，政府利用一块土地建设污染处理厂，那么这块地不能用于他用所产生的成本，应当视为治理项目的支出。其次，由于污染可能会发生介质转移，环境治理项目也可能会产生环境成本。例如，治理大气污染的项目可能在降低大气污染的同时产生水污染等问题，这部分成本也应考虑在治理项目支出之中。最后，由政府或企业实施的治理项目还存在执行成本的问题。实际上，即使是政府颁布的一项规制政策，其实施也离不开有效的监督和惩罚机制，这都会造成执行成本的上升。

第三节　环境政策评价的理论与方法

一、环境政策评估的一般标准

从制度分析的视角来看，环境政策一般认为是由政府自上而下颁布实施的、明确成文的、对环境影响主体的行为进行约束的正式的规范性文件。由前述讨论可见，环境政策虽然在理论上可以划分为两类，即政府命令控制式的管制措施和基于激励的市场化政策机制，但在实践中却有多种具体形式。因而，在环境治理中，面临形式多样的环境规制措施，政府决策者必须首先明确环境政策选择的标准有哪些。环境治理对于人类经济社会的影响是多方面和多层次的，不同的环境政策会导致经济主体不同的反应。明确环境政策的评估标准，将使得政策决策者可以根据每一种环境政策的自身特点，在不同情境下做出不同选择。

1. 环境效果标准

无论何种形式的环境政策，其颁布制定目的都是为了改善环境，因而从这个角度来看，讨论环境政策实施的环境效果似乎是多此一举。然而，现实却是，对已有的国内外众多文献进行分析发现，一些执行中的环境政策并未取得理想的环境改善和污染治理的效果。例如，Greenstone and Hanna（2014）❶针对印度水污染和空气污染政策的研究表明，印度的水污染政策相对于空气污染政策来说对污染治理的效果不大；我国也有学者发现即便是代表强约束力的我国地方性的环境法规政策，很多在实施中也没有取得显著的改善环境的效果。❷因而，环境政策评估的首要标准应该是评估该政策能否实现确定性的实施效果。影响环境政策实施效果的因素有很多，从制度环境来讲，同样的环境政策机制在不同的制度环境中可能取得完全不同的效果。例如，建立在科斯的产权交易思想基础上的排污权交易政策，其实施需要有完善、高度发达和活跃的市场；排污费或环境税政策，也需要具备健全的司法体系；并且，无论是哪种环境政策，其成功实施都需要具备完善的监督机制等。因而，对于很多落后的，司法、契约和市场机制不完善的国家和地区等，环境政策的实施可能很难取得理想的环境改善效果。

另外，环境政策的实施效果评价还体现在其对环境改善的作用是否具有不确定性。例如，排污权交易相对于环境税来说，能够实现较为确定的污染控制效果；但环境税对污染控制的影响取决于政策决策者所颁布的税率高低。由于环境政策在不同区域、不同污染类型方面的执行标准和实施强度等方面不统一，某项环境政策的实施可能导致污染跨区域、跨介质转移。从跨区域污染转移来说，环境政策薄弱的国家和地区容易沦落为"污染天堂"，这使得对某一区域环境政策的实施效果的评价需要全面检查是否存在污染转移的现象。在全球气候变化问题上，这一问题格外突出，在

❶ Greenstone, Michael, Rema Hanna. Environmental Regulations, Air and Water Pollution, and Infant Mortality in India [J]. American Economic Review, 2014, 104 (10): 3038 – 3072.

❷ 史亚东. 公众诉求与我国地方环境法规的实施效果 [J]. 大连理工大学学报（社会科学版），2018 (4)：115 – 124.

《京都议定书》实施期间，就存在发达国家向发展中国家碳排放转移的趋势。

2. 效率标准

从环境经济学的角度来看，环境政策选择的最重要标准是要满足成本收益的效率原则。资源环境及生态系统拥有其内在价值和外在价值，与此同时，治理环境污染、维持生态系统平衡和实现资源利用的可持续性也伴随着巨大成本。环境政策的效率标准，就是要求环境政策执行所带来的社会总收益与社会总成本之间的差额，即社会净收益达到最大。从污染控制的角度说，这意味着环境治理不是把环境污染降低得越多越好，更不是实现零污染，而是要将污染水平控制在边际减排成本与污染带来的边际损害成本相等的水平，即"有效"的污染水平上。自上而下颁布实施的环境政策想要做到这点，必须要求政策决策者明确某项环境治理给社会带来的成本与收益情况。前述分析已经提供了切实可行的有关环境治理的价值和成本的评估方法，但是对于环境政策制定者来说，掌握这些方法还不够，更为关键的是需要解决与成本和收益相关的信息问题。命令控制式的环境政策可以看作是一种集权（centralized）式的政策，其要实现效率原则，必须要求政府掌握一切与污染控制的成本和收益相关的信息。在过去交易主体众多的复杂社会，要求某一方即便是权力机关掌握所有的信息，也属天方夜谭。因而，基于市场的、通过个体自由交易来实现环境治理的政策措施，或者说分散（decentralized）式的治理思路，由于各微观主体之间相对于某一方更清楚成本和收益情况，而被认为能够更好地实现环境政策的效率原则。当然，这种基于市场交易的环境政策也往往会带来巨大的交易成本。因而，命令控制政策与市场化环境政策在效率上究竟孰优孰劣，并非有定论。其中的关键，取决于两种政策机制在交易成本与信息成本之间的比较。如果在大数据时代，权力机关能够大幅降低信息获取的成本，或者通过技术进步实现信息分布的对称性，那么命令控制措施由于较低的交易成本优势反而有可能比市场化政策更能实现更高的效率标准。

环境政策评估的效率标准，除了实现社会净收益最大化之外，还有第二层含义，即成本有效的标准。即便是利用科学的评估方法，在很多情况下，环境污染的损害也是无法准确衡量的，因而环境政策的选择需要最大可能地降低由此带来的治理成本问题。成本有效并非意味着环境治理到达了有效的水平，但实现有效的环境治理一定包含成本有效的内涵。由于投入环境治理的资源是稀缺的，如何以最小的成本实现污染控制的目的有着重要意义。从污染治理的角度来看，存在多个污染源的情况下，实现成本有效的减排方式需要各个污染源最后一单位的减排成本相等，即各个污染源实现边际减排成本相等的减排方式。由此可见，环境政策实现成本有效的关键依然是需要掌握私人部门的减排成本信息。因而，在信息不完全的世界里，命令控制式的环境政策依然不如市场化政策具有信息优势。

3. 公平与正义标准

人的行为背后都是有动机的，而人类行为的动机是复杂多样的。经济学假设人是理性的，或者说人都追求自身利益的最大化，这显然是对人性的狭义理解。人类很多看似"非理性"的行为背后，都或多或少有着自身对公平与正义的偏好。作为一项自上而下颁布实施的环境政策，其能否能够获得公众支持而顺利执行下去，很大程度上取决于该政策是否是公平和正义的。因而，公平与正义也是非常重要的环境政策评估标准。

公平始终是人类社会追求的核心价值目标，虽然时代不同其具体定义有所不同，但分析其内涵却主要侧重于如下两个方面。一是社会中人与人之间地位的平等，社会成员是否被平等地对待和尊重是最基本的公平。二是社会收入分配的公平，它是指财富或利益分配是否与个人的努力和付出相关联。在上述内涵下，环境政策的公平标准关注的是某项环境政策的实施如何在社会成员（包括当代的和后代的）之间分配环境治理的成本与收益。具体来说，由于环境问题可能是跨区域和累积性的，环境政策的公平标准包括代内公平标准和代际公平标准，而代内公平又可进一步区分为国内公平和国际公平。从结果公平的角度来看，环境政策应当避免环境治理的成本和收益在社会成员之间的差异过大，即如果一项环境政策使得大部分净收益都没有分配给低收入群体、弱势阶层、少数族裔、发展落后的地区或者国家以及后代人等，则这项环境政策就明显地有失公平。当然，有些环境政策，如环境税收等，虽然可能导致收入分配不公平的产生，但是如果政府能够通过转移支付等方式弥补收入差距，这些环境政策的公平性问题就不再突出。但是，值得注意的是，对于全球性环境问题而言，如全球气候变化，由于没有一个超越国家主权的"世界政府"存在，国家间调节收入分配不公的机制也就无法存在。因而，对于全球环境治理来说，环境政策的公平性是极为重要的，决定着该项政策能否被大多数国家所赞成，或者说决定着国际环境治理合作能否顺利达成。

正义，是与公平相伴而生的概念，但在具体内涵上又区别于公平。正义，首先是作为一种人类社会的至高理想而存在的，它的表现形式是一种价值判断和道德评价，它体现了人类社会至高的善，反映了人类对自身价值、尊严与发展方向的最高追求。人类的这种价值判断会影响他们如何看待一项环境政策。以排污税和排污补贴为例，这两种市场化的政策机制从理论上讲都符合经济学所要求的成本有效原则，即它们都能够实现污染源单位减排成本的一致性。就补贴而言，其更容易被污染厂商所接受。但就道德评价来说，让污染者接受补贴，显然违背环境正义所秉承的"谁污染，谁付费"原则。另外，对于全球环境治理来说，环境政策的正义标准需要符合"共同但有区别的责任"原则。"共同但有区别的责任"原则是处理国际环境利益关系所确立的一条基本准则，它所秉承的正义符合罗尔斯的正义论原则，即认为国家之间的资源禀赋、地理位置等差异是一种先天的不平等，在这种不平等条件下，国家之间基于合作产生的利益、责任的分担应当满足最落后国家的最大利益，即发达国家有义务帮助最不发达国家，并只能通过这种途径获得自身利益。这种帮助不是基于仁爱和怜悯、可有可无的，而是一种义务和责任，是强制性的，属于正义范畴，并且应当受法律保护。当然，虽然"共同但有区别的责任"原则已经被确定为处理国际环境问题的基本准则，但是针对其中"有区别的责任"因何而区别、有多大程度上的区别等问题，国际上的理解和争论却一直存在。这也导致了环境正义问题的复杂性，在国际层面上将严重制约着国际合作的实现。

4. 技术创新激励标准

可以说环境治理效果的达成、效率原则的实现以及环境公平与正义等，都离不开环境领域科技进步和技术创新的影响。由于技术创新通常是在私人部门率先实现的，所以，环境政策的一项重要评价标准就是该政策能否给予私人部门以激励，促进它们去寻找改善环境质量、降低污染水平和提升资源利用效率的新方法。从激励的角度来看，命令控制式环境政策一直饱受诟病。原因在于，在强制性的管制措施和技术标准下，私人部门只满足于符合政府的命令，即所谓的"达标"，而对"超标"没有动力。

特别是在技术标准下，私人部门更不会主动投资于研发，进行技术创新。由于技术创新充满不确定性，并且是一个长期的、具有风险的过程，因而，要满足技术创新激励的标准，一项环境政策应该立足于长远规划，给予私人部门在技术选择和研发投入方面的灵活和奖惩机制。另外，对私人部门激励的实现依赖于他们对政策执行强度和稳定性的预期，以及对私人技术专利和知识产权的有力保护，因而一项环境政策的制定还需要其他配套政策的辅助执行。

5. 可执行性标准

制定再好的环境政策，如果其执行成本高昂，或者其实施会明显遭遇公众和私人部门的反抗和质疑，那么该项环境政策也难以真正落实。因而，可执行性标准也是环境政策评估的重要标准之一。在全球气候变化领域，目前实施的国际碳减排政策是建立在排污权交易机制基础上的国际碳排放权交易政策。之所以采用碳排放权交易而不是碳税，很大程度就源于在国际层面上，碳税政策更难以执行。一方面，全球没有一个凌驾于国家主权之上的"世界政府"征收碳税；另一方面，碳税需要各国缴纳费用，而并非如碳排放权交易般给予各国资产使用权利，从而使得各国更为抵制国际层面上的碳税征收。

二、环境政策评估的主体与对象

如同环境治理理论要求治理主体是多元化的一样，环境政策评估的主体应当也是多元的。一般来说，环境政策评估的主体由政策决策者和执行者、其他相关政府部门、非政府机构（包括受控的私人部门、智库与咨询类的私人部门和科研院所、相关媒体和社会组织）以及公众和其他相关利益者组成。由政府部门推动的政策评估也称为内部评估，由于在政策制定和颁布实施中，政府部门直接参与并起主导作用，能够掌握政策实施当中较全面的信息，并具备专业化人员和技术装备，同时评估可以较容易地被反馈和采纳，因而内部评估在其他主体的评估中占据绝对优势。以美国为例，根据美国政府部门颁布的行政指令，管理和预算办公室（OMB）负责指导各部门的政策评估工作；美国环境保护署（EPA）根据 OMB 的科学指导，定期向其递交环境政策评估报告；而环境政策评估工作主要由 EPA 的政策办公室和国家环境经济学中心执行完成，其中前者负责政策分析和

科学指导政策的决策过程，而后者主要负责成本收益的量化分析方法。❶
但是，如果政策制定者和评估者为同一主体，显然也会造成评估失真的问题，因而评估主体多元化是必需的。在这方面，相比美国，欧洲更注重非官方评估机构的发展，从而进一步确保了评估的客观性。但是，总的来说，非官方部门的评估在信息获取、专业人才及技术水平等方面还不具备优势。

由于环境政策体系庞大，对所有的环境政策都进行全面评估是不现实的，因而评估对象的选择应当具备一定标准。具体来说，评估对象的选择涉及三个方面：一是确定对哪些环境政策进行评估；二是确定在政策运行过程的哪个时段进行评估；三是对政策覆盖的哪些区域进行评估。一般认为，政策影响范围大、涉及严重环境问题、政策实施需要支出较大成本以及有关法律规定必须评估的那些环境政策，都应当作为评估对象。以美国为例，其评估对象的选择标准是"年经济影响超过1亿美元的环境政策"。另外，那些"明显增加消费者与行业负担成本的环境政策""影响市场中产品价格的环境政策"以及"对竞争、就业、投资、创新造成重大不利影响的环境政策"，虽然没有明确限定影响金额，但也列入到了美国环境政策的评估对象之中。欧盟在评估对象的选择上范围更大，并不给出具体金额，提出"所有可能产生重大影响的法规议案"及"新颁布的法规议案"都需要进行环境政策评估。

三、环境政策评估的程序与方法

环境政策的评估程序可以按照事前、事中和事后的逻辑顺序，分为评估准备阶段、评估实施阶段以及评估报告与审定阶段。其中，评估准备阶段是最为关键的程序环节，其主要任务是制定评估方案。具体工作包括：确立评估目标和标准、选择评估主体和对象以及确定评估方法等。评估的实施阶段是将前期评估方案进行逐步落实的阶段，其主要工作是组织评估人员，运用前期确定的评估方法，进行具体的信息和数据的搜集、整理和分析。最后，是评估报告的撰写与审定阶段。评估报告的结论决定了环境

❶　王军锋，吴雅晴，关丽斯，等. 国外环境政策评估体系研究——基于美国、欧盟的比较［J］. 环境保护科学，2016，42（1）：41 – 47.

政策的颁布，因而评估报告应当全面回顾评估的全过程，将评估实施与评估方案相对照，审定评估是否按照既定方案来完成。

环境政策的评估方法是评估方案的重要内容。评估方法主要涉及相关信息和数据的采集与分析。从信息采集的方法来看，主要包括信息数据监测、现场试验、典型调查、抽样调查、访谈以及利用相关政府部门或其他组织的已有数据资料等。从信息数据的分析来看，评估方法根据评估目标的不同，具体内容有很多。但这些方法的主要目的都是利用所采集的信息数据实现评估目标。例如，评估目标中涉及环境政策所产生的收益评估，可以利用前述环境价值评估的一般方法进行；环境政策所产生的成本评估，则可以利用环境治理成本分析的一般方法，具体包括宏观经济模型、事件分析方法、项目工程方法等；比较环境政策的效率，则可以利用指标构建的方法或效率评估模型来进行。

国家环境
治理篇

第三章　主要发达国家的环境治理政策机制与评价

本章主要分析和评价了以美国和欧盟为代表的发达国家的环境治理机制和政策工具，展示了典型案例，试图找出发达国家环境治理的典型特征，总结环境治理的成功经验。美国是环境运动的兴盛地，早在20世纪30年代的"赫奇赫奇山谷"事件中，就确定了以人类中心主义生态伦理观和经济学思想进行环境治理的主要思路，因而美国的环境治理经验可以视为西方环境经济学理论的现实实践。由于环境问题的跨区域性、跨介质性、整体性和复杂性，环境治理往往不能单纯依靠一个国家或地区来完成。在此背景下，欧盟区域环境治理机制中的跨政府理论与实践就具有重要参考价值。

第一节　美国环境治理的政策机制与评价❶

一、美国的环境管理体制概述

美国联邦政府设置了两个专门的环境保护机构：环境质量委员会和环境保护署。

1. 环境质量委员会（CEQ）

美国环境质量委员会是根据《国家环境政策法》（NEPA）设立的环境质量的咨询机构，既为美国总统提供环境政策方面的顾问咨询，又负责环境政策的制定。主要职责是：一方面为总统提供环境政策的相关咨询，另一方面监督、协调各个行政部门的环境行动。NEPA的具体职责是：第一，

---

❶ 本节部分内容由王一迪负责整理并写作。

为总统完成年度环境质量报告提供协助服务；第二，收集整理并向总统汇报环境现状和变化趋势的情报；第三，对政府的环境保护工作进行评估，并提出改善建议；第四，指导环境质量相关的调查和分析研究；第五，每年至少向总统做一次环境状况报告；第六，跟踪记录自然环境的变化，并汇总必要的数据资料；第七，按照总统的要求，针对政策和立法等活动项目进行研究并提出政策建议。

2. 环境保护署（EPA）

美国环境保护署是联邦政府的一个独立行政机构，其以维护自然环境和保护人类健康为己任。该机构在尼克松总统的提议下设立。为满足公众对清洁环境的需求，1970 年 7 月，尼克松总统发布了《1970 年政府改组计划第三号令》，把分散于各个部门的环境保护职能集中起来，由美国环境保护署统一负责。EPA 在获国会批准后于 1970 年 12 月 2 日成立并正式运行。EPA 是各项环境法案的执行机构，并作为联邦政府的代表全面负责环境管理工作。EPA 的局长必须由总统提名，并经国会批准之后才能生效，需要直接对总统负责。为了能够满足联邦环境管理活动的多种需要，EPA 规模十分庞大，拥有独立执法权，具有很高的权威性。EPA 由局长办公室、政策和经济办公室、行政和人力资源管理办公室、空气和辐射办公室、印第安人环境办公室、财务主管办公室、环境执法办公室、环境信息办公室、环境公正性办公室、历史办公室、项目审计办公室、国际事务办公室、研究和发展办公室、固体废物和应急反应办公室、科学政策办公室水办公各区域办公室以及分布在全国的各个实验室组成。● EPA 在成立之初，主要由两部分人员组成，在华盛顿总部负责制定各项环境政策的有关人员和分布在全美十个区域办公室负责具体实施和监督落实各项政策的人员，这些人员中的研究人员负责对政策的制定提供技术支持。经过多年的发展，EPA 不断得到扩大和增强。目前是主要职能有：第一，制定环境保护标准并监督实施，这些标准包括污染物排放标准、环境相关的质量标准、最佳实用环保技术标准等；第二，针对工业生产提出各项要求，颁布条例规章并监督实施；第三，组织实施排污许可证交易，负责向各个行业、各个企业发放排污许可证；第五，负责环保执

● 美国环境保护署网站 https：//www. epa. gov/。

法，对企业生产过程中的环境违法行为进行行政处罚；第六，进行环境监测，并通过环境监测得到的数据反映执法效果。

二、美国环境治理的正式约束工具概述

1. 命令控制型政策工具

（1）环境标准

20世纪80年代末到90年代初，美国开始施行全面污染预防政策，其主要由技术标准和环境标准组成。"技术标准"是美国环境法规的重要组成部分，在技术标准中所规定的技术的经济指标与环境效益的综合效果，包括技术的成熟性、可靠性和经济性，是排放限值标准制定的技术依据。❶环境技术管制的主要内容是结合污染排放限值，以环境技术政策的形式宣布成熟的、经济可行的和有效的环境技术。政府在发布技术政策的同时，需要不断评估、筛选和示范新技术。通过论证，经济有效的技术进入环境技术政策清单，形成良性循环，在评价污染控制水平的同时，不断推进技术进步。

环境标准是执法的依据，分为污染源排放限值标准和环境质量标准。污染源排放限值标准是针对污染排放源头实施的技术强制，《美国排放限值标准》是以技术为基础制定的，各种污染物排放的限值是根据各工业行业的污染物排放水平、工艺技术、处理技术等因素确定的。污染源排放限值标准大致可分为三类：直接排放源排放限值、公共处理设施排放限值和城市污水处理厂间接排放前处理标准。其中，对现存的污染源和新的污染源，根据不同的控制技术及污染物的特性，直接排放源排放限值有四种，即基于现有最佳控制技术的排放限值、基于最佳常规污染物控制技术的排放限值、基于最佳经济可行技术的排放限值和新的污染源实施标准。在环境技术管理条例和政策的监管之下，美国在污染源、新污染源、常规污染物和非传统污染物控制方面取得了巨大成就。总而言之，在技术标准和环境标准的政策协同作用之下，不仅可以有效地控制污染物的排放，还能确保在技术可行性的基础上改善环境质量。随着技术创新和技术标准内容的

---

❶ 李蔚军．美、日、英三国环境治理比较研究及其对中国的启示——体制、政策与行动［D］．上海：复旦大学，2008．

更新，环境政策促进了环境质量不断提升。环境技术政策在环境保护的技术基础方面发挥了巨大作用。EPA颁布的这些技术指导方针，内容相当广泛和充实，可以作为环境管理的各个方面的重要技术支持。

（2）环境监督性监测

环境标准建立后，就要对污染物排放进行监测。监督性监测的参与主体是指政府或企业，它们要收集有关信息，以评估工业企业的环境行为是否能够达到排放许可和其他法律规定。目的主要有以下几点：确保企业采取有效措施实现达标；提供可靠、及时的有关企业超标排放的信息；对污染控制相关项目的有效性进行评估。美国已对监督性监测的一系列过程做出了法律规定，如监测授权、自我监测授权、进厂监测、紧急授权和技术要求，见表3-1。

美国主要针对两类企业进行检测。第一类，重点污染源。以污染物排放类型和排放量为筛选原则，例如，每年有害气体排放量超过10吨、大气污染物排放量超过100吨的污染源都是主要的污染源；第二类，小污染源和重要污染源。作为一个整体样本，从大到小根据污染物进行排列，基准线划定为累计占总量80%以上的排放量，纳入监测范围的企业是排放量大于或等于该基准线的相关企业。监督性监测信息主要来源于以下几种渠道：污染源的监测记录、政府或第三方报告、公共监督等。其中，前两种是监测信息的主要来源。

表3-1 美国主要空气污染法案一览

《1955年空气污染防治法》
《1960年机动车尾气研究法案》
《1963年清洁空气法》
《1965年机动车空气污染控制法案》
《1966年清洁空气法》修正案
《1967年空气质量法案》
《1970年清洁空气法》修正案
《1977年清洁空气法》修正案
《1990年清洁空气法》修正案

2. 市场化环境政策工具

（1）环境审计

环境审计是一种特殊的经济活动，影响审计活动开展和审计结果的因素是审计依据。在美国环境审计的依据是联邦"成文法"和"习惯法"的综合，如《议会的综合环境的反应、补偿与责任法案》《优先补偿基金与重新授权法案》和《净化大气环境法》，这些法规为实施环境审计提供了依据。

环境审计的范围包括环境责任主体以及责任的范围❶。一是主体责任的范围。根据美国议会的《综合环境的反应、补偿与责任法案》《1986 年优先补偿基金与重新授权法案》《1990 年净化大气环境法》，要为工业污染环境负责任的主体不仅包括发生环境污染的区域的当前经营者，还包括运输污染物的承运人，以及最初处置污染物的土地的所有者和场地经营者。根据相关法律，环境责任主体可以扩展到为环境污染者提供担保的担保人，如提供设备进行污染物处理的租赁人。也就是说，利用环境进行生产经营，对环境保护和改善负有行政责任的主体，构成了环境审计在美国的责任主体范围。美国已经明确了环境责任主体的范围，根据 EPA 的定义，直接和间接两个方面都可以成为环境责任主体。二是环境责任的范围。根据美国成文法的规定，环境责任的定义是责任主体不遵守现行环境法律和法规，造成人身伤害或财产损失，并对被审计财务报表使用者造成最重要的潜在的损失的责任。具体来讲，这种责任是被审计单位排放或运输了污染物，或为不当处置污染物提供财政担保、设备等经营行为或活动。由于重大环境灾难的披露将导致股价急剧下降，被审计单位往往低估了潜在的环境债务数额。

（2）环境责任保险制度

环境责任保险，又被称为"绿色保险"，是由公众责任保险随着环境污染事故频发和公众环境意识渐强发展而来的。当前，在大多数发达国家，环境责任保险制度已发展到比较成熟的阶段，不仅分散了排污企业的环境风险，保护了第三方环境利益，减轻了政府的环境压力，还能够增强保险公司对企业环境行为的监管。在美国，环境责任保险，是要求被保险

---

❶ 张博文. 环境审计的国际比较 [D]. 上海：同济大学，2005：18 - 19.

人依法应对污染环境、水、土地或空气污染而承担的环境补偿或治理责任的一种责任保险。1966 年之前环境责任损害直接由公共责任保险政策承担，这是因为这一时期环境风险并不突出，环境责任的个案也很少。从 1966—1973年，尽管环境纠纷有所增加，但环境责任保险仍然没有受到美国的公共责任保险的限制。随着补偿费和环境污染诉讼的迅速增加，保险公司的公共责任保险政策相继排除了故意污染和逐步污染造成的环境责任。即使这样，法院考虑到承保成本的急剧上升以及承担的强大的环境压力，在审理此类案件时，他们对保险人和其他原因做出了更多的解释。美国的保险公司通常更愿意对想要分散环境风险的投保人推销专门的环境责任保险。

此外，政府还可以诉诸货币赔偿或刑事制裁，严厉惩罚污染者。法院对企业严重违反环保标准的行为将罚款 25 000 ~ 50 000 美元/天，甚至强制关停企业，对个人则会判处一年以上监禁。一些无心治理污染的企业面对高额罚款和巨额赔偿甚至有可能破产，污染者迫切需要转嫁如此巨大的责任风险以规避风险、减少损失、支付受害人要求的巨额赔偿。在这样的背景下，美国的环境责任保险制度迅速发展，并在世界范围内处于领先地位。目前，美国主要有两类环境保险，环境损害责任保险和自有场地治理责任保险。因被保险人造成环境污染，被保险人对附近第三方造成的人身伤害或财产损失负有赔偿责任，由环境损害责任保险按照约定的限额承担。以约定的限度为依据，被保险人需要依法支付的自有场地污染的治理费用由后者承担。需要特别指出的是，美国的环境责任保险理赔使用"日落条款"。"日落条款"是指对于保险责任范围内的事故，自保险单失效之日起的 30 年内，被保险人可以向保险公司索赔。

（3）环境税收政策

从政府干预的角度来看，作为政府经济干预的手段，税收对保护环境的作用是不言而喻的。美国的环境税也叫"绿色税"或"生态税"，它是美国环境保护有关的税收总称，旨在实现特定的环保目标，筹集环境保护资金并规范纳税人的相应行为。自 20 世纪初开始，美国政府已在环境领域引入税务手段，至今美国已经形成了较为完备的环境税收政策。与其他税收一样，美国的环保税在征收和管理上非常严格，统一由税务部门负责征收，转入财政部。财政部将其分为一般基金预算和信托基金，后者转入已列入联邦预算内的由 EPA 管理的超级基金。随着征收管理部门的不断集中和征收手段的高度现代化，美国很少出现环境税的拖欠、逃税和渗漏现象，环境税征收数额呈逐年上升趋势。

（4）守法激励政策

守法激励政策作为一种利益诱导机制，旨在提高污染者的守法自觉性和积极性。这项政策鼓励那些能够积极预防污染的人，并对有意识地及时揭露和纠正违规行为的人采取不惩罚或减轻处罚的方法。守法激励政策的具体操作是：第一，将有关规定告知违法行为人；第二，通知其限期自查；第三，经公司自查，免除或减轻对主动披露相关信息并纠正错误的企业的处罚；第四，为了惩罚那些不进行自查的企业，告知它们将面临更严厉的惩罚措施。此外，还引入了一些行业具体的守法激励方案以细化激励规则。

（5）排污权交易

美国是最早实施排污权交易政策，也是实施效果最显著的国家，其实践探索大致经历了以排污削减信用实施为重点的第一代排污权交易，以目标总量控制型排污权交易实施为重点的第二代排污权交易和以规范化交易机制构建与实施为重点的第三代排污权交易三个阶段，形成了坚持市场导向、积极构建法制体系的制度化体系，多样化方法满足了不同实体的需要，通过增加交易方法的灵活性，增强参与者自由的基本经验。从 20 世纪 70 年代开始，美国环境保护局就开始实施大气污染源和河流污染源的排污权交易政策，建立起一整套以气泡政策、补偿政策、净得政策和排污量存储政策等四类政策为核心的排污权交易体系，在实践中取得了一定的经济效益和环境效益。1990 年，美国政府颁布《清洁空气法修正案》，规定了排污权交易制度，并在此基础上出台了二氧化硫排污权交易政策。这是迄今为止在世界上应用范围最广的排污权交易实践，是一个真正把市场作为导向的环境经济政策。

气泡政策。将一个工厂的多个排放点或一个特定区域内的工厂看作一个气泡，在气泡内部实施对同一污染物排放总量的控制，在保持总量不变的条件下，可根据实际情况，以对部分污染源的严格控制换取对其他污染源的宽松控制。这样企业可以对一些容易控制、所需费用较少的污染源多控制一些，而对那些控制技术要求高、费用较大的污染源则少控制一些。在气泡内实行总量控制可以使企业运用廉价和灵活的方式达到排污控制目标，减少控制污染的总成本，充分发挥企业减排积极性的同时保障了空气质量。

补偿政策。为了实现在保障未达标地区经济增长的同时不使环境继续恶化，新建、扩建、改建的项目必须取得相应的排污削减量以"抵消"或补偿新增污染，减排量可以在本工厂、本公司内部或在气泡内部向其他主体购买，也可以在排污许可证交易市场上购买或向储存排放削减信用的银行购买。这一政策灵活地解决了未达标地区的经济增长与环境保护之间的矛盾。

净得政策。在厂区污染物排放净增量没有显著增加的前提下，允许改建、扩建的污染源免除承担新污染源检查的要求。通过估计污染源在扩大后的预期增长量看是否超过了限度，净增量超过预期的污染源将面临审查。这一政策允许在污染源厂址的任何地方获得的减排信用用于抵消扩建或扩建预计增加的排放量。这种灵活的做法大大增加了预先确定的审查范围，从而更好地协调了污染物总量控制与经济发展之间的矛盾。

排污量存储政策。以信用证的形式将超额减少的排污量储存起来，储存起来的减排额度可以留着未来使用，也可以交易或转让给第三方。排污量存储政策实质上是对企业剩余排污权的合法认定，有利于交易活动的正常进行，也有助于工业企业不断研发并采用新的生产工艺和低成本的处理技术，这不仅使企业在减排过程中获得经济效益，还能够建立起一个拥有更新、更经济的污染控制技术的市场。

（6）碳排放权交易

随着全球气候变暖的问题日益受到关注，美国开始将温室气体纳入排放交易制度。2007年4月，美国最高法院对全球气候变暖相关案件首次做出裁决确认，此后，美国国会还引入了《美国气候安全法案》《Lieber-man—Warner2008气候安全法案》《丁格尔—布歇尔法案》等多项法案；2009年6月，美国国会众议院通过《2009年美国清洁能源与安全法》，却遭参议院搁置；2010年提出《2010年美国能源法》。在未能获得众议院通过的《Lieberman—Warner气候安全法案》中规定，拟建立二氧化碳、甲烷、氧化亚氮、氢氟碳化物、全氟化碳、六氟化硫这六种《京都议定书》提及的温室气体关于总量控制和排放交易的制度，减排目标是2020年排放水平下降至1990年的水平，即比2005年减少15%。在减排目标上，《2010年美国能源法》规定美国2020年将减排量在2005年的基础上减少17%，2030年减排42%，2050年减排83%，这一目标与在《哥本哈根协议》的要求基础上由美国提交给联合国气候变化框架公约秘书处的减排目标一致。在具体制度方面，要求美国2013年开始在电力、制造业、交通运输行业实施全国排放许可和排污许可证交易制度，同时还要求在2008年或以后，排放、生产、进口二氧化碳大于等于25 000吨的实体以及向这些实体供电的部门，应按照国家温室气体的相关规定，报告其温室气体排放或相关信息。还要求受管制的排放实体的年排放量要小于或等于其拥有的许可排放量，如果当年排放许可有结余，可以储存起来并以有限的方式使用，经美国国家环保局局长和国务卿批准的外国排放许可，还可以在一定条件下透支未来五年内的排放许可。

从最初实施的"酸雨计划"开始，美国就一直推行限额——交易计划和企业参与机制相结合的综合系统，企业拥有决定自身是否进入排放交易体系的自主权，进入体系以后就必须按规定做出承诺并进行减排，选择部分参与的企业也可以仅就参与的部分做出减排承诺。由自愿减排到强制减排的转变出现在2007年，新颁布的法案要求逐步建立具有期限性和强制性的总量控制和排放交易制度，试图形成由联邦政府统一管理的总量控制系统，要求企业尽可能最大限度地参与减排工作，更好地实现环保目标。在限额——交易计划下，排污许可或者说依法排放并受限制的许可证是主要交易标的，但美国法律并未明确规定此类排放配额的性质。《清洁空气法1990年修正案》中明确规定，排放配额不属于产权范围。《气候安全法案》第二章规定，"任何排放配额都不应是财产权利"，同时法律赋予了环境保护署特有的权力，"环保署享有终止或限制排放配额的权力，本法案的任何事项或任何其他的法律规定都不应对该权力做出限制"，在最近的法案中也都是以排放许可出现，并没有视为一种财产权利。毋庸置疑的是，美国排污权交易初期的发展是成功且影响深远的，一方面避开权利障碍巧妙地实现了保护环境的目标，然而另一方面，美国在《京都议定书》时代解决温室气体排放问题令人失望的表现直到2018年前后才有所转变。

三、美国环境治理的机制评价——基于案例的分析

1. 美国城市环境治理的典型案例——洛杉矶空气治理评价

（1）背景介绍

20世纪全球八大环境污染公害事件中，美国洛杉矶"光化学烟雾事件"名列其中。20世纪四五十年代，从每年的夏天到初秋，只要天气晴

朗，洛杉矶城市上空就会出现一片淡蓝色的烟雾，城市因此变得混沌，人也容易生病，这使得美国人在相当长一段时间内困惑不解。起初，人们认为使居民得病的是排放到空气中的二氧化硫，但工业部门在减少了二氧化硫排放后，并未达到预期效果。后来研究人员发现，致病因素是一种有刺激性的有机化合物，是由石油挥发物与二氧化氮或者空气中的其他组成成分结合，在阳光的作用下产生的。然而，烟雾控制部门不清楚大气中的碳氢化合物的来源，他们认为是来自石油提炼厂的石油挥发物，于是立即采取措施防止，但仍然没有达到预期的效果。最后，科学家们经过进一步的研究后意识到，当时洛杉矶市拥有超过 250 万辆汽车，奔驰在城市的汽车每天需要消耗 1600 万升汽油，但是这些汽车汽化器的气化率很低，每天还是会有 1000 多吨碳氢化合物被排放到城市空气中。这种烟雾含有多种有害物质，造成居民眼睛发红、咽喉发炎，并伴随呼吸困难和头部胸部的剧痛。可怕的烟雾在 1943 年以后造成的恶果更加严重，距城市 100 千米以外的海拔 2000 米以上的高山上的大片森林因此枯死，柑橘产量减少；仅 1950 年到 1951 年这一年间，美国大气污染就造成了高达 15 亿美元的损失；1955 年的一次污染事件就使得超过 400 位 65 岁以上的老人死于呼吸系统衰竭；1970 年，患有红眼病的居民超过了 75%。

烟雾是洛杉矶城市空气污染的最大特征，它是多种污染物的混合，包括臭氧、可吸入颗粒物、二氧化氮和一氧化碳等。洛杉矶烟雾的主要来源有：夏季的主要污染物是无色却带有恶臭的臭氧；在平地会产生棕色烟雾带的二氧化氮；降低空气能见度的可吸入颗粒物；由柴油烟、尘灰粉尘等组成的小颗粒污染物。洛杉矶烟雾主要是基于三个点形成的：发电厂燃烧化石燃料；交通运输主要依靠燃烧化石燃料的汽车和其他机动车；洛杉矶北部和东部的山脉成为污染扩散的屏障，使一氧化碳、氮氧化物、二氧化硫、可吸入颗粒物、铅和其他有毒污染物聚集在该区域无法扩散，向西吹的海风把这种气态的棕绿色烟雾吹向内陆地区，加上太阳的"炙烤"作用，就形成了光化学烟雾。

光化学烟雾事件的出现，与很多因素密不可分。1920—1940 年，整个加州人口增加了近两倍，而洛杉矶则接近三倍，此后这种人口数量激增的态势更是有过之而无不及。人口膨胀的背后，是汽车工业、国防工业、飞机制造业、航空工业和电子等行业的飞速发展，这些行业的污染源排放是加州空气污染的主要固定污染源。不过与此相比，机动车对当地空气质量的影响则严重得多，机动车尾气排放是加州空气污染和光化学烟雾的元凶。因为伴随着人口的增长，汽车的使用量持续飙升。1930 年在洛杉矶登记的汽车数量为 871 773 辆。10 年之后，增长至 1 229 194 辆，增长幅度高达 41%。汽车销量大增引致高污染的石油化工和钢铁工业的快速增长，生产企业大量进入，与此同时，汽油消耗量暴涨。

直到 20 世纪 60 年代，一直都是加州政府承担着在洛杉矶地区发现空气中的污染物并采取相应控制措施的责任。洛杉矶城市委员会要求政府迅速对光化学烟雾污染问题展开研究。洛杉矶县监督委员会还专门成立了洛杉矶烟雾和有害气体委员会，专门研究空气污染恶性事件的原因和本质。1945 年，洛杉矶的县级官员禁止工厂排放黑烟以此来解决大气污染问题。1947 年的《加利福尼亚空气污染控制法》主要用于固定污染源的治理，洛杉矶县施行了广泛的排放许可证制度和工厂检查，一旦发现违法行为立即处以罚款和民事处罚。20 世纪 50 年代早期，从禁止洛杉矶的所有县垃圾场焚烧垃圾开始，扩展到禁止居民在自家庭院焚烧垃圾。然而，科学家们逐渐发现，空气污染问题比住宅和工厂的黑烟更复杂。他们发现，气象条件如温和的天气和大气对流会使来自汽车、船舶、飞机、工业烟囱和企业生产过程中造成的大量污染物困在空气中，这些污染物包括可吸入颗粒物、二氧化硫、铅等。于是，自 20 世纪 60 年代起，洛杉矶的政策重心发生了转变。1960 年《加利福尼亚机动车污染控制法》开始全面正式治理机动车污染。如今安装了高科技的尾气超标检测仪器，但在当时只能让"烟雾警察"在高速公路上追踪冒黑烟的汽车；还要求进行"新型汽车认证"计划，制造过程中为新型汽车设置排放标准，并保证汽车在下线后能继续执行；机动车在使用过程中也要遵循排放标准，改用无铅汽油；还大力提倡使用清洁燃料和"零排放汽车"，如电动汽车。同时开展了全民环保教育，采取了适当的减排激励手段。

20 世纪 40 年代以来，持续数十年的洛杉矶光化学烟雾事件，是第二次工业革命后美国镀金时代传统经济和汽车工业发展的必然产物。洛杉矶光化学烟雾事件是美国环境管理的转折点，甚至直接催生了著名的 1970 年《清洁空气法》修正案。光化学烟雾事件严重的危害性迫使加州最早走上了卓有成效的空气污染治理道路。特别是在机动车污染控制方面，加州享有相当的自主权，它的政策往往具备先进性和创新性，在美国乃至当时的世界都起着引导性作用。从治理对象看，加州经历了从治理固定污染源到治理移动污染源的转变。从治理主体看，加州经历了州级政策先行、建章立制、树立典范到联邦参与、互相促进、上下协同共治的转变。从治理思路看，经历了从纯粹的命令管制型向市场刺激的方式转变。

（2）洛杉矶空气治理政策效果及评价

洛杉矶的光化学烟雾在美国政府和公众的共同努力之下早已消失，美国国家环保局在全国各地设置了测量数据站点以监控美国空气质量变化趋势，见图 3-1，美国的空气质量明显好转。从 1980 年至今，从常见的污染物浓度这一指标来看，空气质量显著改善，但大气污染物排放量依然是影响空气质量的一个重要因素。2012 年，排放到空气中的污染物约有 8300 万吨，造成了臭氧层空洞、酸雨等空气问题。环境政策是否真正起到了作用，可以根据大气污染物的实际排放量来反映。洛杉矶市通过一系列环境政策，在保持经济增长、能源需求量增长的同时，控制了污染物的排放量，整体环境质量得到了改善。这期间，尽管洛杉矶的人口增长了 3 倍，机动车增长了 4 倍多，GDP 增长了 133%，机动车行驶总里程增加了 92%，能源消耗量增加了 27%，主要空气污染物的排放量却下降了 67%，环境治理在过去几十年取得了良好的效果。近年来，随着经济的发展，美国的能源消耗量不断增加，但主要大气污染物的排放量明显减少，碳排放量的增加幅度也小于能源消耗的增加幅度。

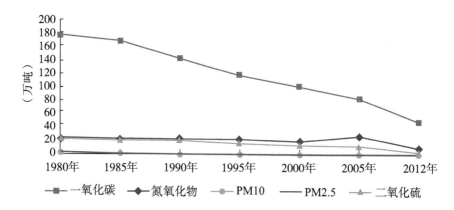

图 3-1 洛杉矶主要污染物年排放量

数据来源：美国国家环保局 https：//www.epa.gov/。

2. 美国的水污染治理评价

（1）美国水污染治理概述

美国早期的水污染治理具备典型的"强地方、弱中央"特点，即治理主体以州和地方政府为主导，联邦政府为辅助。在治理政策选择上，水污染治理主要以命令控制方式为主。1948 年，美国颁布《联邦水污染控制法案》，该法案规定水污染控制首先是各州和地方政府的责任，联邦政府拥有辅助各州处理水污染的权力。在此规定下，联邦政府对污染源的管理必须经过州政府的同意才可以进行，因而该法案最初并没有取得有效治理水污染的成果。1970 年，美国环境保护署成立，该机构直接对美国白宫负责，主要职责是根据国会颁布的法律制度执行环境法规。美国环境保护署的成立加强了联邦政府治理污染的权利，推动了 1972 年《联邦水污染控制法》修正案的出台。此法案是美国水污染控制历程的一个里程碑，其重要特征是确立了联邦政府以命令控制方式在水污染治理中强有力的、直接的主体地位。具体表现为：一是扩大了联邦政府水污染控制管辖权的范围；二提出了联邦托管体系；三是在标准制定方面，改变之前由各州政府确立水质量标准的方法，改由联邦政府针对每一个污染源制定特殊的水质量标准；四是以技术水平为基础制定污水排放标准，通过发放排放许可证行使联邦政府的强制执行权力。

在命令控制措施方面，EPA 围绕排放许可证制度，制定了三类标准：基于水质的标准、基于技术的标准和基于健康的标准。在基于技术的标准方面，EPA 制定了在全国范围统一适用的基于技术能力的排放标准（technology – based effluent standards，TBES）。TBES 规定了在使用某一项减排技术下污染源的排放标准。在 1977 年执行的第一阶段，EPA 采用当前能利用的"最可行技术"（best practicable technology，BPT）为基础计算排放限额。然而，有关"最可行技术"的定义并不清晰，污染源倾向于选择那些可以轻易获取的技术。在 1983 年执行的第二阶段，污染源被要求实施经济上可行的"最佳可得技术"（best available technology，BAT），从而比第一阶段提高了技术标准要求。1984 年，EPA 开始采用"最佳常规技术"（best conventional technology，BCT）为基础的排放标准，由于综合考虑了技术的运营成本而与 BPT 相比更宽松一些。

除了命令控制政策之外，在市场化政策机制上，美国水污染治理主要采取了政府补贴和排污权交易的方式。1972 年《联邦水污染控制法》修正案规定，联邦政府向地方提供补贴用于支持设计和建造污水处理厂，补贴金额占建设成本的75%。1987年，《水质法》规定州在享受联邦政府补贴的基础上必须提供相应的资金，这些联合基金成为政府周转基金（state re-volving funds，SRFs），以贷款而非补贴的形式支持地方修建污水处理厂。政府资金支持的政策产生了一系列激励效应，表现为地方积极修建污水处理厂，从而使得公共污水被处理的比率大幅度上升。但是由于联邦政府资金只包括建设资金，因而这也使得地方倾向于建设处理能力过剩的大型处理厂。水污染治理的排污权交易制度从美国大气污染治理实践中得到启发，但是，与大气污染治理相比，水污染的排污权交易由于水体之间存在差异而在广泛应用中受到限制。换句话说，水污染的排污权交易仅适用于将污染物排放于同一水体的污染源之间进行，因而在符合条件污染源数量较少时，排污权交易市场的有效运行存在一定问题。

（2）美国水污染治理评价

从环境影响来看，美国水污染治理取得显著的抑制污染排放的效果，特别是在对点源治理的方面，相关污染物的排放量大大降低，几乎所有的公共污水处理厂都实现了将污染物进行二次处理的目标。根据 Mahesh Podar（2000）的研究报告，美国《联邦水污染控制法》的实施使得美国可游泳、可垂钓以及可划船的水体比没有该法案时分别增加了7.4%、6.2%和4.8%；而不具备任何娱乐价值的水体减少了12.2%，从而整体上来看实现了一半的点源污染零排放的目标。但是，由于美国水污染治理政策主要采取的是颁布技术标准的命令控制式政策，在成本收益方面，一般认为该治理体系还没有实现效率目标。由前述环境政策评估的标准分析可知，要实现环境治理成本最小化，应当使得各污染源的边际减排成本相等。显然，制定技术标准的方法不会自动实现这个效果。同时，实施技术标准的缺陷还在于其不利于企业进行技术创新，即企业没有进一步采用新技术的激励。

3. 美国的空气污染治理评价

（1）美国空气污染治理的命令控制政策评价❶

美国的空气污染治理与水污染治理拥有相似的转变历程，两者都经历

---

❶ 巴利·菲尔德，玛莎·菲尔德. 环境经济学［M］. 原毅军，陈艳莹，译. 大连：东北财经大学出版社，2010：268-289.

了联邦政府由最初的辅助治理角色向主导治理角色的转变。在 20 世纪 60 年代以前，空气污染被认为是地方政府管理的事务，应根据地方公害法律（local nuisance laws）进行治理。《1970 年清洁空气法案》（*The 1970 Clean Air ACT*，1970CAA）修正案赋予了联邦政府进行空气污染治理的主导权，包括建立全国统一的国家环境空气质量标准（national ambient air quality standards，NAAQS）、一系列基于技术能力的排放标准（TBESs），以及更为严格的机动车排放标准。其中，NAAQS 建立了两个层次的标准：初级标准设定在保护公众健康的水平上，可以理解为确保敏感人群的健康；而中级标准设定在保护公共福利的水平上，可以理解为保护农作物、动物和建筑物等不受空气污染损害。

在固定污染源治理方面，采取了与水污染治理类似的命令控制政策，即基于技术能力的排放标准。但是，联邦政府规定现有污染源与新污染源面临的标准不同，即新污染源面临更高的技术标准要求。联邦政府认为新污染源符合成本有效性，即由于改造现污染源的污染控制设备的花费要高于新污染源的新建污染治理设备的费用，并且新污染源的边际治理成本也通常低于现污染源，因而对新污染源制定更严格的标准是合理的。但是，这一政策也导致了意想不到的后果，即人们更愿意维持现有的工厂运营而不愿意建造新工厂，从而使固定污染源的治理技术整体上放慢了进步的速度。

在移动污染源治理方面，《1970 年清洁空气法案》规定了以新型汽车认证计划（new–car certification program）为主的政策机制。该计划为新型汽车制定了排放标准，如果没有达到标准将面临严厉惩罚，甚至关闭未达标汽车的生产线。根据《1990 年清洁空气法修正案》的规定，新型汽车每千米污染物排放量的标准非常严格，以挥发性有机物为例，1990 年要求降低到 1970 年未颁布标准前的 5% 左右。这种方法迫使汽车企业寻求新技术降低污染水平，也被称为技术驱动的方法。

总体而言，以颁布环境标准为代表的命令控制式的治理政策，没有考虑成本和效率问题，尤其是以技术标准为代表的政策措施，由于不能鼓励企业技术创新，可能造成更大效率的损失。

（2）美国空气污染治理的市场机制评价❶

值得一提的是，除了实施技术标准的命令控制政策，美国固定污染源治理还大力推行了市场化政策机制——排污权交易。《1970 年清洁空气法案》修正案实施了一种有限形式的污染信用交易。这种交易类似于排污权交易机制，只不过交易的是排放削减信用额度（emission reduction credits，ERCs），是通过将自身排放降低到管理部门制定的基本水平之下而获得。排放削减信用额度交易体系由 4 个部分组成，分别称为补偿政策、气泡政策、净得政策和排污银行政策。

第一是补偿政策（offset）。所谓补偿政策，是指用一处污染源排放量的减少来抵消另一处污染源排放量的增加或新污染源的排放量，或者允许新建、改建的污染厂商通过购买"排放减少信用"来抵消其增加的排放量。这项政策鼓励"未达标地区"已有的污染源排放水平减少到法律规定之下以获得经政府认证的"排放减少信用"，这些信用额度可以出售给新的污染源，只要该地的排放总量得到控制，新污染厂商就可以进入该地区。补偿政策缓解了以往利用命令控制式的管制措施导致的环境管理与经济增长之间的矛盾，新污染源通过购买足够的减排信用转移了环境治理的成本。

第二是气泡政策（bubble）。所谓气泡，指的是含有多个排污点的一个工厂或作为整体的污染源，它的大小不能由污染厂商自行决定，而是必须经过 EPA 或由 EPA 授权的州政府确定。该项政策规定在气泡的内部允许现有排污点利用"排放减少信用"增加排放水平，但其他排污点必须削减排放量以达到各州政府规定的治理要求。气泡政策的实质是赋予企业自由选择排污点治理的权利，即在治理成本较低的排污点削减更多的排放水平，而在治理成本较高的排污点适当放宽减排要求，甚至增加污染物的排放量。1986 年，EPA 在原来基础上扩展了气泡的适用范围，使不同工厂和企业可以捆在一起作为一个气泡，从而使得污染厂商的总减排成本可以继续降低。

第三是净得政策（netting），又称容量结余政策，是指只要污染源的排污净增量（含排放减少信用）不超过最高限量，则改建、扩建的过程免于

---

❶ 本部分内容参见：钟茂初，史亚东，孔元. 全球可持续发展经济学［M］. 北京：经济科学出版社，2011.

接受新污染源审查时的负担。该项政策允许污染源利用"排放减少信用"抵偿改建、扩建过程新增的污染排放量，如果总的净排放量超过最高限额，则必须接受相关审查才能进行。

第四是排污银行政策（banking）。由于"排放减少信用"在环境治理中起到类似货币的中介作用，1977 年 EPA 在《清洁空气法》修正案中允许将"排放减少信用"像货币一样存入银行，以备污染源未来在补偿、气泡和净得政策下使用。1980 年以来，EPA 共批准了 24 家排污银行，这些银行通过提供登记服务和交易信息，帮助买卖双方互相找寻以促进交易发生。排污银行是排污权交易中储蓄政策的最早尝试，这一创新一方面使企业在时间上可以灵活地进行减排决策，另一方面，也是更为重要的，它为减排信用引入了金融机构这一中间媒介，从此拓展了金融机构在环境治理领域的作用。

1979 年，EPA 继补偿政策后又推出了气泡政策，这是以总量控制的方法实现排放交易的雏形，它的实施使污染厂商对污染源的治理有了自主选择的权利。1986 年，美国政府通过了 EPA 提出的《排污交易政策总结报告书》，该报告书全面阐述了排污权交易政策的一般原则，提出建立以补偿政策、气泡政策、净得政策和排污银行政策为核心的交易体系。它的颁布取代了原先的气泡政策，成为《清洁空气法》下削减大气污染物的主要依据。这个阶段确立了排污权交易作为大气治理机制的基本地位，但从实践结果看，这一阶段还属于政策机制的实验阶段，排污权交易的环境效果并不明显。1990 年，美国颁布的《1990 年清洁空气法修正案》（*Clean Air Act Amendments of 1990*，1990CAAA）进一步推广排污权交易，在控制二氧化硫排放方面推出了一项重要措施，即总量交易机制（cap – and – trade）。该机制力求以较低的成本实现将二氧化硫排放量削减至 1990 年水平的40%，这也是历史上著名的"酸雨计划"。由于前一阶段对污染源管理的忽视，大量 SO_2 和氮氧化物排入大气形成酸性化合物并随雨雪降落下来，给水生生物及植物造成严重危害。到 20 世纪 70 年代末，酸雨已经成为美国国内环境问题的焦点，为了控制 SO_2 排放总量同时不影响经济的快速发展，"酸雨计划"提出以排放许可交易的方式使 SO_2 排放量在 2010 年比1980 年基础上削减 1 000 万吨的目标，并设计由两个阶段来完成。由于电力企业是 SO_2 的主要污染源（1985 年占总排放量的 70% 以上），"酸雨计划"给参与的电力企业设定了 SO_2 排放上限。每家电力厂商获得一定的排放配额，每单位配额允许企业在年度内排放 1 吨 SO_2，以年度为基线，厂商需要有足够的配额来完成 EPA 对其排放的要求。如果不能按时完成，电力厂商将面临巨额罚款和进一步削减排放量的双重处罚。在美国，各家电厂技术和设备差异巨大，各州政府对 SO_2 的排放限额也有所不同，导致电厂之间减排成本存在差异，因此 EPA 鼓励企业进行 SO_2 配额的交易，这种交易既可以在私人市场上发生，也可以通过拍卖进行。"酸雨计划"是总量排污权交易成功的典型案例，实施该计划后美国 SO_2 排放量呈现稳步下降态势，尤其在最初的几年，参与计划的电厂大幅超额完成减排任务，给排污权交易的推广提供了实践依据。

以"酸雨计划"为代表的排污权交易机制包含如下几个方面：

一是排放配额的分配。"酸雨计划"中排放配额的分配采取了免费分配、公开拍卖和奖励这三种形式，其中，免费分配采取追溯制方式，是最主要的分配方法，占初始分配总量的97%以上。除免费分配外，EPA 会保留部分配额用于特殊目的，如对于采用清洁技术或新能源的开发利用的可以获得配额奖励。为了保证新进入企业也能获得配额，EPA 每年 3 月会定期举行拍卖活动，除了可以当年运用的配额拍卖外，还有可以在未来使用的期货配额拍卖。参加拍卖活动的主要有电力企业，另外还有经纪机构、环境组织以及其他团体和个人等。

二是排放配额的交易。绝大部分电力企业通过内部交易完成"酸雨计划"的要求，即通过在企业内部交易使部分点源的配额正好弥补其他点源的排放，只有约25%的减排任务是通过外部市场和支取银行余额来完成的。外部市场是配额交易的核心，市场的有效性决定了减排是否以最小的成本进行。外部市场除了私人市场外，还建立了双向的拍卖市场。拍卖采用第一价格（pay－your－bid）的方式，因此交易双方都有动机隐藏真实偏好，致使此交易机制的效率大打折扣。然而，采用拍卖机制的配额交易总量十分有限，而 EPA 又对交易不做任何限制，因此总体上交易机制还是有效率的。

三是审核与监测。"酸雨计划"要求厂商拥有的排放配额覆盖其实际的排放量，因此 EPA 需要对污染厂商拥有的配额量和实际排放量进行审核与监测。每年 1 月的最后一天，厂商都要向 EPA 提交足够的排放配额，如果配额不足，厂商将面临巨额罚款和排放量进一步减少的双重惩罚。为了对排放配额交易情况进行监测，EPA 推出了配额追逐系统（ATS），这是一种有效监督"酸雨计划"执行情况的计算机控制系统，它除了记录下各厂商配额分配、账户余额、配额转移外，还提供了有关配额的市场行情等相关信息。另外，参与计划的污染源还需要配备连续排放监测系统（CEM），用于监测和记录污染源的实际排放量，污染厂商需要定期向 EPA 报告排放数据，以确定配额的分配和排放量的削减计划。

四是灵活性。"酸雨计划"分两个阶段进行，第一阶段只包含了 21 个州 110 个发电厂的 263 座燃煤装置，为了使这些被强制减排的单位有更多渠道获取配额，EPA 推出了基于自愿减排的"选择—进入"计划（opt – in）。这使得进入后污染源减少的排放量抵消了尚未进入的污染源增加的排放量，从而体现了机制的灵活性，使未纳入计划但减排成本低的厂商有动力自愿减排。

美国《清洁空气法》和"酸雨计划"利用排污权交易来控制污染物排放的措施，在总体上是成功的。尤其是"酸雨计划"实施后，一方面企业执行情况良好，另一方面二氧化硫排放总量得到了有效控制，这使得它成为世界各国争相学习的典型案例。除了在政策机制上美国环保当局 EPA 设计了较为全面的排污权交易细则、出台了一系列配套措施外，使排污权交易最终取得成功的还有以下两个方面的原因。

首先，美国排污权交易实践的最突出特点是：立法在前，政策机制在后。不论是《清洁空气法》《空气污染控制法》还是《空气质量法》等，都先以法律的形式明确了企业在污染物排放量上的限制，并对排污权交易机制的建立给予了法律上的支持。这符合制度经济学的一般原理，只有在好的制度保证下，有效的机制设计才能发挥其应有的作用。

其次，美国排污权交易经历了两个阶段，第一阶段是基于排放减少信用的试验阶段，第二阶段才开始进行真正的总量式排污权交易。这样阶段式的设计虽然使实践过程显得拖沓，但却为排污权交易由理论走向实践做好了铺垫，同时测试了排污权交易的可行性和被接受的程度，是十分必要的。

当然，美国排污权交易的实践也有许多不足之处。例如，交易活跃度不变，无论在信用市场上还是在配额市场上都不高，体现为：交易规模不大、交易量少、市场显得萧条等。这一方面归结为市场还有过多限制，另一方面可以认为是中介机构不够活跃等原因所致。另外，在"酸雨计划"中，交易导致排放量在一些区域过度集中，这是交易机制引导排放配额流向使用效率高的一方的必然结果，但是由于二氧化硫是一种区域污染物，即在有限范围内会对区域造成污染，减排区位的差异可能导致由酸雨造成的危害产生地域差别。

第二节　欧盟环境治理的政策机制与评价[1]

一、环境治理中的跨政府网络理论

1. 跨政府网络（Transgovernmental Networks）理论内涵

随着全球化时代的到来，国界对各种国际活动的限制越来越小，资金、人员、技术、信息和文化观念能更好地进行跨国界流动，原本属于各国国内管辖的事务开始不断涌入国际层面，形成了纷繁复杂的全球性问题。为了应对全球性问题，需要在全球层面上建立共同目标，实行全球治理。所谓"全球治理"，是指对于全球问题，需要以共同目标为支撑，采取相互协调的方式，将不同层次上的各类行为体联结在一起，在营造共识的基础上实行"各种路径的综合治理"，这就意味着，在从"统治"到"治理"的过程中，民族国家的权力将向上、向下和横向向各种非国家行为体扩散。[2]

随着跨国活动的内容不断增多，规模的不断扩大，国家对跨国活动的实际控制能力也开始下降。虽然国际关系中的主要行为体仍然是国家，但是政府间和非政府间国际组织在全球治理中的作用呈上升趋势。从国家的各自统治到全球治理的过程，其实也就是民族国家的权力开始向各种非国家行为体全面扩散的过程。在此背景下，跨政府网络开始兴起和发展，它的倡导者一方面肯定国家在全球治理中担任着中心角色，另一方面强调非国家行为体的重要作用。

全球性问题的治理对国际层次上的合作的要求不断提高，同时也要求

---

[1]　本节内容由柯文欣、阴姿琦负责整理并写作。

[2]　徐崇利. 跨政府组织网络与国际经济软法 [J]. 环球法律评论，2006（4）：414.

国际合作的各参与方进行改革。这就导致各参与方间需要增加的一致性和国家对此抱有怀疑的矛盾，针对这一矛盾，跨政府网络出现了。在跨政府网络中存在的权威主要表现为"软权力"式，它区别于传统意义上的"硬权力"之权威。因为网络合作的说服力和吸引力远远超过了政治的强制性力量，它能够更多地挖掘出国家间合作的可能性。❶ 跨政府网络的"软权力"使得这一网络中的各参与方更加紧密地联系在一起，从而能够更好地一同治理全球性问题，实现更高层次的全球治理。

跨政府网络的目标是交换信息、分享经验、相互学习协调以及为最高的绩效共同行动。❷ 跨政府网络已经从单一的网络式联合升级成了一个多功能的平台，该网络中的各参与方都能享受到跨政府网络带来的多功能。斯劳特在其著作《新世界秩序》中提到：新世界秩序将国家机构分解成功能性部门，跨政府网络能使处于次国家层面和超国家层面的部门一起工作，建立一种真正的新世界秩序，网络化机构将在无形中扮演世界政府的角色，发挥立法、行政和裁决职能。❸

2. 跨政府网络治理的特点

跨政府网络这种治理方式适合于处理事务性比较强的全球问题，鼓励进行充分的多边讨论，为全球性问题提供更多的治理渠道，提出更有创意和更为合法合理的解决方案。

跨政府网络这种治理方式具有它自身的特点，这些特点可分为以下几个方面：

首先，大多数跨政府网络都是非正式的，典型的跨政府网络大多依托非正式的国际组织而建立。"跨政府网络与传统的国家行为体不同，后者是具有等级性特点的单一行为体，而前者的网络中纳入了不同国家的政府官员，他们所建立的是一种横向的跨政府网络。"❹

---

❶ 谭晓. 跨政府网络理论与欧盟多层级环境治理机制研究 ［D］. 上海：上海国际问题研究所，2009.

❷ 安妮－玛丽·斯劳特. 跨政府组织网络 ［J］. 国际问题论坛，2008：137.

❸ Slaughter A M. The Real New World Order ［J］. Foreign Affairs，1997，76（5）：195.

❹ 谭晓. 跨政府网络理论与欧盟多层级环境治理机制研究 ［D］. 上海：上海国际问题研究所，2009：14.

其次，跨政府网络的出现打破了传统的治理模式和传统的国际合作模式，即由国家垄断和主导，很大程度上能构建全球治理的新框架。"一个分散的世界秩序会是由无数的跨政府网络构成的，包括了横向的网络和纵向的网络；收集和分享各种信息的网络，为了政策协调、执行合作、技术协助和培训，甚至规则制定的网络。它们有双边的、多边的、地区性的或全球性的，所有的网络成为全球治理的基础架构。"❶

另外，在跨政府网络中，各参与方能进行信息的充分交换与沟通，通过分享和交流汲取有利于本国发展的外来经验，同时也形成一些网络内共同的遵从国际协议的规则和标准。跨政府网络在与现有的全球治理协同运转的同时，还提供了一种共同治理的补充途径，丰富和充实了全球治理的合作机制。

3. 跨政府网络理论在欧盟环境治理中的实践

根据哈斯的界定，"共同标准和原则信仰""共同的逻辑思维""共同的合法性和有效性观念"和"共同的政策事业"是"认知共同体"的四个特征。❷欧盟具有历史悠久的同源文化积淀，为"共同标准和原则信仰"和"共同的逻辑思维"的形成奠定了基础。在实现"大欧洲"的思想指引下，"共同的合法性和有效性观念"和"共同的政策事业"始终伴随着欧洲一体化进程，在此过程中的实践和经验促成了区域性认同的形成和发展。欧盟成员国和准欧盟成员国在国家治理和政策等方面全方位向欧盟一体化目标看齐，所有这些成为欧盟这个大区域范围内跨政府网络形成的必要条件。❸

"应对气候变化行动网"（Climate Action Network，CAN）是由世界范围内超过 365 个非政府组织构成的网络，鼓励全球范围参加到全球气候的保护和治理中来。该网络在欧洲区域内的分支是"欧洲应对气候变化行动网"（Climate Action Network Europe，CAN - E），它自 1989 年以来在欧洲

---

❶ Slaughter A M. A New World Order ［M］. Princeton N. J. : Princeton University Press，2004，p. 15 - 16.

❷ Haas，Peter M. Introduction: epistemic communities and international policy coordination ［J］. International Organization，1992，46（01）: 1 - 35.

❸ 谭晓. 跨政府网络理论与欧盟多层级环境治理机制研究［D］. 上海: 上海国际问题研究所，2009: 16.

进行运作。CAN－E 是跨政府网络理论在欧盟环境治理中的一个典型实践例子。CAN－E 是欧洲在应对气候变化问题和能源问题方面的具有领导性的网络，在 25 个欧盟成员国当中有 101 个会员。CAN－E 欧洲范围内的属于市民社会范畴中的跨政府网络形式是非官方性质的，但它的目标是影响各个层面的官方机构在应对气候变化的环境政策的制定和环境治理行动的实施。❶

CAN－E 的会员不但来自不同的国家，而且来自不同的领域，即具有跨国性和跨领域性。CAN－E 是在气候变化领域的一个强大的跨政府网络，它在保护欧洲环境方面起到积极作用以及促使市民社会在环境治理中发挥作用，在未来发展中具有潜力。

4. 对跨政府网络的总结

跨政府网络是全球治理中的重要角色。而对欧盟来说，一方面，跨政府网络提高了欧盟环境治理的效力，它可以对欧盟各成员国在环境治理方面实行的政策和采取的措施进行监督；另一方面，跨政府网络促进了欧盟范围内各国家以及市民环境保护和治理观念的进步；更重要的是，跨政府网络使得公众能够参与到环境事务当中来，不仅扩大了呼吁环境保护的群体，还让环境政策和法规等的实施有了公众的监督。

二、欧盟多层级治理体系

在欧洲一体化进程中，形成了一套特殊的经济、社会和政治制度，向上超越了民族国家，向下则触及公民个人。欧盟体系形成了国家权力向上、向下和向侧的多维度的转移，即中央政府的权威同时向超国家层面、次国家层面以及公共私人网络分散和转移，欧盟的这套制度显示出多层治理的特点。❷

科勒·科赫把多层级治理区分为两种不同的理解：第一种是把"层级"理解为领土意义上的各级政权，另一种则把"层级"理解为各不相同的行为体系，这是指欧盟框架中的某个问题通常不仅在政治领域进行讨

---

❶ 谭晓. 跨政府网络理论与欧盟多层级环境治理机制研究 ［D］. 上海：上海国际问题研究所，2009：37.

❷ 谭晓. 跨政府网络理论与欧盟多层级环境治理机制研究 ［D］. 上海：上海国际问题研究所，2009：21.

论，而且同时在各种背景下讨论。❶

西蒙·希克思在多层性特征的基础上拓展了欧盟多层治理的内涵，认为欧盟是一个新的多层面的治理制度，呈现出多个特征。首先，治理的进程不再排他性地由国家来引导，而是包容了所有可指导、掌控或管理社会的社会政治和行政角色。其次，这个进程中国家与非国家角色的关系是多中心的和非等级的，而且是相互依存的。最后，关键的治理职能是社会和政治风险的规则化，而不是资源的重新分配。总的来说，欧盟是一个由共享的价值与目标、由共同的决策风格集中在一起的成员国和超国家的制度网。❷

德国学者弗里茨·沙普夫依据欧盟不同领域制度化程度的差异性，将欧盟"多层级治理模式"划分为五种类型：①相互协调模式；②政府间协调模式；③超国家或层级模式；④共同决定模式；⑤开放协调模式。这五种多层级治理的模式强调了治理的层级性、复杂性和互动性。❸

欧盟多层级治理的主要特征体现在多层级的决策主体、非等级的制度设计、动态的权利分布以及非多数同意的谈判协商体系这四个方面。❹ 首先，欧盟多层级治理的决策主体并不仅仅局限于某个国家政府或某个超国家机构，而是不同层级的。国家政府、超国家行为体、区域行为体以及拥有执行权的各代理机构都能成为决策主体。其次，各个行为体之间没有等级之分，超国家机构、国家政府、区域行为体之间没有管辖和隶属关系。再次，欧盟的多层级治理体系具有动态性。该体系中的各层级主体的功能会随着时间、治理形式、政策领域等的变化而发生变化。最后，各行为体之间缺乏实行多数表决机制的条件，这是由该体系具有的非等级性导致的。

---

❶ 贝阿特·科勒－科赫，托马斯·康策尔曼，米歇勒·克诺特. 欧洲一体化与欧盟治理 ［M］. 北京：社会科学出版社，2004：168.

❷ Hix S. The study of the European Union II：the "new governance" agenda and its rival ［J］. Journal of European Public Policy, 1998, 5 (1)：38－65.

❸ Scharpf F W. Notes toward a Theory of Multi－level Governance in Europ ［J］. MPIFG, Discussion Paper, 2000. 转引自徐静. 欧洲联盟多层级治理体系及主要论点 ［J］. 世界经济与政治论坛，2008 (5).

❹ 吴志成，李客循. 欧洲联盟的多层级治理：理论及其模式分析 ［J］. 欧洲研究，2003 (6)：103.

对于如何界定欧盟的多层级治理，有以下两个方面：一方面是治理结构比较独特。它的治理结构突破了传统国家的领土界限，展示了超国家的特点。同时，治理也不再是由政府利用权威进行，权威也不再仅仅来源于政府，而是更加多样化，通过合作、协商、确立认同和共同目标的方式实施治理。另一方面是它的多层性。欧盟治理的多层性体现在两个角度：首先是参与治理的角色呈多层性，包括超国家、国家和次国家。其次是体现在政策功能过程中的阶段性，包括政策的制定和执行两大主要阶段。

欧盟治理结构的制度安排，主要体现在欧盟五个主要机构的性质和职能上。欧洲联盟理事会主要由成员国的部长级代表组成，欧洲理事会由成员国国家元首或政府首脑构成。这两个机构是欧盟的主要立法机构，系政府间性质，主要代表成员国的利益。欧盟委员会、欧洲议会和欧洲法院是欧盟的超国家机构，主要代表欧盟的整体利益。欧盟委员会是欧盟的行政执行机构，欧洲议会拥有部分立法权和咨询与监督的权力，欧洲法院是欧盟的最高法院，主要从司法角度保证欧盟法律的有效贯彻实施。❶ 欧盟委员会一方面与成员国主管机关加强沟通与合作，通过违规审查程序确立了欧共体法的集中化的实施机制；另一方面，它又与公民、企业、社会团体等社会角色合作，通过发动社会力量来加强对成员国实施共同体法情况的监督，从而确立了欧共体法的非集中化的间接的实施机制。欧盟委员会依靠这种直接和间接、集中和分散的欧共体法实施机制来行使其法律监管权。同样，欧洲法院，一方面通过行使其诉讼管辖权，在欧盟层面与欧盟委员会合作，确保欧共体法得到遵守和执行；另一方面通过行使其先予裁决权，与成员国法院建立了互动关系，把成员国法院也纳入到欧共体法的实施体系中。这样，欧盟就形成了一个多层次的、集中和分散相结合的欧共体法实施体系。❷

1. 欧盟多层级环境治理体系

欧盟的环境治理体系比较复杂，包括超国家层面、国家层面、次国家层面三层，通过协作实现欧盟环境保护的目标。超国家层面是欧盟的各主

---

❶ 刘文秀，汪曙申. 欧洲联盟多层治理的理论与实践 [J]. 中国人民大学学报，2005，19（4）：125 –126.

❷ 朱贵昌. 试析欧盟多层次的政策执行机制 [J]. 国际论坛，2009（2）：63 –64.

要机构，国家层面是欧盟各成员国的政府、议会等，次国家层面是欧盟各成员国的地方机构。

在环境政策的制定中，首先是由欧盟委员会提出环境议案，如环境条例、指令和决定，经由欧盟委员会征求欧洲议会等欧盟机构的意见，以特定多数或一致同意形成最终决议。成员国有义务将欧盟法移植到其国内法中，可以通过转化或者直接纳入的形式，以确保国内的立法和行政机构配合以完成环境法的目标，贯彻行动的有效与否直接决定了欧盟总体环境政策的效力。除此之外，环境治理的效力还与其他组织有关，如市民社会，它是指行业性组织、非政府组织、职业协会、慈善机构、基层组织以及宗教组织等。❶

2. 欧盟环境管理机制

欧盟在环境领域的治理进行了很多年，取得了一系列成果，这与欧盟各个层面机构的努力有着密切的关系。欧盟环境治理的相关机构在治理环境中扮演了重要的角色，发挥了巨大的作用。

第一个机构是欧盟理事会，主要负责环境决策。欧盟理事会的主要职责是针对欧盟委员会提出的立法议案在征求其他机构的意见之后，进行环境决策，制定环境法律并发布环境指令。

第二个机构是欧盟委员会。欧盟委员会的第一项任务是提出关于环境法规和环境立法的议案，这些提案是欧盟各项环境政策和双边或多边环境条约的基础。欧盟委员会的第二项任务是对环境政策的执行权和管理权，以及监督环境法规在各成员国中的实施情况。因此，欧盟委员会有权利在各成员国领土上进行调查，同时各成员国也有义务提供环境法规实施情况方面的相关具体信息以协助调查。在欧盟委员会中，环境议案的相关事项主要由欧盟环境委员会进行，其他领域委员会起到协同合作作用。

第三个机构是欧洲议会。它的职权范围和功能随着欧盟的发展也逐渐扩大，它被赋予了在环境政策领域的共同决策权，与欧盟理事会享有同等立法权。此外，欧洲议会对环境法实施过程中出现的违法和失职行为有权进行调查，同时还接受欧盟内有关环境事务的请愿和申诉。在长期实践当

---

❶ 谭晓. 跨政府网络理论与欧盟多层级环境治理机制研究 [D]. 上海：上海国际问题研究所，2009：31.

中，欧洲议会形成了对重大环境问题和环境事务展开讨论的制度，为欧盟理事会和欧盟委员会决策提供参考报告和决议。❶

欧盟的环境治理主要依靠以上三个欧盟机构的复杂运作与协同合作，除此之外，还有其他的欧盟机构也在欧盟的环境治理中发挥着作用。

一个是欧洲法院，它是环境争端的仲裁机构，主要负责裁决欧盟机构和成员国之间以及各成员国之间发生的环境纠纷，对欧盟内部的环境诉讼享有强制性管辖权。此外，《欧洲联盟条约》中规定的欧洲法院的权力当中，关于对政策的解释方面有两个重要的诉讼程序。第一个诉讼程序是针对那些没有执行欧盟一级立法和二级立法规定的法律义务的单个成员国，欧盟委员会和其他成员国可将该程序诉至欧洲法院。第二个诉讼程序赋予欧洲法院对欧盟机构中行政和立法行为的合法性进行审查的权力。欧洲法院被形象地称为欧盟的"环境裁判所"。而经济和社会委员会（Economic and Social Committee）、地区委员会（Committee of the Regions）作为公民社会和地区利益的代表，它们是欧盟法定的咨询机构。❷

另一个重要的机构是欧洲环境署（European Environment Agency），它是设在欧盟成员国中的11个专门性机构之一，是欧盟的一个独立机构。欧洲环境信息和监测网（European Environmental Information and Observation Network）与欧洲环境署相关，它们都能为制定和实施欧盟和成员国环境政策提供客观可靠的信息，同时向公众公开环境信息。也就是说，欧洲环境署就像是信息搜集者与信息使用者之间的一个界面，前者向后者提供整合的信息和专业知识以帮助评估和构建环境行动和环境政策。虽然欧洲环境署享有独立的地位，它不受其他欧盟机构或成员国政府的干预，但是在环境署的日常工作中，它同成员国内的环境机构合作非常密切，这些成员国内的环境机构是融入欧洲环境信息和监测网中的。环境署每三年发布环境评估报告以衡量环境政策的效力与得失。❸

---

❶ 谭晓. 跨政府网络理论与欧盟多层级环境治理机制研究［D］. 上海：上海国际问题研究所，2009：29－30.

❷ 谭晓. 跨政府网络理论与欧盟多层级环境治理机制研究［D］. 上海：上海国际问题研究所，2009：30.

❸ 谭晓. 跨政府网络理论与欧盟多层级环境治理机制研究［D］. 上海：上海国际问题研究所，2009：30.

与欧盟环境治理相关的主要机构都是欧盟环境治理体系的建构者，这些机构运作的复杂程度要远远超过单一国家的机构。由于欧盟环境治理中面临的情况是复杂的，需要考虑的问题也是多方面的，所以这也决定了欧盟治理体系的多层级性。

三、欧盟环境政策概述

1. 发展历程

（1）萌芽阶段（20 世纪五六十年代—1972 年）

20 世纪五六十年代，工业的快速发展导致欧共体的环境遭到持续且较严重的破坏，这让各国开始对污染问题有所关注。这一时期，环境污染问题主要体现为工业污染。而当时人们并未将其视为环境层面的问题，而将其视作单纯对人类有害的污染，并认为这种污染可以通过技术处理和加强控制来消除。各国倾向于被动反应式，从末端治理污染，即由政府发现问题，然后针对具体问题颁布新的法规（如 1967 年的《有关危险制品的分类、包装和标签的指令》），并未形成正式的环境政策。

（2）环境政策的初步制定（1972—1987 年）

1972 年，联合国人类环境会议在瑞典首都斯德哥尔摩召开。这是世界各国政府共同讨论当代环境问题、探讨保护全球环境战略的第一次国际会议。此时，欧盟及世界上大多数国家都意识到了污染是由环境破坏所致，于是环境法律、环境政策开始走上历史的舞台。在同年召开的巴黎峰会上，欧共体首次提出在其内部建立共同环境保护政策框架，这为环境政策的形成与制定奠定了基础。

1973 年 12 月，欧共体以宣言的形式通过了《第一个环境行动规划》，对环境政策的目标、原则等进行了界定，并对环境政策的内容进行了详细阐述。以上会在后文中进行具体介绍。1977 年 5 月，欧共体通过了《第二个环境行动规划》。这一规划在《第一个环境行动规划》的基础上制定了更具体的环境政策内容，如保护和提高环境质量的一般行动、国际层面的共同体行为等。1983 年 2 月，欧共体通过了《第三个环境行动规划》，指出欧盟环境政策的目标不仅要保护生态环境与人类健康，还要做到在追求社会经济发展的同时合理利用自然资源。

综上所述，该阶段是欧盟的环境政策起步与强化的过程，当时的政策内容重在先污染、后治理，是一种被动的治理行为。

（3）欧盟环境政策的进一步发展（1987—1992年）

1985年，欧共体在卢森堡召开理事会议，为制定全面改善共同体制度的单一欧洲法展开谈判，1986年2月17日，成员国签署了旨在成立欧盟的《单一欧洲法》，得到各成员国批准。这一法令首次将环境保护问题纳入欧盟基本法，规定了环境政策的目标：保持、保护和改善环境质量；保护人类健康；节约和合理地利用自然资源（《单一欧洲法》第130r条第一款）。它是欧盟环境政策发展的重大里程碑，为欧盟环境立法的实施提供了重要依据。

1991年12月，第46届欧共体首脑会议在荷兰的马斯特里赫特举行，该会议通过了《欧洲联盟条约》（简称《马约》）。1992年，该条约正式生效。《马约》在为欧共体建立政治联盟和经济与货币联盟确立目标与步骤的同时，进一步提升了环境保护在欧盟法律政策体系中的地位，并对环境政策的目标进行了补充，指出欧盟的环境政策应推进解决地区或世界性环境问题的国际措施的通过。在这一阶段，欧盟颁布了上百条环境政策法令，使欧盟环境政策得到了进一步的发展。

（4）可持续发展战略阶段（1993年至今）

可持续发展战略是广义的环境政策。20世纪90年代，环境破坏问题已经成为全球面临的共同挑战。1992年6月，联合国环境与发展会议（UNCED）在巴西里约热内卢召开，会议通过了《关于环境与发展的里约热内卢宣言》《21世纪议程》和《关于森林问题的原则声明》三项文件。1993年，为执行《21世纪议程》，欧盟发布了名为《迈向可持续发展》的《第五个环境行动规划》，开启了欧盟环境政策发展至今的可持续发展战略阶段。其内容包括三个主要部分：第一部分在整体上规划了欧盟环境政策的可持续发展战略步伐，如目标部门、政策主题、政策工具等。第二部分讨论了欧盟环境政策的国际化问题。这是之前的规划中没有涉及的内容。第三部分规定了环境政策的七个优先目标，如对自然资源的可持续管理、污染控制一体化、减少非再生能源资源的消耗等。

随后，2002年欧盟通过了题为《环境2010：我们的未来、我们的选择》的《第六个环境行动规划》，2012年又出台了题为《在星球的极限之内生活得更好》的《第七个环境行动规划草案》。经过30多年的发展，欧盟的环境政策取得了巨大的成就，在欧盟内部的环境保护治理及全球生态保护的具体实践中发挥了显著的作用，也为世界各国环境政策的制定提供了宝贵的经验及蓝图，对我国更是具有借鉴意义。

2. 欧盟环境政策的主要原则

（1）一体化原则（the Integration Principle）

一体化原则的核心是：欧盟的环境政策要系统全面地融入其他各个政策的制定中去。在制定和实施工业、农业、渔业、交通运输、能源等政策时，必须将环境保护的政策纳入其中，应考虑这些政策对环境保护的影响。1983 年《欧共体第三个环境行动规划》首次提出这一纳入要求。Jans 教授在《欧洲环境法》一书中将这项规定称为欧盟环境政策的"一体化原则"，即将环境保护融入其他政策的制定与实施中去的原则。一体化原则使环境政策贯穿于欧盟的整个政策体系，是一个具有突破意义的战略性指导方针，为欧盟实现环境目标、贯彻环境政策提供了重要保障。

（2）污染者付费原则（Polluter Pays Principle）

污染者付费原则最早出现在欧共体 1973 年制定的《第一个环境行动规划》中，是欧盟环境政策的基石。核心是环境污染行为的实施者应承担政府为确保环境达到"可接受状态"而采取的污染防范、治理及纠正所花费的费用。该原则表明，由于环境治理所造成的污染成本不应通过征税方式让社会来负担，而应由污染者承担，使环境污染成本内部化。污染者付费原则是欧盟运用经济手段来保护环境的政策体现。近年来欧盟实施的环境税、排污权交易、废旧电器指令等均体现了这一原则。

（3）预防原则（the Prevention Principle）

预防原则规定，环境保护措施应该从防止环境破坏入手，治理环境应从源头抓起，即"预防优于治理"（prevention is better than cure）、"预防而不仅仅是治理"（prevention rather than just control）。预防原则表明，对污染的防治，"防"应是第一位的。在可能的污染行为发生之前遏止住其源头，防患于未然，是最有效的保护环境的措施，能够从根本上解决环境污染问题。预防原则是对污染者付费原则的补充与完善，两者存在时间先后的联系。污染者付费原则是在污染发生后，找到污染实施者来承担环境污染的责任，其并不能防止污染后果的发生。而预防原则是针对环境破坏的滞后性和不可逆转性而提出的，旨在环境污染尚未发生的前提下，消除环境问题的根源。

（4）预警原则（Precautionary Principle，或称风险预防原则）

该原则规定，为了保护环境，在遇到对环境可能造成重大或不可逆转的污染威胁时，欧盟可以在缺乏事实依据或科学证明的情况下采取紧急措施，防止任何潜在危害的发生，防止环境恶化。比如，欧盟曾禁止批准美国的转基因玉米上市，原因是其可能危害人体健康并破坏生物多样性。

预警原则以预防原则为基础，却相较预防原则提出了更高的标准与要求。它指的是在预防的前提下，对于某一行为可能造成的预计不良结果，不论是否得到科学的最终证实，都应立即采取措施避免一切可能造成的污染。

综观上述原则，不难发现，逻辑性强、相辅相成是欧盟环境原则最大的特点。一体化原则是核心方针，为环境政策的实施提供保障；预防原则是污染者付费原则的补充与完善；预警原则在预防原则的基础上提出了更高的要求。不同的原则间层次分明，却彼此联系紧密，形成整体性的网络，在环境保护问题上相互配合，共同发挥最大的效用。这一点值得我国学习与借鉴。

3. 欧盟的环境法律体系

欧盟的环境法律体系包括国家级环境法、欧盟级环境法和国际级环境法。其中，以欧盟级环境法最具特色，它主要由欧盟基础条约，欧盟签署或参加的国际环境条约，以及欧盟机构制定的欧盟法规和其他法律规范性文件组成。❶ 1986 年，旨在成立欧盟的《单一欧洲法》签署，同时确定了欧盟环境保护的立法基础。其目标包括：保护环境，保护人类健康，谨慎和理性地利用自然资源，以及在国际水平上处理区域的或世界范围的环境问题。1992 年签署通过的《欧洲联盟条约》提出了欧盟"可持续发展"的目标：环境保护要求必须纳入其他共同体政策的界定和执行之中。在1997 年修订的《阿姆斯特丹条约》中，欧盟正式将可持续发展作为优先目标，并把环境与发展综合决策纳入到欧盟的基本立法之中。❷ 自 1973 年欧盟制定了第一个环境行动纲领以来，截至 2012 年欧盟已经制定了七个行动

---

❶ 蔡守秋．欧盟环境法的特点及启示［J］．海峡法学，2001（3）：1-8.

❷ 张平华．欧盟环境政策实施体系研究［J］．环境保护，2002（1）：44-45.

纲领。《第七个环境行动纲领》确定了三大环境保护的关键领域，即保护支撑经济繁荣与人类福祉的自然资本、促进资源效率和低碳社会转变、保护人民免受环境健康危机的威胁，并且确定了相关的环境政策。❶ 为了实现总体环境保护目标，欧盟通过二次立法，即条例（regulation）、指令（directive）和决定（decision）的形式确保目标达成。目前，欧盟共有 500 多项二次立法形式，成为世界上最全面的环境法规标准体系。

为了与各成员国国内环境法律相协调，欧盟确立了三个原则：一是直接适用原则，即欧盟环境法直接效力于成员国国内法律秩序；二是优先适用原则，指的是如果欧盟环境法与国内法发生效力冲突，则适用欧盟法优先于国内法；三是辅助性原则，指的是只有当所建议的目标不能有效地由成员国来实现而由欧盟可能更好地实现时，才有共同采取行动的必要。❷

4. 欧盟的环境外交政策

欧盟在外交方面十分重视与国际组织的环境合作。联合国作为全球最大的国际组织，积极倡议与发起国际环保事业。联合国框架内的联合国环境特别委员会、联合国环境规划署等专门机构以及世界自然基金会、国际能源机构等其他国际环境组织都是欧盟开展环境外交合作的重要对象。

从最初的斯德哥尔摩人类环境会议发展至今，欧盟始终致力于推动全球环境合作的进程，在气候变化、沙漠化、生物多样性等问题上为保护国际生态做出了重大贡献。在联合国开展的国际环境合作中，欧盟以积极的姿态参与多个国际环境会议，如 1972 年联合国人类环境会议、1992 年里约联合国环境与发展大会、2002 年的约翰内斯堡环境高峰会议等。在 2002 年的这次环境与发展高峰会议上，欧盟与各国进一步探讨生态保护大计，确定了可持续发展的三大支柱——社会发展、经济发展和环境保护，并最终通过了《执行计划》和《政治宣言》两个基本研究文件。由此可以看出，以联合国为主的国际环境组织已成为欧盟强化其大国集团地位的重要领域。

---

❶ 李芸，张明顺. 欧盟环境政策现状及对我国环境政策发展的启示［J］. 环境与可持续发展，2015（4）：22－26.

❷ 万融. 欧盟的环境政策及其局限性分析［J］. 山西财经大学学报，2003，25（2）：5－9.

四、跨区域的市场化政策工具——欧盟碳排放交易体系

1. 欧盟碳排放交易体系简介

为应对日益严峻的全球变暖问题，欧盟于 2005 年成立了全球首个跨国的碳排放交易体系。欧盟碳排放交易体系（European Union Emission Trading Scheme，EU ETS）是欧盟气候政策的中心组成部分。欧盟碳排放交易属于总量交易，其实质是以市场交易的形式来减少碳排放。❶ 它以限额交易为基础，提供了一种以最低经济成本实现减排的方式，它是世界上首个多国参与的碳排放交易体系。欧盟排放交易体系覆盖了 11 000 个主要能源消费和排放行业的企业（例如电力、钢铁和水泥行业）。该系统包括了欧盟排放的二氧化碳的一半。2008 年 12 月，欧盟领导人同意修订该体系，这与到 2020 年使欧盟的温室气体在 1990 年的基础上减少 20% 的目标相符。这在排放交易体系配额框架下，相当于到 2020 年实现在 2005 年的基础上减少 21% 的温室气体排放。它还将为企业提供更稳定的碳价格，减少波动性和提高确定性。欧盟已重申，如果能够达成一项国际协议且其他发达国家做出相当的承诺，欧盟愿意将其减排目标提高到 30%。❷ 欧盟碳排放交易体系经过多年的摸索与实践，已经发展成为全球覆盖国家最多、交易量最大、影响力最广的碳排放权交易体系。

2. 欧盟碳排放交易体系的发展历程

全球温室气体减排活动日益活跃，众多国家相继通过建立碳排放权交易体系对二氧化碳等温室气体排放行为进行控制与管理。20 世纪 70 年代末，美国率先建立了碳排放交易体系。1997 年，《京都议定书》规定了欧盟的减排目标，即欧盟到 2012 年的温室气体排放总量比 1990 年的温室气体排放总量减少 8%。❸ 为了实现《京都议定书》的减排承诺，欧盟决定在 2005 年之前建立起内部温室气体排放权交易体系。同时，欧盟各成员国

---

❶ 陈娟. 欧盟气候变化多层治理机制研究——以欧盟碳排放交易体系为例 [D]. 北京：外交学院，2015：20.

❷ 李布. 欧盟碳排放交易体系的特征、绩效与启示 [J]. 重庆理工大学学报（社会科学版），2010（24）：1 - 5.

❸ 陈惠珍. 减排目标与总量设定：欧盟碳排放交易体系的经验及启示 [J]. 江苏大学学报（社会科学版），2013，15（4）：15 - 17.

还签署了一份分摊协议。2001 年，欧盟委员会开始就欧盟碳排放交易体系的意见稿进行正式讨论。2002 年 10 月，欧盟委员会通过了该意见稿，并提交给欧盟的决策主体——欧洲议会和部长理事会进行讨论，尤其是要对第一阶段是强制还是自愿的问题进行探讨。2003 年 10 月 13 日，欧盟通过 2003 年第 87 号指令，目的是建立欧盟碳排放交易体系框架。2005 年 1 月起正式实施欧盟碳排放交易体系。❶

欧盟碳排放交易体系从 2005 年开始运行，一共经历了三个阶段。第一阶段是 2005—2007 年，是试验阶段，管制气体只涉及对气候变化影响最大的二氧化碳，不包括《京都议定书》所提出的其他五种温室气体。第一阶段的实施为后两个阶段的进行奠定了实践基础。第二阶段是 2008—2012年，这一阶段的减排目标是在 2005 年碳排放量的基础上减少 6.5%。第三阶段从 2013 年开始实施，到 2020 年结束，从本阶段开始，欧盟开始制定有效的政策措施，不断完善欧盟能碳排放交易体系。❷

3. 欧盟碳排放交易体系的主要内容

欧盟碳排放交易体系发展至今已成为全球规模、交易量及交易额最大的国际性碳排放权交易体系。其主要内容有以下几个方面。

碳排放上限由欧盟的配额而来，每一个配额相当于一吨二氧化碳当量。稀缺的配额与预期的排放相比构成了配额的价格。排放者面临购买配额抵消排放或者投资技术减少排放的两种选择。配额的价格越高，寻找更有效的减排手段的鼓励机制就越有力。

参与欧盟碳排放交易体系的企业要求监控和汇报排放情况。每年年末企业被要求付出与实际的排放量相当的配额。每年的排放数据必须经由第三方认证机构核准。

大多数的交易是在金融交易所完成的。85% 的交易在伦敦的欧洲气候交易所完成。其他的主要交易在巴黎蓝次碳交易市场、德国莱比锡欧洲能源交易所和挪威奥斯陆的 Nordpol 交易所进行。英国的碳交易主要由英国金融服务监管机构进行监管。

---

❶ 朱仁显，唐哲文. 欧盟决策机制与欧洲一体化 ［J］. 厦门大学学报（哲学社会科学版），2002（6）：81 - 83.

❷ 彭峰，邵诗洋. 欧盟碳排放交易制度：最新动向及对中国之镜鉴 ［J］. 中国地质大学学报（社会科学版），2012，12（5）：49 - 50.

欧盟范围内的集中排放限额将促使欧盟建立比目前各成员国单独设立的国家分配计划体系更具挑战性、确定性和一致性的减排途径。排放限额将在 2005 年排放的基础上每年减少 1.74%，到 2020 年实现比 2005 年核实排放减少 21%。这一线性系数从 2020 年起继续沿用，并将在 2025 年前重新进行评估。这些减少幅度与欧盟到 2050 年实现减排 60% ~ 80% 的长期目标相一致。

拍卖量将显著增加。这将确保碳成本更好地纳入企业决策，并因成本传递给消费者而减少暴利。总体上，到 2020 年，将有至少 60% 的配额被拍卖，而第二阶段约为 3%。

2008—2020 年，国际项目贷款额将在 2005 年的排放水平基准上限定为所要求减排量的 50%，这将促进实现欧盟境内减排和为发展中国家提供碳金融的平衡。此外，限制项目贷款额将有助于维持更稳定的碳价格，进一步推动低碳技术投资。

4. 欧盟碳排放交易体系的特征

一是，欧盟碳排放交易体系属于总量交易。总量交易是指在一定区域内，在污染物排放总量不超过允许排放量或逐年降低的前提下，内部各排放源之间通过货币交换的方式相互调剂排放量，实现减少排放量、保护环境的目的。欧盟排放交易体系的具体做法是，欧盟各成员国根据欧盟委员会颁布的规则，为本国设置一个排放量的上限，确定纳入排放交易体系的产业和企业，并向这些企业分配一定数量的排放许可权——欧洲排放单位（EUA）。如果企业能够使其实际排放量小于分配到的排放许可量，那么它就可以将剩余的排放权放到排放市场上出售，获取利润；反之，它就必须到市场上购买排放权，否则，将会受到重罚。

二是，欧盟碳排放交易体系具有权力分散化的特点。所谓权力分散化是指该体系所覆盖的成员国在遵循欧盟制定的"指导方针"前提下享有很大程度的自主决策权，这正是欧盟碳排放交易体系区别于其他总量交易体系的地方。碳排放交易体系内的欧盟成员国在经济发展水平、产业结构、体制制度等方面存在较大差异，进行权力分散化，可以有效地平衡各成员国和欧盟的利益。

三是，欧盟碳排放交易体系的设计较为灵活。欧盟没有具体规定成员国的碳排放量，只要欧盟成员国碳排放量在欧盟委员会规定的上限内，那

么成员国就可以自行设计能够纳入到碳排放交易体系中的产业和行业。❶

四是，欧盟碳排放交易体系具有开放性特点。欧盟排放交易体系的开放性主要体现在它与《京都议定书》和其他排放交易体系的衔接上。欧盟排放交易体系允许被纳入排放交易体系的企业可以在一定限度内使用欧盟外的减排信用，但是它们只能是《京都议定书》规定的通过清洁发展机制或联合执行获得的减排信用，即核证减排量或减排单位。此外，通过双边协议，欧盟排放交易体系也可以与其他国家的排放交易体系实现兼容。❷

五是，欧盟碳排放交易体系是循序渐进的。欧盟碳排放交易体系分为三个阶段，第一阶段是试运行阶段，第二阶段是正式运行阶段，第三阶段是对前两个阶段的经验与不足进行总结并及时完善该体系的阶段。

五、典型的市场化政策工具——欧盟环境税

20 世纪 70 年代到 80 年代初，环境税的雏形期主要体现为对补偿成本的收费，要求排污者承担排污行为的成本，这一时期出现了非典型的环境税种，如用户费、特定用途费等。随后，欧盟的环境税收体系历经多次修改并不断完善。20 世纪 90 年代中后期，欧洲各国以保护环境为目的，针对污染、破坏环境的特定行为分别引进了不同的专门性税种，如荷兰的燃料使用税、德国的矿物油税、奥地利的标油消费税、在欧洲普遍实施的二氧化碳税以及噪声税等。自 20 世纪 90 年代后期至当前，旨在可持续发展绿色税制改革，环境税成了环境政策的主要工具。总体来看，欧洲目前正处在环境退化率逐渐下降的阶段，这符合可持续发展的基本理念——重视生态环境与人类经济社会的共同进步。经济增长，不应以破坏环境、牺牲生活质量为代价。

1973 年，欧共体公布了第一个环境领域的行动规则，指出：应当仔细分析环境政策中可利用的经济手段，分析不同手段所具有的不同作用、实施这些手段的利弊、实施预定目标的相对目的以及它们与成本分配规则的

---

❶ 陈娟. 欧盟气候变化多层治理机制研究——以欧盟碳排放交易体系为例 [D]. 外交学院，2015：23.

❷ 李布. 欧盟碳排放交易体系的特征、绩效与启示 [J]. 重庆理工大学学报（社会科学版），2010，24（3）：2.

协调情况。1975 年 3 月 3 日欧共体理事会又提出，建议公共权利对环境领域进行干预，将环境税列入成本，实行"污染者负担"的原则。❶ 随后欧盟各成员国通过改革调整现行税制，对污染环境的行为开征环境税，实行改善环境的税收优惠政策，使税收这一经济手段在保护生态方面发挥了较大的作用。这一"绿色化改革"细致且广泛。例如，1999 年挪威引入了二氧化碳税，税基是国内和国际航班的燃油；2001 年英国根据发动机的二氧化碳排放量征收流转税，之后又引进公司车辆税以反映汽车的二氧化碳排放量。❷

总体来看，欧盟环境税收有三个主要特点。首先，欧盟的环境税收以能源税为主，且税种呈多样化趋势。例如荷兰设置了包括燃料税、石油产品税等在内十几种的环境税。欧盟的绿色税种大体可以分为五大类：水污染税、废气税、固体废物税、噪声税和垃圾税。其次，从对收入开征环境税逐步转移至对破坏环境的行为征税。以北欧国家为例，其通过税制改革，将环境税的重心由对国民收入的征税转移到对破坏环境的行为的征税。最后，税收与其他手段相结合。通过建立完整的环境政策体系，利用排污交易市场、使用者收费等经济方法与环境税收共同作用。

环境税的征收也面临一定扭曲成本。由于征税引起的成本与价格的提高，以及各成员国之间环境税的税额差别较大，欧盟国家的国际竞争力有下降的风险。因此，欧盟国家对环境税的征收坚持注重税收中性的原则，通过采取税收豁免、减免等税收政策，力图将征税对资源配置的干扰程度降到最低，以实现税收中性原则。❸

另外，商品课税的累退性，在边际消费倾向递减的情况下，容易增加低收入阶层负担。欧盟十分重视这一问题，通过制定相关的政策制度，来减轻甚至消除环境税的累退性。比如在征收环境税的同时，减轻家庭所得税等其他税种的征税额，以减小纳税人的负担；将征税重点放在具有较低

❶ 邵学峰. 绿色税收：欧盟经验与东北之鉴 [J]. 东北亚论坛，2008 (4)：54 – 58.

❷ 邵学峰. 绿色税收：欧盟经验与东北之鉴 [J]. 东北亚论坛，2008 (4)：54 – 58.

❸ 何平林，乔雅，宁静，等. 环境税双重红利效应研究——基于 OECD 国家能源和交通税的实证分析 [J]. 中国软科学，2019 (4)：33 – 49.

累退性的税种上面，如交通燃料税、车辆税等，而降低对供暖、用电等受众较广的社会行为的税率，总体上收到了较好的效果。

第三节　日本环境治理的政策机制与评价❶

第二次世界大战之后日本经济受到毁灭性打击，一时间国内反战情绪高涨，民众普遍希望重建家园，摆脱战争阴影。与此同时，"冷战"格局下美国的经济援助为日本的经济腾飞提供了良好的机遇和条件。在这样的国内国际背景下，日本经济迅速转入正轨，其人均国民收入在 1955 年左右便恢复到了战前的最高水平，并在 20 世纪 50 年代到 70 年代期间进入经济高速增长时期。同样处于高速发展阶段的还有日本的环境污染程度，轰动全球的"十大环境公害事件"有四件发生在日本！但值得注意的是，日本仅花费二三十年时间便结束了这种畸形的"高增长高污染"局面，并在环境治理领域取得举世瞩目的成效。时至今日，日本在环境治理方面仍具有不可撼动的国际地位和声望。为宏观展示日本的环境治理体系，本节将从日本环境法律体系、治理机构以及参与主体发挥作用的机制三方面进行归纳总结，并在最后给出由此所带来的思考，以期为我国环境治理提供借鉴。

一、日本的环境法律体系

日本的环境法律体系大致可分为"二战"前和"二战"后两个时期。"二战"之前，日本的环境污染水平较低，"公害"一词尚未进入大众视野，在国家层面的法律中也鲜有提及。在第二次世界大战之后，随着经济建设的大规模快速推进，环境污染问题也越来越突出，"污染公害"事件的频发引发社会的广泛关注。在国际国内舆论压力下，一系列的环境法律也随之出台，并逐步形成完整体系（见表 3-2）。总的来看，日本环境法律体系的完善过程与各个阶段的特点可总结为"211"模式，即"两个标志性法律""一次国际会议"和"一个组织"。

---

❶　本节内容由李真巧负责整理并写作。

表3-2 日本环境立法过程

时期	时间	法律	备注
"二战"前	1896 年	大阪府第 21 号令	制造厂建设标准
	1911 年	《工厂法》	提及预防公害的相关内容
	1931 年	《国立公园法》	推动公园利用
	1900 年	《污物清扫法》《下水道法》	提升公共卫生
"二战"后	1947 年	《劳动基准法》	删除有关公害与工厂设备管理的内容
	1949 年	《东京都工厂公害防止条例》	地方公共团体推动制定的与公害防止相关的法律
	1950—1951 年	《企业公害防止条例》	
	1952 年	《公害防止备忘录》	国家层面相关法律的补充
	20 世纪 60 年代	一系列高于国家标准的自治体与民营企业之间自主签订的公害防止协议	
	1967 年	《公害对策基本法》	界定"公害"的含义
	1970 年	《公害对策基本法》（修）	删除"协调经济"条款
	1993 年	《环境基本法》	开始关注全球性环境问题
	1997 年	《环境影响评价法》	将环境影响评价法律化
	1998	《关于通过对特定物质的控制等保护臭氧层的法律》	关注全球性环境问题
		《地球温暖化对策推进法》	
	1999 年	《非营利组织法》	—
		《污染物排放和转移登记法》	—

资料来源：根据《日本环境问题改善与经验》及作者整理所得。

1. 两个标志性法律——《公害对策基本法》《环境基本法》

从 20 世纪 60 年代开始，随着化学及汽车工业的发展，日本"以发展经济为纲"的做法所产生的环境负外部性开始逐渐显露出来。从 1950 年发生的痛痛病事件，1956 年开始的两次水俣病事件到 1960—1972 年的四日市哮喘病事件，这些环境公害问题爆发的规模之大、危害之重、蔓延速度之快不仅引起国内民众的极大重视（游行示威、抗议申诉事件的频繁发生），也引发国际上的广泛关注，一时间，"公害"也成了经济辉煌时期日本的另一张国家名片。虽然地方公共团体及一些民营企业自主制定了一部分公害防止协议❶作为国家法律的补充，但是其权威性和影响力却十分有限，而日本国内在环境污染治理方面的权威法律也几近空白。在大气污染、水污染等环境问题不断大规模爆发以及国内民众抗议浪潮此起彼伏的情况下，1967年，日本颁布《公害对策基本法》。《公害对策基本法》首次界定了"公害"的含义，从国家层面肯定了公害事件的存在性及其严重性，这也意味着政府开始直面国内的环境问题。除此之外，《公害对策基本法》也明确了国家、地方、企业与居民的环境治理责任，在要求国家应发挥其指导性作用的同时，也为地方参与环境治理保留了足够的空间，以强调各个主体的环境责任意识；同时制定了严格的污染排放标准和惩罚制度，使得公害治理有法可依。但是，由于20世纪六七十年代全球性石油危机的影响，提振经济仍是社会发展的主流，《公害对策基本法》包含的"协调经济发展"条款使得产业发展仍居于环境保护之上，最终使得环境问题并没有得到有效的解决。❷随着公害事件的持续发酵，《公害对策基本法》在1970年得以修改，原有的"协调经济发展"条款被废除。这样一来，经济与环境孰先孰后的问题有了明确的答案，经济优先的发展理念逐步转变为环境优先。与《公害对策基本法》相平行的《自然环境保全法》则针对自然环境保护领域，这两项法律相辅相成，环境治理的步伐才得以实质性开展。

到了20世纪80年代，日本经济重新回到高速跑道，"广场协议"的签订更加速了经济的泡沫化，环境污染面也随之扩大，以消极应对环境公害与污染问题为特征的《公害对策基本法》和《自然环境保全法》却难以适应环境问题的这一新变化，环境立法的发展进入停滞时期。1993年《环境基本法》的出台则从内容和观念两方面对《公害对策基本法》进行调

---

❶　公害防止协协是指污染行为实施者与污染发生地的政府机关或者居民团体就环境影响的设施或行为在技术规范、标准、补偿措施、社区关系以及环境纠纷处理等方面共同约定并遵守的书面协议。

❷　南川秀村，等．日本环境问题改善与经验［M］．北京：社会科学文献出版社，2017．

整，完善环境立法，也为环境法律体系的建立提供了基础框架，同时将环境治理的焦点由被动治理转为主动预防，治理面由国内转移至全球，从而推动日本转向循环经济的可持续发展路线。一方面，《环境基本法》在内容上增加环境影响评价以及环境经济政策等内容，为之后《环境影响评价法》的出台奠定了法律基础。另一方面，《环境基本法》明确了可持续发展的环境理念，提出构筑"给环境以最小的负担且又能持续发展的社会"。同时确定了环境预防的原则，填补了《公害对策基本法》只重治理而轻预防做法的不足。除此之外，这一时期全球性环境问题集中爆发，也让日本认识到环境问题的跨区域性与流动性，"参与全球环境保护与合作"便是日本迈向全球环境治理的开始。同样值得注意的是，《环境基本法》肯定了非政府组织（NGO）与非营利组织（NPO）作为参与环境保护的主体在环境治理中发挥的作用。《环境基本法》在《公害对策基本法》内容基础上新增了一些内容，详见表 3 - 3。

表 3 - 3　新增内容

环境基本计划	提供信息
环境基准	实施调查
国家制定政策措施时环境上的考虑	健全监管监测等体制
环境影响评价	振兴科学技术
经济性措施	处理纠纷，救济受害方
控制性措施	参与全球环境保护等的国际合作
促进利于环境负荷减少的制品等	污染负担
加强环境方面的教育及学习	受益者负担
支持民间的自发活动	对地方自治体的财政措施

资料来源：杜群. 日本环境基本法的发展及我国对其的借鉴 [J]. 比较法研究，2002（4）：55 - 64.

2. 一次国际会议——1992 年联合国环境与发展会议

1992 年召开的联合国国际环境与发展会议不仅推进了多国的环境治理历程，而且在日本环境史上更是具有划时代的意义，为日本制定循环经济战略、构建循环经济并进入全球性环境治理阶段提供了绝佳的契机。在此之前，日本致力于解决国内公害以及城市环境问题，在此次环境峰会之后，日本开始关注全球变暖以及循环经济发展，并积极参与全球环境治理，为国际环境问题的解决提供日本方案。1992 年联合国环境与发展会议促成的这种转变主要基于以下背景。

（1）环境问题的全球性爆发

20 世纪 80 年代以来，随着经济的发展，不仅区域性的环境污染和大规模的生态破坏突现，温室效应、臭氧层破坏、酸雨等全球性环境危机严重威胁着全人类的生存和发展。这一时期，除了日本需要面对城市建设进程加快带来的固体废弃物、废气废水等环境污染问题，世界上其他国家面对的环境问题也层出不穷。1981—1990 年全球平均气温比 100 年前上升了 0.48℃，其间"臭氧层空洞"被英国科学家得以证实；1984 年印度博帕尔农药厂毒气泄漏事件造成 2 万多人死亡，更有 20 多万中毒人员遭受失明或终身残疾，引发国际社会广泛关注；1986 年切尔诺贝利核泄漏事故不但造成严重的土壤污染，高浓度的核辐射使得方圆 30 千米至今仍被隔离，由此造成的直接或间接伤亡人数更是无法统计，这也成为核电史上最严重的事故。除此之外，80 年代末干旱、洪涝、台风等各种极端天气频繁发生，环境问题成为各国不得不面对的现实性问题。

在全球环境不断恶化的情况下，里约热内卢召开的联合国环境大会呼吁各国不论发达与否，都应共同参与全球资源与环境治理，一同为全人类打造更为适宜的居住环境，积极推动循环经济建设，实现可持续发展。此次会议在向各国传递全新的发展理念的同时也建立起发达国家与发展中国家共同参与环境治理的机制。日本作为发达国家，积极响应并签署《21 世纪行动议程》《气候变化框架公约》以及《保护生物多样性公约》三部国际性文件。其中《21 世纪行动议程》是"世界范围内可持续发展行动计划"，不具有法律约束力，该议程涵盖社会、经济以及资源能源与环境的可持续发展等内容，并指出政府、非政府组织等主体在环境问题中的作用；《气候变化框架公约》要求各国制定温室气体排放目标，以控制温室气体排放和全球变暖；《保护生物多样性公约》主要针对生物资源的保护，保证环境的代际公平。后两项文件均具备法律效力，要求发达国家更应该在全球性环境问题中承担更多的责任，有必要为发展中国家参与全球环境治理提供资金、技术等方面的支持，这也为日本推动国内国际经济与环境的可持续发展提供了动力。

（2）国内相关制度建设不健全

日本在 20 世纪七八十年代取得的环境治理成效，主要是在产业界、地方自治团体以及公民的推动下实现的。从表 3 - 2 可以看出，从 20 世纪 50 年代开始，民营企业已经开始通过与地方自治体合作，自主制定相关的法律约束来弥补政府层面的环境法律漏洞；市民则通过投诉与游行示威等形式来督促政府完善环境相关的法律理论与司法建设；钢铁、石油以及电力等行业协会借助自身的技术和信息优势，帮助行业企业解决技术开发与污染治理问题。❶ 遗憾的是，这些非政府组织或者非营利机构在日本国内并没有得到足够的重视。《公害对策基本法》和《环境基本法》虽然鼓励各方主体积极参与环境问题的解决，但是国内并没有专门的非政府机构来统一组织协调非政府主体的环境工作。而里约峰会则让日本意识到非政府机构或者组织也可以像世界自然基金会、绿色和平组织等通过实施规范化运营来最大化保护环境。这也激励日本的环保主义者们要求政府给予非政府组织和非营利组织以合法地位。❷

（3）谋求政治大国的战略转变

当日本渡过两次石油危机并成为仅次于美国的世界第二大经济体之后，日本急需提高在国际事务中的支配权与话语权，以改变"经济巨人、政治矮子"的国际形象。20 世纪 80 年代，日本首相明确提出"日本要成为'政治大国'和能够参与国际事务并承担必要责任的'国际国家'，要加强日本在世界政治中的发言权"❸，自此日本的国家战略也逐渐由追求经济大国向政治大国的路径转变。1991 年《日本经团联对 90 年代日本经济的展望》❹ 中也提到"日本面临的最迫切的任务是通过发挥自身的领导作用，积极地参与国际新秩序的形成"。对日本而言，1992 年联合国环境大

---

❶ 南川秀村，等. 日本环境问题改善与经验［M］. 北京：社会科学文献出版社，2017.

❷ 舩桥晴俊，寺田良一，罗亚娟. 日本环境政策、环境运动及环境问题史［J］. 学海，2015（4）：62 - 75.

❸ 王亚琪，葛建华，吴志成. 日本的全球治理战略评析［J］. 当代亚太，2017（5）：26 - 50、157.

❹ 李玉新. 日本经团联对 90 年代日本经济的展望［J］. 中共中央党校学报，1992（3）：13 - 15.

会不失为一个参与并主导国际问题的机会。日本在会上表示从当年起 5 年间提供 9 000 亿至 10 000 亿日元的环境援助，这一举动赢得了"世界环保超级大国"的美誉，这种主动承担全球环境治理责任以及借助已有的环境治理经验推动全球可持续发展的环境外交行为，成为日本寻求政治大国的一条可选路径。

3. 一个组织——经济团体联合会

经济团体联合会（经团联）最早是"二战"之后由不同领域、不同行业的企业家们联合成立的以重振经济为主要目的的经济团体。由于经团联汇集了众多龙头行业和企业，其经济影响力可见一斑。募捐活动又将经团联与政治家们相联系，因此这一经济团体在日本政界也具有较高的声誉。自经团联成立以来，它通过协调各个利益相关主体，特别是企业界与公民和政府的关系，也见证了日本环保事业的发展。

20 世纪 80 年代以前，日本环境治理的重点在公害以及其他城市污染问题上。这一时期的经团联一方面通过立法请求的形式完善环境立法在规范企业经营、完善公害应对措施与补偿机制方面的内容，保障公民环境权益；另一方面，作为企业界的代表，它要求企业承担相应的环境责任的同时，提出"加强公害防止对策不应给企业造成过重的负担"，积极维护企业的经济利益。除此之外，经团联也通过组织市民视察以及媒体宣传活动来改善企业与民众在环境问题上的紧张关系。到了 90 年代，随着温室气体排放、全球变暖以及海平面上升等全球性环境问题的出现，经团联逐渐将视线转移到治理全球性环境问题上。就在联合国环境大会召开前的 1991 年，经团联通过专项调研与问题研究，推动《地球环境宪章》的制定。《地球环境宪章》中所提倡的企业环境治理责任，尤其是跨国公司的海外环境责任的承担，也成为日本转变环境治理思路的开端。

至此，日本形成了以《环境基本法》为基本纲领，众多单行法为补充的环境法体系。总之，日本的环境立法具备以下几个特点：从适用范围上看，由适用于区域或特定问题的法律向全球性法律转变；从内容上看，实现了由被动应对环境污染向主动寻求环境污染预防机制的转变；从过程上看，环境法律体系经历了从一部部单行法到逐步发展到综合法的过程；最后，发展理念由经济先行转变为以人为本、以环境为纲的可持续发展理念。

二、环境治理机构设置与运行机制

1. 环境治理机构设置

日本的环境治理机构是伴随环境公害问题的发展逐渐建立起来的，在此之前，环境治理工作主要是由地方政府部门和公众推动。四大公害事件的出现以及由此引发的民众抗议运动，让日本意识到统筹环境治理的必要性和紧迫性。所以，1971 年环境厅的成立结束了之前厚生省、通商产业省等多部门进行环境治理的松散局面，将协调与决策等职能统一集中到一个部门，推动环境公害问题的解决与环境质量的提升。从设置上看，环境厅内设长官官房、计划调整局、自然保护局、大气保护局、水质保护局和环境厅审议会等部门，其职能覆盖起草制定环保政策、推动环境教育、协调环境厅各部门行动、特定污染物治理以及对民意进行上诉等方面。❶ 从级别上看，环境厅属于总理直属机构，直接接受总理委托。所以，环境厅主要进行环境保护工作的统一规划、任务部署与监督。

但是随着环境污染的种类与范围的不断扩大，环境厅的管理工作也面临着越来越多的挑战。一方面，新增的环境问题，如固体废弃物污染、全球变暖等增加了环境治理工作的复杂性；另一方面，环境厅与其他省之间也存在职能交叉的问题，使得环境职责难以明确。于是 2001 年日本在大刀阔斧地进行大部门体制为重点的行政体制改革中（详见图 3－2），对原有职能重复或者互补性高的省、厅进行部门重组与职能调整。在这股机构精简的浪潮中，原来的环境厅进一步升格为环境省，实现由厅级向省级的跨越，这也体现出日本对环境治理的重视。除了级别上的改变，环境省在工作内容上也有所调整。除了保留原有的职能外，也加强了与其他部门在环境问题上的合作，同时对全国的固体废弃物进行统一管理。❷ 除此之外，随着新污染问题的出现，及时增设针对特定污染物的环境治理部门，如

---

❶ 田春秀，李丽平. 日本环境厅明年升格为环境省［J］. 世界环境，2000，（3）：20－30.

❷ 田春秀，李丽平. 日本环境厅明年升格为环境省［J］. 世界环境，2000，（3）：20－30.

2008 年新设专门研究治理二噁英和外来物种等新型环境问题的机构。❶ 自 20 世纪 80 年代以来，环境问题在各国的关注度不断提升，日本政治上的 "走出去" 战略在环境治理机构的设置上也有所体现。1989 年在外务省设置环境特别小组，专门负责对外环境工作；2005 年在中央与地方同时增设应对全球气候变化的科室或者环境事务所，并根据实际需求，不断壮大环境健康局和地球环境局的组织机构。2012 年，又建立了低碳社会推进室以加强国际环境治理合作。

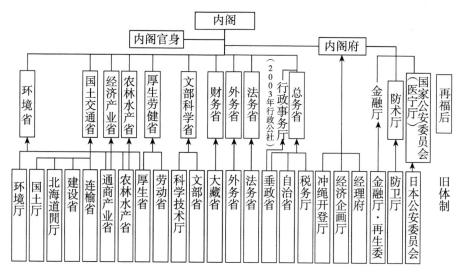

图 3 - 2　2001 年日本中央省厅再编中各省、厅变更情况

资料来源：http：//news. cntv. cn/special/opinion/centralgovernmentreform/

经过 2001 年的大部制改革，日本的环境治理机构基本稳定下来，并呈现相互独立又互相联系的格局（如图 3 - 3 所示）。这一模式下，在中央层面，环境省内部各机构通过协作，进行统一的环境规划与制度设计，中央可以通过对地方的环境支出的预算控制与司法干预同地方建立起 "命令—控制" 型的上下级关系。与此同时，地方自治体所拥有的高度的自治权又使得双方处于平等的地位。这种环境联邦主义管理体制既保证了国家权力在环境事务中的作用，又能充分调动地方的积极性。在地方层面，则呈现

---

❶　殷培红. 日本环境管理机构演变及其对我国的启示 ［J］. 世界环境，2016，(2)：27 - 29.

出以地方自治体为中心，企业、公民与非政府组织和非营利机构等平行参与环境治理的局面。这些政府与企业之外的第三方主体作为社会中的大多数，是环境问题的直接利益相关者，因而具有更为严格的环保要求和更为敏锐的环境问题发现能力，它们的环保行为在整个环境治理过程中发挥着不可小觑的作用。

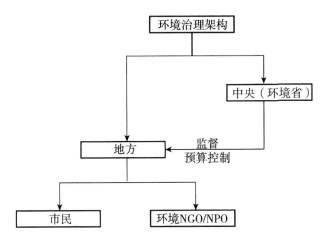

图 3 - 3　日本环境治理机制简图

2. 环境治理运行机制

从日本环境治理的组织架构可以看出，与我国曾长期以来将权力集中在中央的"块状"环境治理体系不同，日本较早建立起垂直型的环境管理体制，地方层面拥有高度的环境自治权，公民、企业界以及自发组织也在日本的环境治理史上扮演着不可或缺的角色。所以，可以从中央与地方的关系、地方与企业的关系以及公民、NGO 与 NPO 所发挥的作用这三个层面来理解日本的环境治理运行机制。

（1）中央政府与地方政府：分权与平衡

自 20 世纪 70 年代的环境公害期以后，在中央政府层面，日本结束多个省、厅在环境事务上各自为政的局面，逐步形成了以环境省为核心，通商产业省等部门为辅助的格局。环境省主要工作内容可概括为如下几方面：依照《环境省设置法》制定和监督实施全国性环境政策与环境标准、环境基本计划，实现国内环境问题的统一规划与协调；借助实施绿色公共采购以及环境税等经济手段促使企业的污染成本内部化；在全国范围内开展环境教育以提升国民环境意识；2015 年起开展的环境研究与技术研发项目聚焦污染的技术难题，致力于为污染问题的解决提供技术支持；最后，通过完善环境影响评估法案从建设项目这一环节控制环境污染。与此同时，在某些重要的环境议题上，如噪声污染，环境省有权对其他省厅的议案提出质疑和劝告。

在地方层面，根据《地方自治法》的规定，地方自治体拥有独立于国家的自治权，因而在环境治理上也拥有较高的话语权，从而走在环境治理的"前端"。在"公害"时期，多个地方自治体在《公害对策基本法》出台之前便出台了地方的公害防止条例，如 1949 年的《东京都工厂公害防止条例》就比《公害对策基本法》提早实施将近 20 年。据统计，在《公害对策基本法》出台时，已出台公害防止条例的都道府县已经高达 18 个。但是，地方自治体虽然具备较大的自由，在集权式的政治体制下仍没有完全脱离中央的控制，环境省依然有权对地方的环境治理进行干预与监督。《地方自治法》也明确规定了环境大臣（即环境省长官）的诉讼权，声明环境大臣有权以司法介入的形式来保障上述干预措施的落实。除此之外，环境省也管理与调度地方政府的环境预算经费。综上所述，环境省与地方自治体之间虽然是行政级别不同，但是在环境治理问题上双方均具备环境治理的权力。与此同时，地方高度的自治权也受到环境省的约束与监督，形成分权与制衡的格局。

（2）地方政府与企业：对抗—合作

从一般意义上讲，地方政府作为环境问题的治理者与公民意志的代表方，环境效益将是地方政府的追求。而从一出生便追求利润最大化的企业则是环境污染的最大制造者与源头，两者分属于不同的利益阵营，存在着不可调和的矛盾。在日本，地方政府与企业是如何实现由对立方向同盟军转变的呢？在《公害防止基本法》删除"经济协调"相关内容之前，各级政府虽然迫于公众压力有意开展环境治理工作，但是"经济优先"仍是社会发展主流，这一时期的企业对降污减排也采取消极应对的态度，政府与企业之间的矛盾并不明显。随着公害问题的加剧，"经济协调"条款的删除意味着政府将保护环境置于经济发展之上，企业必须注重自身生产活动的环境影响，政府与企业之间的矛盾也进一步激化。在这种情况下，经团联作为"调停者"，一方面推动环境立法的完善，另一方面在立法请求中维护企业的经济利益，这在很大程度上消除了企业对地方政府的敌对态度。此外，伴随着全球化浪潮，日本企业的国际化进程也需要良好的企业形象为依托。基于此，日本企业逐渐转变对环境治理的消极态度，通过遵守环境法律以及增大环境技术投资等方式积极投身环保事业以完善企业形象，这也为企业发展提供新的路径选择，最终实现经济发展与环境保护的双赢。比较典型的是，日本老牌车企本田和丰田在引领全球燃油汽车潮流之后，近些年来致力于推动更为清洁的氢能燃料电池汽车的研发与推广，并在这一新兴市场中占据半壁江山。

（3）民众、NGO 与 NPO：推动力量

日本环境治理的成就，不止归功于政府部门的指导与产业界的配合，普通民众与非政府组织（NGO）和非利益组织（NPO）也在环境问题的解决上发挥了不可替代的作用。

民众对环境的影响主要来自两方面，一是生活方式，二是环境意识。绿色节约的生活方式无疑会减少人类活动对环境的影响，环境意识也与环境质量存在正相关关系。在环境公害问题曝光之后，认识到环境保护的重要性，此时民众的环境意识有所提升。再加上经济泡沫的破灭给大多数家庭带来冲击，以往过度消费的生活模式也转向节约朴素。在这两个条件都具备的情况下，大批民众通过组织抗议、游行示威等活动要求政府加强环境治理与公害救济工作，这种大规模、长期的市民运动给政府和企业带来巨大的压力，成为环境治理过程中的一股重要力量，最终推动 1971 年《环境基本法》以及相关法律的制定及之后的修改。在环境厅（省）成立之后，国家进一步加大国民的环境教育，通过学校教育与多种版本的《环境白皮书》等形式，将环境教育从娃娃抓起，增强国民整体的环境意识。

环境 NGO 与 NPO 是在 1992 年联合国环境大会之后才得以规范化组织与运行的。虽然正式起步比较晚，但是这些环境组织，一方面通过对国内环境问题的建言献策以及对市民运动的支持推动国内环境问题的解决与环境教育的开展，另一方面，通过参与国际性的会议，与世界性的环境非政府组织交流与合作，并积极提供解决方案，提升日本在国际问题上的影响力。如 2002 年，在环境省、相关 NGO 以及其他组织的推动下，日本在约翰内斯堡峰会上提出"可持续发展教育"（ESD）的建议得到认可；在 2012 年"里约 + 20"召开之际，日本专门成立"NGO 联络会"，并积极参

与环境 NGO 的宣传工作，于 2016 年参与了联合国全年发展目标的活动。总的来看，日本环境 NGO/NPO 的活动由解决国内公害问题向解决世界性环境问题发展，关注焦点也由特定环境问题转向生活方式、环境观念等多元化的领域，更为关注人对环境的影响。近些年来，环境 NPO/NGO 发展势头迅猛，不仅组织的数量与种类快速增加，参与的活动与环境项目也越来越丰富。但是也有学者指出日本环境 NPO 也面临预算规模小、运营困难的问题。

三、特色制度与机制

日本环境治理的历程至今虽然不到半个世纪，但是取得的成效却非常显著。除了环境立国的顶层设计指引、法律的及时制定与严格执行、各种环境经济政策的激励与多主体参与的环境治理体制的建设，其他的做法也非常值得借鉴与学习。

1. 环境教育制度

2018 年万圣节活动过后，诸如"日本街头一片狼藉、垃圾成山"的消息霸屏网络。这看起来与日本多年来在全世界树立的"环境大国"的形象背道而驰。但是，众多媒体却刻意回避了这样的事实：就在万圣节过后的第二天，大量社区民众自发走上街头，自觉清理街道垃圾。他们之中有小商品店主，有学生，也有赶忙上班的公司职员。这里暂且不讨论导致这种行为背后的"从众习惯"的因素，单从民众自觉为自己狂欢行为造成的城市环境问题做出弥补的行为，我们便不能否认环境意识在日本已然根深蒂固。而这，也与日本的环境教育制度紧密相关。

环境公害事件可以说是日本环境事业全方面起步的导火索，不仅推动市民运动、环境组织活动的开展、环境治理机构与环境立法的完善，日本的环境教育事业也由此建立起来。20 世纪 70 年代一系列国际性的环境或者教育会议的开展推动日本的环境教育由低水平的应对环境问题的"公害教育"向更高阶段的"环境意识教育"阶段演进，标志性的事件便是 1975 年全国中小学公害对策研究会改名为全国中小学环境教育研究会。从 20 世纪 90 年代开始，环境立法体系的完善也让环境教育进入"法制化"阶段，环境宣传教育的活动有了强有力的法律保障。1993 年的《环境基本法》、1999 年的环境教育审议会、2003 年通过的《环境教育推进法》等逐步推动环境教育的普及与常态化。环境教育不止发生在学校，企业与社会也是环境知识普及的重点领域。政府部门与非政府的环境组织通过提供更为开放的平台或者开展各种形式的环境知识宣传活动，使得环境教育更进一步融入民众日常生活。环境省从 2005 年起，在全国开展"联合国可持续开发十年教育"活动，从环境、经济和社会综合视点推进环保教育；设立环保顾问制度，通过集中培养环保专业人士以及开设环保教育骨干基础知识培训讲座等推动环境人才的培养。除此之外，环境省开设专门的网站来推动环境知识与信息的传播。多措施并举之下，从学生到企业再到整个社会，环境教育为日本循环型社会的构建提供了强大的思想根基。

2. 信任机制

日本环保事业取得的巨大成就，离不开政府、企业与公民这三大主体的参与，但是这些参与方在环境问题上的利益却并不一致。一般而言，企业的绿色经营所需要进行的环境支出与企业的利润最大化追求相违背。民众认为企业是环境公害问题的罪魁祸首，希望企业更多采取绿色、无害化的生产经营模式，从而降低人类经济活动对生态环境的影响。相对于企业和公民在环境问题上的鲜明立场，政府的态度则显得摇摆不定。一方面，作为民选政府，政党需要为民众争取环境权益，也有责任为民众打造更为宜居的生存环境；另一方面，政治选举的财政支持主要由企业来提供，政府又不能过度损害"金主"的利益。所以，不只是公民对政府的环境治理动机存在不完全信任的态度，战争时期政府的产业控制政策给社会经济带来的沉重打击，使得产业界对于政府的任何干预行为也极为排斥。

这一初始局面的改善，一方面得益于经团联作为联系政界、商界与民界的纽带在政府与产业界的沟通与协调，在缓和民众对于产业界敌对态度的同时，也建立起产业界对经团联的信任。同时经团联通过参与政治领域的协商与决策，一定程度上也担当了政府在经济与环境领域的"发言人"，这种信任机制的建立，至少使得政府的产业政策和环境政策得到认可与践行。另一方面则是较为公正的环境司法使得在环境公害问题上受害民众的申诉大多得到了正当的判决与补偿，即便当时的公害法律并不完善。公民对司法机关权威性的信任也促使他们敢于在环境问题上积极争取自身的合法权益，这也给污染企业提供了改进生产经营方式的压力与动力。

第四章　主要发展中国家的环境治理政策机制与评价

库兹涅茨曲线揭示了在一个时期经济发展与环境污染存在正向发展的关系，这一现象对于发展中国家来说，意味着需要合理处理经济发展与环境污染之间的关系，因而，发展中国家的环境治理比发达国家面临的挑战更大。本章首先介绍了印度环境治理的主要政策机制。印度的环境治理存在很多特点。例如，印度政府较早关注环境问题；印度环境主义是一种"穷人"的环境主义；印度环境治理更关心公民环境权问题；印度环境公益诉讼走在大部分国家前面。然而，虽然印度环境治理理念有许多值得借鉴之处，但是印度目前仍是全球环境污染最为严重的国家之一。通过对印度环境治理机制进行评价，发现了造成印度污染严峻的可能原因。接下来，本章对以东南亚国家和巴西为主的其他发展中国家的环境治理进行了分析，发现了其中失败或成功的环境治理经验。

第一节　印度的环境治理政策机制与评价

一、印度的环境问题及其环境治理思想❶

印度的环境问题源于殖民时期列强的过度开发与掠夺。13 世纪英国私人资本的崛起和海外贸易的扩张是生态环境破坏的始作俑者。英国工业革命后，伴随着英国对印度大规模的资源掠夺和商品输出，印度的环境开始遭受大规模的破坏。印度独立后，为追求经济发展的高速度，曾一度沿袭了英国殖民时期对大自然的掠夺方式，这使环境问题进一步恶

---

❶　本部分由饶加贝负责整理并写作。

化。直到 20 世纪七八十年代，在联合国斯德哥尔摩人类环境大会的影响下，印度才开始真正认识到环境恶化的严重性，政府加强环境管理的意识得以加强，环境的破坏也有所遏制。但长时期形成的以环境污染为代价的经济增长方式，无法在短时期内得到根本改善。

印度学者萨提斯·库玛在《保护环境》（*Protecting Environment*）一书中将印度面临的环境问题进行了详细分类，❶ 最重要的环境问题包括以下几点。

一是印度的大气污染。大气污染是指大气中一些物质的含量达到有害的程度以至破坏生态系统与人类正常生存和发展的条件，对人或物造成危害的现象。大气污染中的有毒气体主要来自工厂、汽车、发电厂等排出的一氧化碳和硫化氢等。印度每天都有人因接触了这些污浊空气而染上呼吸器官或视觉器官的疾病。据世界卫生组织的统计，印度每年排放大约 400 万吨的二氧化碳、700 万吨的悬浮物、100 万吨的碳氧化物、50 万吨的氮氧化物和 20 万吨的碳氢化合物。❷ 这导致印度很多大城市的空气污染程度超过了世界卫生组织设定的标准。

二是水质污染。水质污染指原水感官性状、无机污染物、有机污染物、微生物、放射性等五大类指标异常，导致制水生产过程控制和出厂水水质控制受到不同程度的影响，对供水水质和人体健康造成危害。虽然印度总体降水量在南亚国家中还算丰富，但分布极不均匀，再加上庞大的人口基数，水资源的短缺历来是困扰印度经济发展、社会稳定的一个不容回避的障碍。近年来，由于对地下水的过度抽取和工业废水排放量的增加，化学污染成为水源污染的主要因素。❸ 根据世界卫生组织设定的洁净水标准，印度近 70% 人口饮用的是被严重污染的湖泊和地下水。❹ 水资源的污染进一步加剧了印度水资源的短缺，印度与中国和美国被列为地球上水资

❶ Satish Kumar. Protecting Environment：Aquest for NGOs ［M］. Delhi：KalingaPublications，1999.

❷ 张淑兰. 印度的环境政治 ［M］. 济南：山东大学出版社，2010.

❸ Rakesh Kumar，R. D. Singh&K. D. SharmaWater Resources of India ［J］. Current Science，2005.

❹ Jayanta Bandyopadhyay. Water System Management ［J］. Economic Political Weekly，VolⅩ，No. 31（2009）.

源紧缺的前三个国家。除了淡水污染外，海洋污染也日益严重。印度从油船与油井漏出来的原油、农业用的杀虫剂和化肥、工厂排出的污水以及矿场流出的酸性溶液使得大部分的近海海域都受到不同程度的污染，不但海洋生物系统受到破坏，鸟类和人类的生存也受到严重影响。

三是土地退化。土地退化是大气和水资源污染的直接后果。除此之外，过度放牧和对森林的过度砍伐使得土地退化现象越发严重。水土流失、土壤酸碱化、森林覆盖面积的锐减不仅会导致人类所必需的农副产品数量下降，也会导致生物多样性的消失，给人类社会造成间接的危害，有时这种间接的负面效应比当时造成的直接危害更大，也更难消除。

除了上述严重的环境问题，印度历史上还发生过极其严重的环境公害事件。印度博帕尔灾难是历史上最严重的工业化学事故，影响巨大。1984年12月3日凌晨，印度中央联邦首府博帕尔市有一家美国联合碳化物属下的联合碳化物（印度）有限公司，该公司设于贫民区附近的一所农药厂发生氰化物泄漏，引发了严重的后果，造成了2.5万人直接致死，55万人间接致死，另外有20多万人永久残废。现在当地居民的患癌率及儿童夭折率仍然因这场灾难而远高于印度其他城市。由于这次事件，世界各国化学集团改变了拒绝与社区通报的态度，亦加强了安全措施。这次事件也导致了许多环保人士和民众强烈反对将化工厂设于邻近民居的地区。

环境保护在印度有着悠久的历史，它源于古印度对大自然的尊重和敬畏，这也从印度教的格言"大地是我们的母亲，我们都是她的子女"中反映出来。这种文化精神被现代环境主义者继承下来。环境主义的发展在印度经历了很长的一段历史。早期的环境主义是伴随工业化的进程而出现的，是对工业革命破坏人类环境的反思。❶但在长期的殖民统治时期，印度对宗主国经济发展存在严重的依赖心理，没有产生现代化的民族工业体系。受经济发展的局限，印度环境主义的理念只能停留在传统的萌芽阶段，并没有发展为完善的体系和理论。印度独立后，环境主义取得了长足发展，涌现出了一大批代表人物和代表作，如罗摩占陀罗·古哈（Ramachandra Guha）、席瓦·文达纳（Shiva Vandana）、马赫什·兰加拉詹（Ma-

---

❶ Ramachandra Guha. How Much Should a Person Consume？［M］. New Delhi：Permanent Black，2006.

heshNagarajan）和阿尼尔·阿加瓦尔（AnilAgarwal）等著名学者和社会活动家。20世纪70年代之后，环境主义成为与社会主义、民族主义并驾齐驱的社会思潮。

环境保护首先是一个经济问题。印度目前之所以面临如此严峻的空气污染问题，这虽与殖民统治时期大规模的资源掠夺有关，但最根本的原因在于经济发展模式的问题。美国学者帕特里克·佩里拖雷（PatrickPeritore）将环境与发展视为印度发展的两难选择。❶ 但与西方工业化进程中的环境议题不同，环境主义在印度首先植根于其农业传统。印度是一个名副其实的农业大国，印度的农业人口占总人口的70%。虽然印度的可耕地面积达1.43亿公顷，居亚洲之首，但人均耕地只有0.16公顷。印度粮食供给不足是制约经济发展的一大障碍。为了保证粮食和食物供给，印度不断毁林填湖，扩大耕地面积，走上了"先污染、后治理"的西方发展道路。环境主义者认为，如果继续追随西方的经济发展模式，只会加大贫困问题的解决难度。解决贫困问题是经济发展的核心任务，而发展农业是解决印度温饱问题的关键。农业在印度经济中的基础地位决定了农民在环境治理中的地位，其中最典型的代表就是20世纪80年代"有机农业"思想的提出。这一思想的提出者既不是专门的农业专家、学者，也不是政府官员或社会活动家，而是地道的印度农民。有机农业的核心思想就是，贫困的消除是一个长期的过程，印度必须在农业发展和环境保护之间进行平衡。❷ 在"有机农业"的思想被提出后，环境主义日益受到国际社会的关注，成为有别于西方环境主义理念的重要体现。可见，从经济视角来看，印度的环境主义具有非常强烈的农业传统色彩，这与西方国家强调的先工业、后农业的发展理念存在明显的差异。

二、印度环境治理机制概述

印度的环境治理机制基本上是在政府规划下，由环境法规、环境政策以及公众参与构成。

---

❶ Patrick Peritore. Environmental Attitude of Indian Elite [J]. Asian Survey, 1993 (8).

❷ Joan Martinez. The Environmentalism of the Poor：A Study of Ecological Conflictsand Valuation [M]. New Delhi：Oxford University Press, 2005.

1. 政府政策规划

1947 年印度独立之后，同中国一样采取了计划经济体制，通过制订五年计划专注于发展经济。1951 年印度开始实施第一个五年计划，直到第 3 个五年计划之前，印度都没有关注生态环境问题。1971 年印度开始实施第 4 个五年计划，此时首次提出了环境问题的重要性，指出"和谐发展的计划……只有在全面评估环境的问题基础上才是可行的，因此……必须将环境议题纳入我们的计划和发展中"。第 5 个五年计划中，进一步落实了环境治理理念，指出全国环境计划和协调委员会应该与所有主要的工业决策部门密切合作，保证这些工业决策充分考虑国家的环境发展目标。该计划推出了一系列改善生活质量的优先发展计划，包括基础教育、乡村医疗卫生、营养、饮用水、住房、改善贫民窟、发展乡村教育，目的是将乡村地区的环境污染最小化。1980 年开始实施的第 6 个五年计划是印度政府环境规划的一个分水岭，该计划首次单列了"环境与发展"一章，规定了一系列环境和生态原则，包括土地利用、农业、森林、野生动物、水、空气、海洋环境、矿产资源、渔业资源、可再生资源、能源和人类居住地等。1985 年印度在第 7 个五年计划中指出，环境问题产生于社会和经济领域的各个层次，解决环境问题也不应该千篇一律，应当注意因地制宜；另外，环境问题也没有社会、文化和信仰的界限，因而要重视政府、地方和公众之间的环境合作。第 7 个五年计划还指出了要优先考虑生物资源的管理，同时提出了 12 个优先发展的环保领域，包括人口稳定、土地利用、农田和草场维护、林场维护与种植、生物多样性、水和空气污染、可再生能源体系、废弃物循环、定居点和贫民窟、环境教育和环境立法，特别提出将环境安全纳入到国家安全领域。在"八五"计划中，特别强调了可持续发展理念，进一步强调环境保护中政府和非政府、公众之间的合作，重点加强对潜在环境问题的研究和预防。1993 年，在"八五"计划指导下，印度出台了《环境行动计划》，提出了 7 项优先解决的环境问题。此后，印度的"九五""十五""十一五"计划中开始强调污染治理问题，特别是大气污染和水污染，并将应对气候变化问题提上日程。❶

---

❶ 杨翠柏，等. 印度能源与环境法律制度研究［M］. 北京：法律出版社，2014：213－215.

2. 环境立法与司法

作为发展中国家，印度的环境法律体系相对比较健全，目前已经形成了以宪法为基础，包括制定法和普通法在内的环境法律体系。在 20 世纪 70—80 年代英迪拉·甘地执政期间，印度密集出台了一系列环境治理法规，包括《野生动物保护法》《水污染防治法》《水污染防治条例》《城市土地法》《森林保护法》和《空气污染防治法》等。

1976 年，印度通过宪法修正案，增加了"国家要努力保护和改善环境，并保护国家的森林和野生动物""每一位公民都有义务来保护和改善自然环境，包括森林、湖泊、河流、野生动物和关爱所有生物"，成为世界上第一个把环境问题纳入宪法的国家。

印度具有较为健全和独立的司法制度，其司法体系在指导政府环境政策与立法方面发挥着重要作用。印度司法机关采用国际公约和条约中的原则，例如，"污染者负责原则""预防原则"等，审判当地污染者。在确保公民环境健康权方面，司法机关以《宪法》为依据，支持起诉者的请求。1997 年，印度颁布了《国家环境诉讼法》（*The National Environment Appellate Authority Act*），2010 年通过了《国家绿色法庭法》（*National Green Tribunal Act*）。可见，通过环境诉讼保护环境问题，是印度司法机关能动司法的重要体现。

同大多数国家环境领域立法采取"伞形立法"的结构一样，印度环境立法也是以一项环境保护的基本法为统领，建立起多层次的法律体系。其中，这项基本法就是 1986 年出台的《环境保护法》。该法共 4 章 26 条，分别从适用范围、联邦政府的权利和义务、附属行政立法、个人和企业的义务及其法律责任、执法体制安排、司法行政等方面进行了规定。

在环境保护的具体领域方面，印度较为先进的法律制定包括《印度森林法》《林权法》以及《生物多样性法案》。其中，《印度森林法》由于其详细明晰的林权制度安排，在世界各国森林法制定方面成为典范。该法将印度的森林资源明确划分为政府所有的保留林、乡村林、保护林和非政府所有林，针对不同林区制定了不同的保护措施，尤其在保留林方面制度规定相当严苛。主要表现为：第一，权利主体的唯一性，明确政府是保留林的唯一权利主体，享有保留林地的所有权；第二，设置专门的森林产权裁判官；第三，改变种植方式权受到严格的程序限制；第四，权利人放牧和

采集林副产品权流转受限；第五，明文列举十项禁止行为。❶

另外，在保护生物多样性方面，印度立法也处于世界前列。印度是公认的全球生物多样性最为丰富的国家之一，1994 年印度批准了国际《生物多样性公约》，之后确定了《生物多样性国家政策与宏观行动战略》，目标是确保印度作为生物资源的原产国、当地社区作为生物多样性的保护者、土著知识体系、创新与做法的创造者与持有者分享惠益。❷ 2002 年，印度颁布《生物多样性法案》，确立了以中央、邦和地方生物多样性管理的三级机构，对生物资源的获取和收益权利的分享进行了严格规定。

总体来看，印度政府环境规划和立法都强调保护公民环境权，把环境权同贫困问题、性别歧视问题联系起来，同时特别注意环境资源管理，在森林和生物多样性的立法方面成为典范。

3. 环境政策体系

（1）命令控制政策——以大气污染为例

印度面临严重的大气污染，其中细颗粒物和氮氧化物排放是主要问题。在过去 10 年，印度很多大城市的空气质量严重恶化。总体来看，引起印度大气污染的主要原因是人口过快增长和粗放式的工业化发展，这同很多发展中国家一样。就城市而言，印度城市空气污染的主要来源是车辆、电厂、工业、家用燃料燃烧、道路扬尘再悬浮以及施工活动产生的粉尘。由于印度多数城市缺乏有效的公共交通，私人汽车占到汽车总数的 85%。在人口增长和城市化快速发展的背景下，印度工业部门增长迅速，能源需求不断增加。在电力需求中，2005—2007 年印度火力发电占到总装机容量的 65%，由于印度煤的含硫量低而含灰量高，因此二氧化硫污染相对较轻，但颗粒物排放量巨大。

印度对大气污染的治理政策主要采取了命令控制方式，即颁布各项排放标准为主。1982 年印度颁布了《全国空气质量标准》，采用 4 级评价标准方式，但是采用的参考值是最低值。具体来说，低级标准，不超过参考值的 0.5 倍；中级标准，参考值的 0.5 ~ 1 倍；高级标准，参考值的 1 ~

---

❶ 杨梅. 印度林权制度探析 [J]. 经营管理者，2010（15）：123 - 123.

❷ 秦天宝. 遗传资源获取与惠益分享的立法典范——印度 2002 年《生物多样性法》评介 [J]. 生态经济，2007（10）.

1.5 倍；最高级标准，大于参考值的 1.5 倍。

在交通领域，1991 年印度交通部门制定了第一阶段车辆排放标准。1995 年开始，新德里、孟买、钦奈和加尔各答 4 个城市开始供应汽油车中的催化式排气净化器和无铅汽油。2000 年，印度采纳了等同于欧 I 的汽车废气排放标准；❶ 2001 年，印度 4 个地铁实行等同于欧 Ⅱ 的标准；2005 年，采用欧 Ⅲ 标准；2010 年，采用欧 Ⅳ 标准。2002 年，印度首都新德里引入了压缩天然气，目前孟买、海得拉巴、维查雅瓦达、巴罗达、坎普尔和巴雷利等许多城市也开始供应压缩天然气。印度多数城市没有完善的公共交通系统，政府主要采取检查和维护系统、禁止或限制持续使用老旧的商用汽车、建造立交桥和天桥以减轻拥堵。

在工业领域，印度注重控制点源污染。环境与森林部为管理各类污染行业排放制定了标准，确定了 17 类高污染工业和 26 个问题领域，并为其制订了行动计划。在电力部门，印度环境与森林部要求符合条件的燃煤发电厂使用满足标准的原煤；电力部要求在印度发展 5 个超大型电力项目采用超临界技术来降低排放。在家庭部门，印度约有 85% 的农村家庭做饭依靠生物燃料，为此政府引入农村地区使用改进烹饪用具的计划，并鼓励偏远村庄使用可再生能源。另外，印度还为靠汽油、煤油和柴油运行的发电机组制定了排放标准，制定了优质道路的施工标准。

（2）市场化环境政策

在大气污染和水污染治理方面，印度主要采取的是命令控制式的环境政策，传统的市场化环境政策主要以排污费为主，实施领域集中在水污染防治方面。1974 年，印度颁布《水法》，开始征收水税。水税是根据消耗和水量计算的，但是税率制定得非常低，并且中央政府可以选择免除工业企业的水税。《水和空气法案》中规定新建工业企业向有关的邦污染控制委员会支付排放符合标准的污水或工业废水许可费。另外，印度一些邦采用银行担保计划来保证企业遵守邦污染控制委员会的指令。按照银行担保

---

❶ 即 1992 年实施的欧洲汽车废气排放标准。该标准由欧洲经济委员会的汽车废气排放法规和欧盟的汽车废气排放指令共同加以实现，是欧盟国家为限制汽车废气污染物排放而共同采用的标准，对几乎所有类型的车辆排放的悬浮颗粒物、一氧化碳、碳氢化合物以及氮氧化物都有限制。该标准每 4 年更新一次，相对于美国和日本的排放标准来说，其要求较为宽泛，因而为许多发展中国家所采用。

计划，不遵守规定的企业需要提供银行担保来保证规定时间内采取纠正措施，发现不合规时，保证金将被没收。对于清洁技术的发展，印度采取了经济补贴的方式。公共污染处理厂补贴计划和信贷相关的资本补贴计划帮助小型工业企业采用清洁技术和安装污染控制装备。2006 年，印度颁布《国家环境政策》，要求为环境资源赋予经济价值，意味着污染者必须为施加外部因素而付费。

（3）公众参与

印度人口众多，贫困问题突出，面临多宗教和多阶层的复杂社会结构，就是这样一个发展中国家，却实现了自由民主制，并且与许多发展中国家相比，其公民社会的发展较为成熟。在这一背景下，印度的环境治理带有显著的公众参与特征。然而，与欧美国家推动环境治理的公众力量大多来自中产阶级甚至是贵族阶层不同，印度环境治理的公众力量大多来自社会低收入阶层，并且在这一阶层的推动下，环境议题与贫困问题、民权问题、性别歧视等问题紧密相连。

有学者提出，印度环境问题的独特特征，使得"穷人"成为公众参与环境治理的主要力量。由于印度社会二元对立的现象十分突出，城市享受了工业文明所带来的一切收益，把自然资源通过工业化生产转换为生产资料和消费资料，聚集了财富，制造了一大批中产阶层和高收入阶层，但同时也制造了大量污染。城市的贫民窟、占总人口大多数的农村地区却远离工业文明的发展成果，依然依靠生态系统获取自然资源。因而，生态环境一旦遭受破坏，这些严重依赖生态系统生存的居民就沦落为生态难民，这种环境资源的收益与风险极度不公平分担的现状使得印度的环境治理是一种"穷人"推动的治理。

1973 年，印度爆发了一场影响深远的公众参与环境保护运动——"抱树运动"。在喜马拉雅山山坳的高帕什渥村庄，300 棵梣树被林业官员划分给了运动物品制造商。当公司代理人来村庄准备砍伐时，妇女们聚集到一起，列队步行，敲鼓齐唱，并用身体保护树木，最终使得砍伐不得不取消，并迫使政府承诺在 15 年内禁止砍伐。该非暴力运动成功地点燃了以妇女为主的环境保护热情，到 1980 年发展了上百个村民自治的集成社会网络，成功保护了喜马拉雅山区周围 5000 平方千米的森林❶，成为印度环境运动的开端和标志性事件。这场著名的运动揭示出印度公众对环境的诉求有着鲜明的收入、阶层和性别特征。尤其是性别方面，印度的公众参与与其他国家有显著不同。在印度，妇女承担了较重的家庭劳务，有文章指出，印度妇女平均用 90% 的时间做饭，而其中 80% 的时间用于取水和砍柴，生态环境的破坏给妇女带来更为深重的灾难的这一事实，使得妇女成为公众参与环境治理的重要力量。

（4）社会组织的力量❷

就社会组织而言，得益于印度制定的较低的注册门槛，其环境非政府组织的数量发展迅速。根据印度政府 2009 年的一项调查，印度拥有的民间组织的数量已经跃居世界前列。根据《印度环境 NGO——2008》报告，印度已经登记的民间环境组织有 2313 个，包括环境行动团体、自然保护组织、环境教育组织和环境研究组织等。这些环境组织参与治理的方式主要包括媒体宣传、项目活动和公益诉讼等。

媒体宣传是印度环境社会组织常用的治理手段。具体包括印刷和出版专业手册、在专业期刊发表文章、与媒体合作开辟专栏等。以印度环境教育中心（CEE）为例，其通过建立媒体网络的方式来进行环境信息的传播，成立了专业的出版机构定期刊载环境新闻和文章，并免费使用。

在项目活动方面，以万纳莱环保组织为代表，其成功倡导了"为了农村发展和绿化的人民运动"项目，引导当地农民进行环境保护，在印度农民中产生了深远影响。

在公益诉讼方面，印度环境公益诉讼制度较为完善，最高法院承认环境社会组织的环境诉讼权利，因而很多社会组织成功向法院提起了环境诉讼。例如，最高法院支持了环保组织起诉政府因长期不作为而导致严重的恒河污染，而此案的判决也正式确认了公民的原告资格，将环境公益诉讼的起诉资格赋予了所有公民。

---

❶ 引自 https：//baike. baidu. com/item/抱树运动/3656461.

❷ 马天南. 环保 NGO 如何提高倡导的有效性？——印度环保 NGO 的经验与启示 [J]. 绿叶，2011（3）：74 - 80.

三、印度环境治理的机制评价

尽管印度采取了一系列措施治理环境问题，但近年来印度的环境污染却未见明显改善。根据世界顶级医学杂志《柳叶刀》污染与健康研究委员会的报告，印度是目前世界上与污染有关的死亡人数最多的国家，2015 年全世界因污染死亡的约 900 万人，印度占据了 2.5%。印度作为世界上最大的发展中国家之一，较早地开始重视环境问题，并构建了较为完善的包括司法、行政、法律和经济手段等在内的治理机制；同时民间社会组织发展较为成熟；在宗教信仰和文化习俗的传承下，印度环境主义的社会思潮盛行。但是，整体而言，印度的环境治理机制是低效的，没有充分发挥其应有的效力。这其中的原因，具体来说，有如下几点。

第一，从政府政策规划的角度，印度决策层并未充分重视环境问题，或者说环境治理从来都不是印度政府的优先事项。作为一个传统的农业大国和新兴的发展中国家，印度决策层最为重视的事项是民生和经济发展问题。以空气污染为例，由于印度大部分地区还存在电力供应不足的问题，能够利用煤炭发电已经是万幸，还无暇顾及煤炭污染的问题。❶

第二，印度环境治理机制低效的原因与其政治制度有很大关系。环境治理机制是嵌入在一国政治体制当中的，不同的政治体制下环境治理机制和环境政策工具的实施效果会有很大差距。印度的政治体制脱胎于英国，实行的是西方议会民主制、多党制和议会选举制。然而，与西方发达国家不同，印度是先建立民主制度，再搞资本主义经济，因而其民主制度实施效果与西方资本主义国家有很大不同。❷印度人口多，底子薄，贫富差距大，在民主制度基础上还实施了从苏联借鉴而来的印度式统制经济制度，造成民主制度与该经济制度的不协调，因而在现有政治制度下，印度官僚机构庞大、效率低、腐败问题突出。与此同时，作为一个联邦制国家，印度"弱中央、强地方"的政治结构也阻碍了环境治理的效果。印度的环境管理权限基本上属于地方，即便联邦政府制定了统一的环境治理目标，地

❶ 于宏源. 印度严重雾霾折射出哪些深层问题 [J]. 人民论坛，2015（36）：56 – 59.

❷ 赵干城. 印度民主为何治不了腐败 [J]. 人民论坛，2013（1）：12 – 13.

方邦政府在实际执行中却因各种因素不愿贯彻执行；在环境治理投资中，联邦政府是主要的财政投入者，地方邦政府不愿投入过多。❶

第三，在环境治理的具体领域，印度侧重于保障公民的环境权，通过较完善的环境诉讼体制，将公民环境权同其他民权问题紧密联系起来，但是对于污染控制方面，印度政府的治理力度和重视程度明显不足。以大气污染治理为例，在大气环境质量标准方面，印度采用了参考最低值的方法设置标准；政策法规重视大气环境的总体质量，但忽视大气污染物的排放总量；印度在大气环境统计和监测方面也相对落后。

第四，就环境治理的政策工具而言，印度环境政策使用较为单一，大部分政策工具采取了"命令控制式"的管制措施，基于市场的经济激励性政策使用较少，因而环境治理的经济成本巨大。就"命令控制式"的管制措施而言，其实施效果也不甚理想，原因在于：一是环境标准制定不合理，一些污染物排放标准制定过低，同时标准制定没有考虑到地方差异；二是监督执法不力。具体表现为，中央污染控制委员会在许可和合规监督方面没有全国性指导，使用自我监督数据方面的法律限制使邦污染控制委员会承受了过多的监督负担，在监督中忽略了占污染比重较大的中小型企业，监督执法过度依赖司法部门而低效等。❷

第五，虽然印度公民社会发达，形成了独特的印度环境主义，但整体而言其对印度环境治理决策的影响不大。一是印度的环境主义是一种"穷人的环境主义"，在印度的政治体制下，这种环境主义在性质上依然属于社会思潮，不属于政治思潮，其缺乏政治聚焦，不会关心社会政治结构中存在的问题；二是其环境主义缺乏对经济与生态关系的探讨；三是其环境主义缺乏一种可以共享的价值观；四是其环境主义不接受客观现实，没有与时俱进，也没有为人类发展提出一条新的可替代发展战略。❸

---

❶ 王金强. 印度环境治理的理念与困境分析 [J]. 江西师范大学学报（哲学社会科学版），2017，50（3）：52-59.

❷ 中国环境保护部环境规划院，印度能源与资源研究所. 环境与发展比较：中国与印度 [M]. 北京：中国环境科学出版社，2010：365.

❸ 张淑兰. 印度的环境主义 [J]. 马克思主义与现实，2008（5）：99-105.

第二节　其他发展中国家的环境治理政策机制与评价❶

一、东南亚国家环境治理机制与评价

1. 概述

东南亚国家处于热带地区，拥有太平洋东南地区的最大热带雨林，以植被丰富和生物多样性闻名，被生态学家冠以"天堂雨林"的美誉，19 世纪以前一直被西方国家殖民统治作为工业生产原材料的主要来源地。"二战"后期东南亚地区的国家为了摆脱贫穷落后的状况，大多采用了粗放型资源消耗型和劳动密集型的低端加工业来促进国家的工业化，从而拉动经济增长。❷ 显然，这种拉动经济增长的方式是以消耗资源、牺牲环境为代价的。森林覆盖率减少、水土流失、土壤化肥农药残留严重、水污染加剧、生物多样性减少的问题随之爆发。由于东南亚地区地少人多的资源分布、增长过快的人口压力以及工业化、城镇化等因素，东南亚地区的环境破坏的速度和程度超过了同类其他地区。❸ 随着西方环保理念的传播，东南亚国家在 1972 年参加斯德哥尔摩召开的联合国大会时意识到了本地区环境问题的严重性。于是东南亚地区的国家采用政府主导的模式开始对环境进行治理。政府对内采取宏观调控手段制定一系列政策。例如，1978 年马来西亚政府也制定了保护森林政策，限制原木的产量和出口量；泰国政府开始实行造林计划，同时也借助企业的力量帮助实施计划，直至 1990 年，森林采伐受到全面禁止。政府对外则依托国际组织或其他国家一起共同参与全球环境治理。例如，1976 年东盟在马尼拉签署《自然灾害互勘宣言》，就环保合作达成初步共识；1981 年第三次东盟经济部长会议达成"雅加达共识"，加强对区域环保的重视。

---

❶ 本节内容由盛蓓珂、覃栎庆、张雅玮负责整理并写作。

❷ 江振鹏，李天宇. 跨境污染与地方治理困境：以印尼政府烟霾应对为例 [J]. 南洋问题研究，2017 (2).

❸ 张云. 东南亚环境治理模式的转型分析——以"APP 事件"为例 [J]. 东南亚研究，2015 (2).

虽然20世纪后半期东南亚国家政府意识到了环境问题的严重性,并采取一定措施,但经常陷入传统发展模式中经济优先与环境保护的两难困境,东南亚国家威权政治的传统极容易形成严重的官僚主义和腐败现象,也易导致监管不力的现象频发,一些高污染高耗能项目的开发商甚至和政府官员暗中勾结、收受贿赂。20世纪末21世纪初印尼APP事件中,民间非政府组织在与APP企业的博弈中逐渐显露出在国内环境治理中的影响力。环保NGO的介入促使东南亚的环保事业进一步发展。公民环保意识的增强和社会力量的壮大把NGO推向社会前沿,并使其成为引领环境治理的重要机构。国家和公司依然是环境治理的主体,但NGO这种公民参与治理的方式成为东南亚国家环境治理的新模式。国家、公司、NGO的"三元共治"模式成为东南亚国家环境治理模式发展的趋势。

2. 案例评价——印度尼西亚空气污染治理

印度尼西亚是由1万多个岛屿组成的群岛国家,高温多雨的气候孕育了广袤的森林。据联合国统计,印尼有超过4万种的植物和1.2亿公顷的森林,森林覆盖率高达67.8%,素有"赤道翡翠"的美誉。然而,印尼每年"烧芭"的传统给本国和周围国家带来严重的环境问题,给国际社会留下了十分负面的印象。

"烧芭"原义是指焚烧芭蕉树,这是一种传统的原住民农耕文化,现今是指山民在茂密的热带雨林中放一把火把植物覆盖地烧出一块空地以用于耕作,植物燃烧的灰烬则作为天然肥料。几年之后,土地开始肥力衰减,山民们便弃之不顾,转而另辟新地。如此周而复始地循环下去,焚烧后大量的烟霾因此形成。现如今,由于经济的发展,土地增值更多,"烧芭"已经不仅局限于山民开田垦地的耕作需要,有许多企业为了降低开发土地成本,直接通过粗暴的"烧芭"行为达到铲平土地的目的。由于焚烧林地操作简单、成本低廉,这种破坏性的耕作方式仍被广泛使用。绝大部分的焚烧作业都发生在储碳能力很强的泥炭地雨林(属于湿地类型)。❶

长期使用焚烧耕作的方式会让泥炭地雨林更加易燃,一旦起火,火势也会更加难以控制。例如,一旦一片棕榈油种植园内起火,火势便可迅速

---

❶ 百度百科词条"烧芭"定义:https://baike.baidu.com/item/烧芭/6581268?fr=aladdin.

蔓延到周边的天然林区域，殃及无辜的野生动物。热带雨林内的野生动物大多数会有被烧伤、脱水和因吸入过多烟尘而导致窒息等症状。燃烧产生的烟霾，也会对人体造成危害。烟霾可以在短时间内产生大量的可吸入颗粒物，人吸入后容易诱发呼吸道疾病。此外，烟霾对交通的影响也不容小觑。烟霾会影响飞机的正常起降，影响交通干线的能见度，给东南亚地区的交通运行造成极大不便。❶

烟霾中大量的一氧化碳、二氧化硫和 PM10 等污染物令印尼的空气质量迅速恶化，引发了大量的呼吸系统疾病，造成数百人死亡。据印尼卫生部门统计，仅 1997 年 9 月至 11 月间，与烟霾相关的死亡病例达 527 例，哮喘病例达 29 125 例，支气管炎病例有 5095 例，急性呼吸道感染病例高达 1 446 120例，与上年同期相比，苏门答腊的呼吸系统疾病发病人数增加了 3.8 倍。此外，因吸入烟霾空气而造成的其他疾病尚未列入统计中，尤其是与呼吸系统相关的癌症之类的疾病更是难以统计。❷

1997—1998 年，印尼烟霾污染跨越国境，影响了马来西亚、新加坡、文莱、泰国、缅甸、菲律宾等周边东南亚国家，不仅造成空气污染，更造成了严重经济损失，也因此直接影响了上述国家同印尼的外交关系。最终，这场持续近一年的森林大火和烟霾灾害给印尼造成近 38 亿美元的经济损失，而受影响的其他国家则共计损失约 6.69 亿美元。❸

不幸的是，经历过 1997—1998 的烟霾事件后，印尼根本没有吸取足够教训，不仅没有根除烟霾污染，反而还让烟霾污染波及的范围进一步扩大。2006 年 10 月，印尼的烟霾不仅使得东南亚国家再度受到威胁，其所产生的污染物甚至穿过黄海影响到东北亚的日本和韩国。2013 年的印尼火灾使超过 16 万公顷的森林被烧毁，再次给新加坡和马来西亚造成重大影响，使新加坡遭到有记录以来最严重的污染，时任印尼总统的苏西洛向邻

---

❶ 韦红，史自洋. 印尼环境治理失灵问题思考——以烟霾治理为例［J］. 东南亚南亚研究，2016（3）：29 – 34.

❷ Kunii O, Kanagawa S, Yajima I, et al. The 1997 Haze Disaster in Indonesia：Its Air Quality and Health Effects［J］. Archives of Environmental Health：An International Journal, 2002, 57（1）：16 – 22.

❸ David Glover, Timothy Jessup, Indonesia's Fires and Haze：the Cost of Catastrophe［M］. Singapore：Institute of Southeast Asian Studies, 2006：131.

国表示道歉，并表示会严惩火灾的肇事者。2015 年 8 月，印尼再度爆发大范围烟霾污染，中加里曼丹省首府帕朗卡拉亚的 PM10 达到了 3740，超过危险指数的 10 倍以上。烟霾直接导致了 10 人死亡，并使得超过 4000 万人口受到长期影响。根据世界银行估计，2015 年烟霾过火面积达 260 万公顷，经济损失超过 161 亿美元。❶ 2017 年 1 月，印尼政府为防止烟霾发生，宣布火灾多发的廖内"进入紧急状态 96 天，以打击林火和地火"。可见，烟霾污染是长期困扰印尼和东南亚国家的一个环境难题。

印尼烟霾的产生是自然原因和人为原因共同作用的结果。但人为原因是主导因素。印尼传统种植园经济的驱动与当地居民烧芭的传统共同构成了印尼烟霾产生的深刻根源。目前看来，印尼烟霾的产生有三大主要原因。

一是与印尼的迁岛活动有关。印尼作为发展中国家，人口增长率居高不下，且各地区由于经济发展水平相差悬殊导致人口分布不均，这是印尼人口外扩以及寻找开垦新土地的重要动因。1969 年印尼政府正式实施居民迁居外岛的计划，苏门答腊岛和加里曼丹岛因为地广人稀，成了移民主要的迁入地。而在迁岛的过程中，"烧芭"成了毁林开荒的重要手段，迁岛活动由此也促成了烟霾的高发。

二是依靠种植园发展经济的需要。棕榈种植园经济是当代印尼发展的重要产业支撑。棕榈种植不仅可以极大地带动农业发展，也可促进其他产业的发展。❷ 通过对棕油深加工，可制成工业润滑油、人造黄油、糕饼松脆油及各种含油化工品，包括甘油、脂肪酸、油性酒精、洗涤剂、表面活化剂和肥皂，该产业链有效地促进了印尼经济的发展。据印尼工商会 2014年统计，"印尼现拥有棕榈种植园的面积达到 1000 万公顷，为印尼经济发展和民生改善做出了巨大贡献，包括直接创造了 500 万个就业岗位，间接创造了 1600 万个就业岗位，同时每年出口创汇超过百亿美元，对促进进出

---

❶ Purnomo H, Shantiko B, Sitorus S, et al. Fire economy and actor network of forest and land fires in Indonesia [J]. Forest Policy and Economics, 2017（78）: 21–31.

❷ 江振鹏，李天宇. 跨境污染与地方治理困境：以印尼政府烟霾应对为例 [J]. 南洋问题研究，2017（2）.

口贸易平衡发挥了重要作用"❶。由此可见,印尼经济对棕榈种植业的依赖程度之深,面对上百亿美元的出口收入和2100多万人的就业机会,印尼政府自然不愿放缓棕榈种植业的发展。为建立更多的种植园,开垦森林的需求会愈发迫切。由于成本低廉,纵火烧林自然成了垦地的首选,如采用机械方式清理土地,费用则高达每公顷200美元,而纵火则几乎没有成本。印尼法律虽然出于环保的考量禁止纵火烧林,但在经济利益面前,无论是大企业还是小农都铤而走险。可见,棕榈种植园是印尼森林火灾和烟霾污染的最大责任者。

三是泥炭层被破坏。印尼拥有大面积沼泽地,而泥炭层就附着于这些大小各异的沼泽地中。但近年来为建种植园,大量沼泽地被人为排干。此时失去了水分的泥炭会变得干燥而易燃。泥炭层中富含大量的碳元素,一经燃烧会产生大量的碳排放,从而产生大量的烟霾。

"烧芭"作为印尼农业的一种传统,很难在短期内用行政命令予以根除。印尼的经济发展水平普遍偏低,农民无力承担机械清理土地的高额费用,因此更倾向于放火清地。尽管政府颁布了禁止"烧芭"的法律,"但地方政府目前所做的更多是教育民众不要大规模'烧芭',避免火势过大影响邻国"。进一步说,印尼本身还存在法律漏洞和执法不严的问题,这给烟霾的治理带来了负面影响。印尼法律规定,如果进行商业目的的露天焚烧活动,将被处以5~15年监禁和5000美元至100万美元的罚款。但种植企业往往采用各种方式逃避惩罚,如在公共假日和宗教礼拜时间纵火,由于很难找到肇事者和目击者,因此无法证明种植园园主有罪;即使警方偶然抓到证据,他们也通常采取贿赂的方式逃避惩罚。❷

印尼跨境烟霾污染的产生与印尼的经济发展模式直接相关,片面追求经济效益而漠视环境保护是烟霾问题产生的深刻根源。但是,印尼选择发展棕榈油产业的动因是国际市场的巨大需求,正是由于印尼的"牺牲",才使其他国家得以在享受棕榈油产品的同时无需承担环境破坏的恶果。在解决印尼烟霾问题上,国际社会不能一味地指责印尼本国的"不作为",

---

❶ 印尼农业投资指南 http://www.oeeee.com/mp/a/BAAFRD0000201707 1644000.html.

❷ 程晓勇. 东南亚国家跨境烟霾治理评析 [J]. 东南亚研究, 2015 (3): 4.

而应积极地帮助印尼实施生态治理，主动分担全球环境治理的责任。

地方性环境问题与全球性环境问题相互关联，任何一个国家都不能独立解决"烧芭"这种大型跨境环境污染问题，国际社会的合作和帮助也至关重要。当然，国际组织的参与虽在一定程度上为解决污染带来转机，但如果本国不积极转变传统落后的高污染经济发展方式，还是无法从根本上消除跨境烟霾问题。因此，在印尼跨境烟霾污染的治理过程中，地方与全球两个方面均不能缺席，二者要加强协调与配合，做到地方治理与全球治理的有效联结，才能使印尼早日走出烟霾治理的困境。❶

二、巴西环境治理机制与评价概述

巴西是拉美地区最大的国家，也是发展中国家中最重要、最具代表性的国家之一。巴西于 20 世纪 30 年代致力于工业建设，20 世纪 60 ~ 70 年代巴西的经济高速腾飞，创造了"巴西奇迹"。然而"巴西奇迹"光环的取得却是以环境污染和环境破坏为代价的。20 世纪 90 年代时，巴西汽车销售数量剧增，导致汽车尾气成为主要的大气污染源；贫民区的生活废水随意排放，工业区的废水也直接排向海湾，地下水设施建设不足导致地下水直接流入河川影响水质。此外，亚马孙河流域的过度捕捞也导致其生物多样性有所减少。个人环保意识淡薄，企业盲目追求经济效益，不惜以破坏环境为代价，政府一味盲目追求宏观经济增长也纵容了环境的破坏。经济发展与环境保护的矛盾始终贯穿巴西的社会发展进程。另外，既得利益集团与当时一些环保组织的矛盾也难以化解。

巴西通过立法程序来对环境污染行为和自然资源破坏行为进行法律规制。1934 年巴西制定了《森林法》《水利法》《狩猎法》，但因法律本身不完善导致其未能有效防止环境恶化。1972 年的联合国人类环境会议对巴西来说是个转折点。1981 年巴西借鉴德国的经验设计并出台联邦《环境基本法》，该法对各种污染的防治和自然资源的保护做出了细致而严格的法律规定。尽管如此，巴西的环境治理仍未得到高度的重视。1988 年，巴西成为世界第一个将环保内容完整写入宪法的国家，此举将环境治理上升到国

---

❶ 江振鹏，李天宇. 跨境污染与地方治理困境：以印尼政府烟霾应对为例 [J]. 南洋问题研究，2017（2）.

家最高法的层面。宪法确定了政府和公民保护生态环境的权利和义务。跟随宪法出台的脚步，越来越多有关环境的新法律法规相继颁布，逐渐使巴西的环境保护立法体系得到充实和丰富。经过数十年的努力探索，巴西建成了以宪法为核心、专项法律法规为支撑的环境保护法律体系。巴西的环保法律体系的完善程度堪与发达国家相媲美，其中的"许可证制度""环境犯罪法"的震慑力度大，实施效果好。

巴西不仅从政府层面制定政策规范公民环保行为，而且在企业和公民层面亦制定诸多环保措施，提高公民的环保意识和热情，鼓励企业、公民参与环保，形成政府、企业、公民"三体联动、官民并举、共同参与"的环保治理格局。巴西也依托第三方完成对企业涉及环境的检测，企业的一举一动始终处于第三方监督之中，通过外部监督机制的倒逼迫使企业内部自觉在生产中做到保护环境。1999 年 4 月，巴西出台《国家环境教育法》，明文规定加强环保教育是政府带头、全社会共同参与的职责所在，各教育机构责无旁贷，各事业单位及媒体等社会主体需积极履行环保教育宣传的责任。环保教育氛围浓厚使公众的环保意识大大提高，通过环保教育从娃娃抓起的方式已逐渐使环保行为内化成巴西公民的一种自觉习惯。

巴西环境治理的良好成绩与进步也离不开巴西民间环保组织的努力。巴西民间的环保组织尤为活跃，忙碌于各个社会领域，既向政府提供环保信息、参与配合政府的环境管理，又向民众普及环保常识，动员公民参与各项环保活动，更有一些组织将高科技技术手段运用于环保事业中。"亚马孙人类与环境研究所"为亚马孙地区的自然保护做出了杰出贡献。经过多年不懈努力，巴西环保取得积极成效。2010 年巴西温室气体排放量 12.5 亿吨，较 2005 年减少 39%。2012 年巴西温室气体排放量为 20 年来最低值，约 14.8 亿吨。

第五章　中国环境治理的政策机制与评价[1]

中国改革开放已经走过40多个年头。然而，在经济领域取得举世瞩目的成绩的同时，我国资源环境和生态领域的问题也日益凸显。作为世界上最大的发展中国家，中国的环境治理对于全球可持续发展的实现意义重大。目前，我国的环境治理机制正在由单一的强制型政府主导向多元主体方向发展。虽然目前的治理机制仍存在一些问题，且面临着信息化技术等外部冲击，但不可否认我国环境治理机制在环境立法、治理机构设置、运行与监督机制等方面取得了一些进步。本章在全面分析我国环境治理机制的基础上，着重评价了我国环境治理政策的实施效果，最终目的是找寻影响我国环境治理机制发挥作用的因素，以实现具有中国特色的环境治理模式，从而为其他发展中国家提供有益的经验借鉴。

第一节　我国环境治理的机制概述

一、我国环境法律体系

1. 体系建立过程

我国的环保事业最初并不是自觉建立起来的，而是在国际力量的推动下才展开的。在1972年召开的联合国人类环境会议上，中国的环境污染问题第一次受到正视，这也成为我国环境保护事业发展的契机。在此之后，我国逐渐重视环境问题及其治理，并不断完善环境治理的相关法律，最终建立起我国环境保护事业的法律体系。

---

❶　本章第一、二、三节部分内容由李真巧负责整理并写作。

汪劲（2009）❶基于对我国不同阶段的环境立法进行梳理，指出从"五五"到"十一五"这几个历史时期，我国的环境法治经历了兴起、成长、困惑与复兴四个阶段。其中，"五五"时期是环境保护法律体系的奠基阶段。这一时期我国从水污染治理项目入手，逐步将环境立法提上日程。1979年9月13日，全国人大常委会通过并实施了《环境保护法（试行）》，这是中国首部环境保护法律，确定了"三同时"（建设项目中防治污染的设施应当与主体工程同时设计、同时施工、同时投产使用）、征收排污费等基本制度，同时也标志着我国环境法体系开始建立。"六五"到"七五"时期环境保护的重要性得到进一步强调，国家在这一时期出台了大量针对具体污染物的法律，如《水污染防治法》《大气污染防治法》《草原法》等。1989年《环境保护法》的出台，意味着中国环保法律体系基本形成，但这一时期由于经济建设的快速推进，加之各项法律法规的约束性有限，我国仍面临严重的环境污染问题。1988—1997年主要工作是在前一阶段所制定的法律的基础上进行修改和完善，甚至把某些破坏环境的行为列入《刑法》，以期增强各项法律的实施效力和威慑力。"十五"到"十一五"期间，我国正式加入世贸组织，并且积极申奥，中国在国际舞台上拥有更多话语权的同时，也为我国争取到了更多的发展机遇，当然随之而来的也有各种挑战。提高环境治理效率不仅在国内呼声高涨，也是我国更好地融入全球化的必要条件。这一阶段的环境立法工作主要是制定和修改以《环境影响评价法》为代表的法律法规。自2008年以来，我国在环境立法方面越来越严格，在提高环境治理标准的同时，不但环境法律覆盖范围不断扩大和细化，而且将"法"与"刑"相结合的趋势也愈发明显。最为典型的便是2015年开始实施的《环境保护法》，它采用的"按日计罚"的处罚方式，有力打击了部分企业"懒"于改正的问题。

从与行政管理体制层级相对应的维度，我国环境立法大致可分为环境保护宪法、环境保护法律、环境保护法规、环境保护部门规章、地方环境保护立法和环境保护标准。郑少华、王惠（2018）❷将环境保护法

❶ 汪劲. 中国环境法治三十年：回顾与反思 [J]. 中国地质大学学报（社会科学版），2009，9（5）：3 – 9.

❷ 郑少华，王慧. 中国环境法治四十年：法律文本、法律实施与未来走向 [J]. 法学，2018（11）：17 – 29.

律按照领域分为环境保护基本法、环境要素保护法、环境保护程序法、环境保护促进法以及一些与环境相关的法律。其中环境保护要素法主要是针对不同的污染物制定的特定法律，环境保护程序法与环境影响评价有关。

除了上述两种视角下的环境立法体系，徐祥民、巩固❶从法律本身的内涵出发，在区分法律体系和立法体系以及广义环境法和狭义环境法的基础上，提出将我国的环境法体系分为环境基本法和环境具体法，并指出两者是上下级的关系。环境基本法具有一般性和统领性特征，而环境具体法则带有针对性、特殊性。环境具体法可进一步分为环境事务法和环境手段法，前者主要是对某一类性质的环境做出的规范性要求，后者是前者的"子系统"，是由一系列同属性的具体法律法规构成。

2. 现存体系评价

不管从哪种视角，迄今为止，我国环境法已经形成了覆盖范围广、结构相对完整的法律体系，这不仅为我国环境污染治理提供严格的法律依据，也为推进生态文明建设奠定制度基础。但是，我国环境法体系在架构与内容、实施、监管等方面仍存在不足之处。

（1）环保责任划分不明晰

尽管我国已经建立起以环境保护基本法为基础，以各种单行环境法以及其他环境法规、部门规章等为支撑的法律框架，但是框架内部各项法律条款的完整性也应当受到重视。

从内容来看，一方面，现行体系对环境法执行部门的职责划分不够清晰。各部门之间存在职能上的重复与交叉，同一环境污染问题可能涉及多个环境保护部门的管辖。再加上普遍存在的"搭便车"心理，这导致的直接问题就是部门之间互相推卸责任，遇到问题"踢皮球"，进而削弱环境管理机制整体的效率。王灿发❷在论述我国环境管理体制立法方面存在的问题时，指出环境治理机构存在职能重复的可能原因，在于我国环境管理体制由分工管理转变为统一监督管理与分工负责相结合的过程中忽视了新

---

❶ 徐祥民，巩固. 关于环境法体系问题的几点思考［J］. 法学论坛，2009，24（2）：21－28.

❷ 王灿发. 论我国环境管理体制立法存在的问题及其完善途径［J］. 政法论坛，2003（4）：51－59.

老机构职能设置的问题。

另一方面，从出台的各项环境管制政策与法律不难看出，现有法律条文将重点放在对环境污染的预防以及对环境管制对象的处罚上，但是对环境执法部门的监管以及环境公益诉讼问题并没有做出严格的规定。而环境执法部门作为环境治理的践行主体，其行政执法的效率必定对环境治理的效果产生重大影响。国内学者包群、邵敏等❶以全国 31 个省份（不含港澳台）的 84 件环境立法案例为例，借助于倍差法，探讨了地方环境立法中执法部门执法力度对环境治理的有效性。他们认为地方环境法律法规作用有限，而环境执法强度对污染治理效果却相当重要，并且验证了这种显著性不受污染物种类的制约。所以，有效的环境治理不但要做到有法可依，也应该重视执法必严。环境公益诉讼是指当社会团体或者公民的环境权益受到损害时，有向法院提起诉讼的权利。虽然我国在《环境保护法》《大气污染法》等法律中对该项权益有所保证，但是基于环境权益属于公共物品，并不具有排他性和非竞争性，所以普通公民很难有途径或者足够的能力去捍卫自身环境权益。殷程鹏❷进一步指出，环境侵权与一般民事侵权不同，"具有广泛性、长期性、隐蔽性、复杂性等特点"，而分散的普通居民作为弱势群体又无力提起诉讼，因而我国的环境保护法在一定程度上被称为"软法"。

（2）不同法律条文之间缺乏统一性

环境法体系作为一个整体，各部分法律之间应当是协调和统一的，但是，我国环境法中却存在内容重复或者交叉甚至互相矛盾的情况。这不仅会大大降低法律的权威性，也使得在处置实际的环境污染案件时缺乏统一的标准，造成"一案多申"的低效率局面。据学者王灿发研究，由于《环境保护法》和《标准化法》均对环境质量标准和污染物排放标准做出相关规定，但在制定权和发布权等方面没有给出清晰的界定，这使得环保部门和标准化部门在责任划分上存在巨大分歧。虽然最终两部门做出妥协使得该问题得以解决，但是这暴露出法律体系缺乏统一性的问题。

---

❶ 包群，邵敏，杨大利．环境管制抑制了污染排放吗？［J］．经济研究，2013，48（12）：42-54.

❷ 殷程鹏．我国现行环境法体系及存在缺陷与对策研究［D］．南京：南京农业大学，2005.

（3）法律更新慢，应变性能差

法律本身应当具备一定的稳定性，这样才能在一段时期内更好地发挥其调节社会关系的作用。倘若法律在短期内频繁变更，不但会耗费大量的人力、物力，大大提高机会成本，而且从制定到执行再到公众普及会经历较长时间，也会给实际执法带来困难，并不利于法律作用的完全发挥。❶但是，这种稳定性是相对的。法律需要根据社会实践以及国情的变化做出相应的调整，以更好地为国家和社会建设提供指导，否则，"陈旧"的法律条文不但不能发挥其维护社会秩序、调整社会关系的作用，反而会拖累社会进步。环境法亦是如此。随着全民环境意识的不断提升，尤其是党的十八大将生态文明建设纳入"五位一体"总布局后，环境治理问题更是上升到国家发展战略的高度，这也对环境治理包括环境法体系提出了更高的要求。由于环境执法体系由以块为主的环保管理体制转变为垂直管理体系，相应地对整合后的部门与旧部门的权利与责任的划分等也需要新的法律法规指导，之前的某些法律条文显然已经不能适应生态文明建设的需要。陈海嵩❷还指出为更好地配合生态文明体制改革，环境法还需在环境执法制度、环境监察改革等方面不断改进。

大量学者也对环境法体系进行了研究分析。黄锡生、史玉成（2014）❸在梳理中国环境法律体系的基础上，指出《环境保护法》作为基本法，"其内容已与现实脱节，甚至跟后来制定的单行环境法律相冲突"，已然同基本法的地位不相匹配。除此之外，他们认为可以通过三条路径来完善环境法律体系：一是保证环境基本法地位与作用的发挥；二是按照七大法律门类，整合已有法律；三是环境法典化。其中，第三条路径的实施需要建立在未来环境法律体系已经成熟的前提下。针对环境法执行过程中执行主体没有受到有效监督这一问题，吕忠梅（2009）❹认为造成这一现象的原

---

❶ 邹瑜. 法学大辞典［M］. 北京：中国政法大学出版社，1991.

❷ 陈海嵩. 生态文明体制改革的环境法思考［J］. 中国地质大学学报（社会科学版），2018，18（2）：65 – 75.

❸ 黄锡生，史玉成. 中国环境法律体系的架构与完善［J］. 当代法学，2014，28（1）：120 – 128.

❹ 吕忠梅. 监管环境监管者：立法缺失及制度构建［J］. 法商研究，2009，26（5）：139 – 145.

因在于"理性人"假设的误区，并指出应通过完善政府环境责任制来把"权力关进制度的笼子里"，进而有效规范环境执行主体的行为。也有学者对环境法的发展趋势进行展望。徐祥民、巩固（2009）❶认为随着我国环境法制化进程的推进，以解决具体环境问题的环境手段法将不断丰富，这也是现阶段我国环境立法正在经历的过程。郭武（2017）❷在将第二代环境法和第一代环境法比较后，认为第二代环境法的发展将呈现四个发展趋势：一是法律将着重解决区域之间的环境问题；二是环境法将具备更强的适应性、独立性与自主性；三是环境法调整范围将进一步扩大，并显示出强大的包容性与自洽性；四是本土化趋势不断增强。

二、环境管理机制与运行机制

1. 环境治理机构设置

（1）以"块"为主的地方环境保护管理体制

从1972年中国代表团参加联合国第一次人类环境会议之后，我国环境保护事业逐渐建立起来。最初我国效仿别国，成立环境保护领导小组来主管全国环境治理工作，其日常工作由其下设的领导小组办公室来负责。20世纪80年代，国务院成立城乡建设环境保护部，并将环境保护领导小组改为环境保护局纳入这一新的管理体系之中。20世纪80年代末至21世纪初期，随着环境问题的大量涌现以及环境管制的需要，城乡建设环境保护部和环境保护局经过不断的功能定位和职能调整，最终于2008年发展为由国务院直属的环境保护部。地方则按照行政区域划分建立起与之配套的层级式环境治理机构，至此，我国"矩阵式"的环境管理体制架构基本得以稳定下来。并且，环境管理的权力与行政级别相一致，即中央领导地方，地方下级服从上级。值得注意的是，省级以下环境机构并不具备独立的环境治理权，这些地方环境治理机构在开展环境治理相关工作时，不但受到上级机构的指导与命令，还要接受同级别地方政府的授权与批准。

这种集"倒金字塔式"的权力结构与"矩阵式"的执行结构于一体的

---

❶ 徐祥民，巩固. 关于环境法体系问题的几点思考［J］. 法学论坛，2009，24（2）：21-28.

❷ 郭武. 论中国第二代环境法的形成和发展趋势［J］. 法商研究，2017，34（1）：85-95.

环境治理机制无疑存在很大的弊端。曾贤刚（2009）❶在论及地方环境治理体制时，借助博弈论分析，深度探讨了中央与地方环境保护机构在污染治理中的行为选择差异及其背后的费用—效益考量和最优化目标的不同，进而揭示在环保方面地方保护主义行为的内在动机，并指出我国地方环保部门的改革明显滞后于国家层面的治理改革，这种滞后性主要体现在地方环保机构的不稳定性、独立性差等方面。赵成（2012）❷在简要梳理我国环境管理体制过程之后，指出虽然环境管理事业得到国家的高度重视，但是仍存在很多问题。特别是地方环境管理部门在法律上的弱势地位，不但极大增加了地方环境部门机构设置的不稳定性，而且进一步削弱了部门的权威，同时环境执法权的分散也使得地方环境部门在实际治理过程中面临来自多方面的权力威胁与挤压，从而降低环境治理的效率。

（2）环境治理新尝试——垂直管理体系

由上述分析可知，地方环保部门作为落实环境治理的第一责任部门，本应当在环境治理中发挥其基础性、关键性作用，但是实际管理权力与职能重要性不相匹配的问题已经严重影响到其有效性的发挥。针对此现象，2016 年，中共中央办公厅、国务院办公厅印发了《关于省以下环保机构监测监察执法垂直管理制度改革试点工作的指导意见》（以下简称《指导意见》），要求将我国以"块"为主的地方环境保护管理体制逐步转变为省级以下环保机构监测监察执法的垂直管理体系。在机构管理体制方面：一是将县级环保局职权回收至市级环保局，并将县级环保局纳为市级环保局的派出机构，人员、经费等所有事务由市级环保局统一直接管辖。市级环保局则仍为市级工作部门，受到省级环保局以及同级政府的双重管理。在环境监察、监测管理方面：将县、市的环境监察职权上交给省，由省级部门统一组织和管理环境监察、监测工作。这样一来，环境执法的重心便下移至市、县，在实现精简机构的同时，增加环境治理步骤的统一性，也保证了基层环保部门能够专司其职，提高执法的独立性与针对性。同时，这种垂直的环境管理体系也进一步明确了地方政府的环境保护职责，能在一定

❶ 曾贤刚. 地方政府环境管理体制分析［J］. 教学与研究，2009（1）：34 - 39.
❷ 赵成. 论我国环境管理体制中存在的主要问题及其完善［J］. 中国矿业大学学报（社会科学版），2012，14（2）：38 - 43.

程度上抑制"地方保护主义"之风，进而从整体上推进生态文明建设进程。除此之外，《指导意见》也对地方部门的环保责任、环保机构和队伍建设等方面做了具体说明。

垂直管理体系改革的另一个重大意义在于提出了解决跨区域、跨流域环境问题的新思路。传统的"块状"环境治理体制只注重单个行政区划内的环境问题的治理，而环境问题，如大气污染或者水污染，往往具备跨区域性和流动性特征，这是矛盾之一。另外，治理污染不但会增加地方财政支出，还会影响到某些部门执法人员的利益，而官员晋升考核又以地方经济增速为主要指标，这是矛盾之二。以上种种造成了地方政府之间互相推卸责任，污染问题这颗"烫手山芋"难以得到有效处理。但是，《指导意见》明确要求实施垂直管理的"试点省份环保厅（局）牵头建立健全区域协作机制，推行跨区域、跨流域环境污染联防联控，加强联合监测、联合执法、交叉执法"，鼓励各省份逐步建立健全跨区域环境合作治理机制，增强区域环境治理的协调性和联动性。这无疑为形成全国统一的环境治理局面提供了契机。

2. 环境治理的运行机制

王树义、蔡文灿（2016）❶ 在对"治理"一词的定义进行多角度分析后，给出如下解释："环境治理（生态治理）是以达致生态文明为目标，由国家机构、市场主体、公民社会多元参与，使相互冲突的不同利益得以协调并采取联合行动的进行生态环境保护政策的制定和执行的良性互动过程。"由此可知，尽管在我国，环境治理主要是由政府推动和进行，但是随着公众环保意识和责任意识的增强以及由技术进步带来的信息传播速度的加快和发声平台的便捷性，公民或者公民自发组织的环保组织在环境治理中的作用也越来越突出。因此，环境治理机制的完整运行也离不开市场和公民的参与。下文将以国家部门、企业和公众三个参与方为切入点，结合环境治理的工具，探究每个主体在环境治理运行中发挥作用的方式。

（1）国家部门——指挥者与服务员

从前文对环境治理机构设置的描述中，我们可以了解到，不管是在哪

---

❶ 王树义，蔡文灿. 论我国环境治理的权力结构［J］. 法制与社会发展，2016，22（3）：155－166.

种管理体制下，政府总是在环境治理问题中发挥"领头羊"的作用，也就是说我国始终处于"政府激励型环境治理模式"。这一模式的形成，一方面与环境问题的"公共物品"属性相关。环境作为一种公共物品，像路灯问题一样，具备非排他性和非竞争性，公众共同享受环境质量改善带来的好处，同时也共同承担环境恶化的后果。再加上环境治理的复杂性、高昂的治理费用以及治理结果的不确定性，"理性经济人"的思维逻辑使得大多数公众选择"搭便车"或者沉默，将改善环境的努力寄希望于他人。但是，这种个人的"理性"带来了集体的"非理性"后果，环境治理陷入"囚徒困境"。而政府天然具备的权威和强制力以及强大的区际、府际协调能力使得治理污染的重担自然由政府来承担。另一方面，与政府自身职能紧密联系。政府作为国家权威的载体，同时担负调节经济运行、提供公共服务的责任。

在国家部门作为指挥者的政府激励型环境治理模式下，政策或者命令的传达与实施呈现出典型的"T"形特征。其中，纵向代表不同层级政府机构之间的沟通，主要包括上级政府对下级政府和政府对公众；横向则表示同级政府部门之间的协调工作。在这一模式下，各级地方政府的命令执行过程显得尤为重要，直接决定了环境治理的效果。倘若在环境治理的这一环节出现"懒政"、不作为现象，那么不管上层所传达的治理方案多么完善，治理结果注定是低效甚至无效的。所以，地方部门的配合可以说是整个环境治理过程中的关键一环。在传统的治理体制下，由于相关法律规定的模糊性，地方环保机构权威难以得到有效保证，随之而来的便是环境执法受到多个政府部门的干涉与牵制，独立性不断弱化。再加上地方政府长期以来片面追求 GDP 的高速增长，从而进一步忽视对环境治理的决策支持和资金投入。但是，从垂直管理体系的改革中，我们也可以看到中央显然已经认识到这种病态的环境治理格局，逐渐将环境治理的权力集中到地方环保部门，让政府更多地提供服务而非强制，并强调环境治理的统一性和协调性。与此同时，国家部门的环境治理工具也由传统的命令—控制型向市场—激励型转变。

（2）企业——催化剂

环境治理作为一项综合治理工程，只依靠政府单方面的行政指导在短期内可以快速找到环境问题的根源，但是这种依赖政府强制力的单一的治理方式将随着环境问题的恶化和频发而缺乏长期有效性。随着环境治理主体的多元化发展，企业在环境治理中的重要性也越来越突出。企业作为环境污染的直接制造者，换个角度来看，同时也是直面污染物产生的第一责任人，因此，企业积极参与环境污染治理的行为将极大提高污染治理的效率，这种"前端治理"可以实现从源头控制污染，进而达到环境治理的目的。这种催化剂作用主要体现在以下几个方面：一是治理效果的优化。在单一的治理模式下，企业在环境治理过程中作为政府的对立面，只是被动地、消极地根据政府的行政监管进行污染治理，缺乏治理污染的积极性和主动性。一些企业甚至会通过寻租行为来逃避环境治理的责任，这就使得环境治理的效果大打折扣。而当企业自主承担起保护环境的责任之后，可以通过改进生产技术、采取绿色生产工艺等手段来绿化生产过程，从而实现治理效果的优化。黄德春、刘志彪❶以海尔公司为例，借助于模型的检验，指出企业的自主创新可以在很大程度上抵消政府环境规制所带来的成本，从而使企业从创新行为中获益，并实现污染治理与企业发展的双赢。二是治理费用的节约。企业是以营利为目的的经济组织，而企业的行为选择必定会以利润最大化为依据。当环境管制呈现愈发严格的发展趋势时，企业维持原有高污染的生产经营模式将面临极高的机会成本，所以，理性的厂商会选择自觉进行生产经营的改进。这样一来，企业便承担了一部分政府需要支出的进行责令企业整改、上门到访等所需的费用，也有利于提高财政资金的利用率。三是时间成本的节约。从环境管制法律法规的制定到出台，再经过层层部门的传达，这会耗费掉大量的时间，并且面临着地方企业是否执行的不确定性。而从经济学来看，时间是有价值的。所以，企业端的自觉治理环境行为将节约时间资本，并且降低政策执行的风险。梁甜甜❷认为企业积极参与环境治理也有利于增强企业的社会影响力，同时也可以作为行政规制手段的补充，填补法律在环境规制方面可能存在的盲区。

（3）公众——监督员

一般而言，上级环保部门监督下级环保部门的工作是最早也是最普遍

❶ 黄德春，刘志彪. 环境规制与企业自主创新——基于波特假设的企业竞争优势构建 [J]. 中国工业经济，2006（3）：100–106.

❷ 梁甜甜. 多元环境治理体系中政府和企业的主体定位及其功能——以利益均衡为视角 [J]. 当代法学，2018，32（5）：89–98.

的环境治理监督方法。但是，这种内部的监督机制极有可能滋生贪污腐败。从 20 世纪 90 年代开始，非政府性的环境保护组织的数量不断增加，公众开始越来越多地参与环境治理，需要明确的是，这里所说的公众不仅包括普通公民，也包含公民自发成立的各种环保组织或者团体（NGO）。其背后的原因可能为：一是公众环保意识的觉醒。受教育水平、个人成长环境以及健康风险的增加等都有可能以潜移默化的形式激发公众的环保意识，并吸引越来越多的人关注环保事业，形成一个良性闭环。二是争取自身环境权益。环保意识觉醒是思想层面的动员，而争取环境权益则意味着民众会将自身的想法付诸行动。三是技术进步所带来的检举的便利性。移动互联网技术的快速发展为公众参与环境治理与监督提供了更为便捷的平台，同时也倒逼环保部门接受公众监督，如近些年来越来越多的机构普遍开通政务微博。

更重要的是，公众作为环境污染的直接受害者，这一群体的环境监督行为具有高度的自发性，因而相较于企业而言也是更能持久的。与此同时，公众参与监督也具备独特的优势。那些公众自发组成的环保组织将一大批具备较强环保意识的个体集中在一起，他们共享环保理念，并且具有广泛的群众基础，这不但有利于促进政府部门环保决策的科学化与民主化，也能有效遏制环境治理过程中的"权力寻租"行为。❶ 王凤❷对公众参与环保行为进行了深入研究，她通过分析我国多个年份的环境调查报告，发现我国公众的环境知识以及环境意识水平在十年间有了大幅度提升。

总之，以国家机构、市场主体与公众为主体的多元环境治理机制无疑会提高环境治理的效率。但是，也有学者指出我国在多元环境治理机制下仍需做这些努力：通过将地方政府环境管理绩效引入政府评价体系以增强地方政府对环境保护的重视，做到经济、环境两手都要抓，两手都要硬；通过建设环保专项资金来保障环保责任落实；❸重视政府、企业与公众三者之间的联系，积极借鉴和探索有效的市场工具，充分发挥市场机制的作用等。

---

❶ 栗明. 社区环境治理多元主体的利益共容与权力架构 [J]. 理论与改革，2017 (3)：114 – 121.

❷ 王凤：公众参与环保行为机理研究 [M]. 北京：中国环境科学出版社，2008.

❸ 赵成. 论我国环境管理体制中存在的主要问题及其完善 [J]. 中国矿业大学学报（社会科学版），2012，14（2）：38 – 43.

第二节　我国环境治理的政策体系

一、相关文献回顾

环境政策主要是由政府推动建立的、与环境保护相关联的一系列法律、法规或者规范性文件。与我国行政管理体制层级相对应，我国的环境政策大致可分为环境保护宪法、环境保护法律、环境保护法规、环境保护部门规章、地方环境保护立法和环境保护标准。环境政策按照政策落实的手段可以分为三种类型：命令控制政策、经济激励政策以及教育和信息政策。一般来说，命令控制政策和经济激励政策相对于教育和信息政策更直接有效。管制政策因其执行过程带有政府强制力从而见效更快，但是难以从根本上改变环境管制对象的认知和态度，而教育和信息政策虽然作用缓慢，但在长期内更具有可持续性。环境治理政策不仅包含出台的政策，也涵盖了保障政策顺利实施的工具和手段以及辅助性的制度安排。因此，完整的环境政策应当是一个涵盖政策制定到实施的政策体系。

自 1973 年我国成立国务院环境保护领导小组办公室以来，我国环境保护事业已经走过四十多个年头，形成了"三大政策、八项制度"[1] 的环境政策体系。这期间，有大量学者对我国的环境保护政策进行了多角度研究。孙远太（2006）[2] 对环境政策的基本内容梳理之后，从政策科学[3]的角度，分析了我国环境政策在政策目标选取、政策主体、政策作用点（即

---

[1]　"三大政策"："预防为主，防治结合""谁污染，谁治理""强化环境管理"；"八项制度"："环境影响评价""三同时""排污收费""环境保护目标责任制""城市环境综合整治定量考核""排污申请登记与许可证""污染限期治理"和"污染集中控制"。

[2]　参见：孙远太. 当前我国环境保护政策述评——基于政策科学视角的分析 [J]. 中国发展，2006（4）：51 - 54

[3]　政策科学也称政策分析，对政策的调研、制定、分析、筛选、实施和评价的全过程进行研究的方法，又称政策科学。政策分析的核心问题是对备选政策的效果、本质及其产生原因进行分析。

治理或者预防）、政策实施手段等方面取得的进展与不足，并指出应减少行政管制措施的应用，而且使用经济手段时应遵循价值规律，以发挥价格的激励作用；同时，扩大公民在环境治理中的参与，打造完善的多中心治理格局。王霖（2015）❶从环境库兹涅茨曲线假说、排污权交易制度与国际贸易中的环境问题三个方面对环境与经济之间的相关理论和研究进行了综述，并且也从欠发达地区（农村、西部地区和少数民族）的环境治理情况、环境政策的执行情况以及生态文明建设这几个维度对我国环境政策进行了分类考察，最后得出我国环境研究仍以环境与经济之间的关系为主要研究方向，并指出环境教育对于环境保护具有长远意义。有学者认为环境政策作为社会经济运行的一部分，不能脱离整个社会历史发展而空谈环境政策演变。周宏春、季曦（2009）❷将我国环境保护的发展历程与国家政治事件相结合进行考察，并按照改革开放、南方谈话等国家政治领域的重大变革对环境保护的阶段进行划分，指出我国虽然未能绕开"先污染、后治理"的老路，但是我国集中经历了发达国家分阶段出现的环境污染问题，因而也面临着更加艰巨的挑战。张萍、农麟（2017）等❸从历史性分析视角入手，在中国结构转型和社会变迁的历史大框架下，结合政策工具与治理手段、环境治理参与主体等将我国环境政策划分为五个阶段。相对于周宏春等的以政治事件为时间节点的阶段划分，张萍等的划分依据更加综合、全面。王玉庆（2018）❹将环境政策理解为具有强政治性、目的性和原则性的上层建筑体系，并以新中国成立以来环境保护机构的五次大变革以及国务院发布的六个与环境保护有关的政府文件这两大主脉络清晰地展现我国环境政策的沿革，并对我国环境政策的研究与执行工作提出具体建议。

---

❶ 王霖．中国环境政策研究进展［J］．环境与可持续发展，2015，40（1）：75 - 78.

❷ 周宏春，季曦．改革开放三十年中国环境保护政策演变［J］．南京大学学报（哲学·人文科学·社会科学版），2009，45（1）：31 - 40，143.

❸ 张萍，农麟，韩静宇．迈向复合型环境治理——我国环境政策的演变、发展与转型分析［J］．中国地质大学学报（社会科学版），2017，17（6）：105 - 116.

❹ 王玉庆．中国环境保护政策的历史变迁——4月27日在生态环境部环境与经济政策研究中心第五期"中国环境战略与政策大讲堂"上的演讲［J］．环境与可持续发展，2018，43（4）：5 - 9.

二、我国环境政策的演变

虽然学者们对环境政策的阶段划分意见不统一，但可以明确的是，环境政策的发展演变具备社会历史性特征，也从侧面反映一定时期政治、经济、外交以及社会的发展侧重点。但是这种按照时期来划分的研究方法，虽然看起来条理清晰，但是会弱化对环境政策的分析，容易转而强调社会政治经济对环境的影响。为了更突出环境政策的历史变化，同时也与前文呼应，下文将从与环境治理相联系的三大主体入手，结合环境治理工具，梳理我国环境政策的演变。

1. 政府由强制型向服务型转化

我国环境治理工作最早就是由政府牵头进行的，随着环境污染新问题的出现以及环境治理工作的不断深入，政府在环境治理中发挥的职能也经历了由强制到服务、由治理到管理的转变。这一方面可以从国家环保机构行政地位的不断提升得以反映。1973 年我国成立国务院环境保护领导小组办公室之后，我国环境事业逐步建立起来。但当时的国务院环境保护领导小组办公室以及之后成立的国家环境保护局，都属于厅局级单位，直到1988 年国家环境保护总局成立，环保机构上升到国务院直属单位。自 1998年国家环境保护总局进行机构改革，成为国家环保局，升格为正部级单位后，虽然该机构不断经过职责和机构整合，最终于 2018 年重建为中华人民共和国生态环境部，但是其行政级别稳定为正部级的国务院组成部门。从厅局级到副部级再到正部级，环保机构及其地位的变迁体现的不仅是国家层面对环境保护事业的重视，这种周期性的变动也映射出政府在环保事业中所提供的职能转变。

第一阶段是 1972—1987 年，这一时期随着社会主义建设事业的展开以及之后改革开放的进行，我国环境污染问题逐步暴露，环保机构和环保法律法规进入初创阶段，政府主要承担开创者的工作。1972 年水域污染事件的频发以及 1973 年我国出席的联合国人类环境会议使政府高层注意到我国环境治理问题的紧迫性。在 1973 年召开的全国第一次环境会议上，确立了环境保护工作的基本方针，并出台了中国第一个环境保护文件——《关于保护和改善环境的若干规定》，对重点城市以及水域、农业等领域的污染治理提出总体要求，首次提出"三同时"制度，为之后的环境治理工作奠定了基础。在这之后，国家逐渐完善环境保护相关的各项法律，1979 年发布《中华人民共和国环境保护法（试行）》对环境保护的任务和方针做出规定，并要求地方政府设立环保机构；20 世纪 80 年代，我国连续制定了一系列针对性的单行法，如《水污染防治法》《大气污染防治法》《海洋环境保护法》，还相继出台了《森林法》《草原法》《水法》《水土保持法》《野生动物保护法》等资源保护方面的法律，初步构建了环境保护的基本法律框架。❶

　　第二阶段是 1988—1998 年，也是环保政策体系化的关键时期，在完善具体法律的基础上，强调明确政府的环保责任。除了完善大气、海洋、水体以及噪声污染等方面的立法以及有关环境标准的确定，1989 年发布的环保法把国家制定的环境保护规划纳入国民经济和社会发展计划，同年举办的第三次全国环境保护会议认真总结了实施建设项目环境影响评价、"三同时"、排污收费这几项环境管理制度的成功经验，同时提出了 5 项新的制度和措施，形成了我国环境管理的"三大政策"与"八项制度"。为了更有效地把控污染治理，原国家环境保护委员会于 1986 年颁布了《关于防治水污染技术政策的规定》，首次提出实施污染物总量控制的原则，这一原则在之后的国家发展规划中均有体现。除此之外，1990 年颁布的《关于进一步加强环境保护工作的决定》、1996 年发布的《国务院关于环境保护若干问题的决定》等文件都提出环境保护目标责任制的落实问题，但是这一时期主要强调政府在环境治理中的作为，仍把企业看作环境治理的被动接受者。

　　第三阶段是 1999—2012 年，这一阶段国家环保局升格为正部级机构，其治理力度进一步加强，环境治理也从污染指标控制逐步转向对循环经济的鼓励，治理思路从末端治理转向前端治理，更加注重可持续发展，也是政府实现职能转变的过渡期。一方面，持续开展环境项目检查，加大对高污染企业以及违法违规企业的排查与处罚，关停一大批不合规项目，环保投入大幅增加；另一方面规范环境质量指标体系，将环境保护纳入地方政府绩效考核体系，鼓励建设生态园区以及发展循环经济，并逐渐引入"绿

---

❶　张萍，农麟，韩静宇. 迈向复合型环境治理——我国环境政策的演变、发展与转型分析［J］. 中国地质大学学报（社会科学版），2017，17（6）：105 –116.

色 GDP"的概念。

第四阶段是 2013 年至今，是向生态文明建设迈进的重要时期。自从党的十八大做出"大力推进生态文明建设"的战略决策，将生态文明建设纳入"五位一体"战略布局以来，其顶层设计和底层路线规划不断完善。在 2015 年十八届五中全会上，增强生态文明建设首次被写入国家发展规划，这一理念在党的十九大时得到进一步强调。这一时期，政府在环境治理中发挥的指导性作用进一步增强，环境治理的政策工具也不断丰富。除了加强对生产部门的环境管制，也积极采用市场手段通过调节居民生活来达到降低能源消耗和环境污染的目的。逐步扩大市场和公众在环境问题中的话语权，如实施阶梯电价、碳排放权交易制度，经过近十年的试点工作，最终于 2017 年形成碳排放权交易制度，并在多个行业范围内推广等。

2. 市场化工具不断完善

从党的十五大提出"使市场在国家宏观调控下对资源配置起基础性作用"，十六大提出"在更大程度上发挥市场在资源配置中的基础性作用"，十七大提出"从制度上更好发挥市场在资源配置中的基础性作用"，十八大提出"更大程度更广范围发挥市场在资源配置中的基础性作用"，到十八届三中全会提出"使市场在资源配置中起决定性作用"，我们可以看出，市场在发展社会主义市场经济中的重要性不断得以强调和提升，而在环境治理方面同样应利用好"市场"这只无形的手。相对于政府主导的、具有强制性质的环境管制政策，市场化治理则强调通过市场手段来激励环境治理对象对污染环境的行为方式做出改变，进而达到环境治理目的，常用的政策工具有明确产权、征税、收费、绿色金融和财政手段等。

第一，征收排污费。征收排污费可以增加企业污染环境的机会成本，从而降低环境污染的负外部性，所以欧洲工业化国家较早采取这一措施来治理环境污染。从这个意义上讲，排污费也算是舶来品。我国从 2003 年 7 月 1 日起开始征收排污费，并从污染的种类、数量以及排污费的使用等方面做了详细的规定。2014 年，国家进一步对排污费制定差异化征收标准，以建立有效的约束和激励机制，促使企业主动治污减排。而根据《中华人民共和国环境保护税法》，自 2018 年 1 月 1 日起施行开征环境保护税，停止征收排污费。由"费"改"税"，不仅扩大了征税的范围，更重大的意义在于精准控制污染物种类的排放，这也是我国环境治理工具"本土化"的体现。第二，税收手段。除了 2018 年实施的专门的环境税，国家也借助所得税和增值税调节企业的生产行为，利用阶梯价格影响公众的消费行为。2007 年开始实行的"三免三减半"政策，降低那些从事国家重点扶持的公共基础设施项目和从事符合条件的环境保护、节能节水项目企业的经营成本，向市场释放积极的信号，促进环保行业的发展。2017 年启动碳排放权交易市场，目前国内主要的碳排放交易所主要分布在广州、深圳、北京、上海、湖北、天津和重庆等地。碳排放权交易可以在碳排放总量保持不变的情况下，激励治污能力更高的企业进行碳排放权的转移，进而提高环境治理效率。第三，金融工具。随着我国节能减排形势日渐严峻，再加上一些高污染项目屡禁不止，而传统的行政管制手段又难以彻底解决这类问题，我国于 2007 年 7 月起实施"绿色信贷"政策，鼓励大型国有银行和商业银行对绿色产业予以支持。"绿色信贷"的实施不但有利于降低银行坏账率，提高资本运行效率，而且能够有效促进环保行业的发展。除此之外，2013 年逐渐开始进行试点运行的环境污染责任保险政策通过引入"第三方"的方式将环境污染的风险转移给保险公司，同时也降低了企业严重污染环境的风险，减轻政府环境治理负担。第四，政府财政手段。1984 年颁布的《国务院关于环境保护工作的决定》将环保部门的基建投资纳入中央和地方的投资计划。"补贴与专项资金等财政手段，同排污费征收一道成为 20 世纪最后 20 年里中国最主要的两种环境经济政策。"随着环境问题由城市蔓延至乡村，国家成立了相应的农村环境治理专项资金以推动农村环境治理。❶

3. 公众参与度不断提高

经济发展方式的急速转变，城镇化的快速推进，随着国际贸易扩大而来的污染转移以及环境污染问题的"久治不愈"等，传统的以行政为主导的、单一的政府环境治理体系已然难以有效处理这复杂的环境治理问题。❷环境经济政策和手段的使用，虽然可以调动企业在环境治理中的积极性，使企业一直以来被动参与环境治理的局面有所改观，但是鉴于环境问题的

---

❶ 林永生，吴其倡，袁明扬. 中国环境经济政策的演化特征 [J]. 中国经济报告，2018（11）：39 - 42.

❷ 朱德米. 从行政主导到合作管理：我国环境治理体系的转型 [J]. 上海管理科学，2008（2）：61 - 65.

动态性，立法责任划分的模糊性，政府与企业之间权利与信息的不对称以及环境治理的时滞性，公众参与环境的必要性越来越突出。另外，公众参与环境治理对公众本身而言，也是争取自身环境权益和健康权的过程，"公众参与作为一支重要力量，正逐渐打破中国环境治理中'政府主动、企业被动、公众不动'的原有格局"❶。

综合来看，我国公众参与环境治理主要有两种渠道：一是通过投诉、上访等手段至政府部门；二是通过组织宣传、示威游行、网络媒体等非政府机构来实现。根据《中国环境年鉴》统计，2008—2016 年，环境保护部信访办接收到的书信数量经历了"U"形变动，其中 2008—2012 年持续减少，2012—2016 年平稳上升。民众到访次数与投诉电话均呈现波动增加的趋势。从到访次数远远高于到访人次这一趋势来看，政府需要提高在处理环境纠纷方面的工作效率。除了数量上的变化，公众投诉的内容主要集中在化工、能源、轨道交通建设等领域，这与我国工业化的快速推进紧密相关。与此同时，城镇化的发展使得居民在城市垃圾处理方面的矛盾和纠纷增多（具体详见图 5 – 1）。

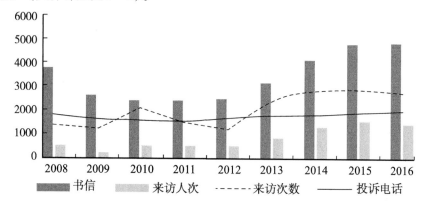

图 5 – 1   2008—2016 年环境信访情况

资料来源：作者根据《中国环境年鉴》整理所得。

近些年来，群众性的环保组织在环保领域内也发挥着越来越重要的作用。在 2003 年的反对怒江大坝工程的民间力量中，最核心的是北京的

---

❶   涂正革. 公众参与环境治理的理论逻辑与实践模式 [J]. 国家治理，2018 (48)：34 – 48.

"绿家园"和"云南大众流域"这两个民间环保组织。他们通过长达一年的呼吁和坚持，最终使得中央暂停在怒江建设十三级水电站的规划，成功地"为子孙保留最后一条生态江"，这在中国环保史上具有开创性意义。2007 年的"厦门 PX 项目"因其实施后可能带来的巨大环境污染而遭到众多政协委员和群众的坚决抵制，最终这一国家批准项目得以暂停，"厦门 PX 事件"也因此成为政府与民间力量博弈的典型。

但是由公众参与并取得成功的环境事件终究是凤毛麟角。张萍、杨祖婵（2015）❶ 通过分析 2005—2015 年的环境群体性事件，发现环境群体性事件从地域上看高发于农村地区、经济发达的南方城市以及东部省份中的落后地区，且事件持续期较长，规模呈现增加趋势。而这些自发组织的环境抗议成功率低的一个可能原因就是组织松散，并且社会精英参与度低。涂正革（2018）❷ 在梳理公众参与环境治理的逻辑和途径的基础上，指出大众媒体通过对企业进行"声誉惩罚"和干预行政惩罚机构，能够有效解决政府在环境治理中信息不对称的问题，进而有力推动环保事业的发展。

环境污染及其治理问题的严峻性所形成的外在压力以及国内深化生态文明建设的内在动力，促使我国环境政策内容和工具不断丰富和完善。环境治理这个大问题离不开政府的有序指导，同时也应该进一步保障和完善企业和公众在环境治理中的话语权，形成"政府—企业—公众"合作治理的新格局。

第三节　我国环境治理的实施效果评价

在坚持可持续发展的环境理念的基础上，我国生态环境治理经历了机制重心从中央下调至地方，环境政策从政府强制型发展为全民合作型，治污目标由简单的总量控制完善为源头控制、环境效益与经济效益相结合，"绿水青山就是金山银山"，环境法律约束也日益严格等发展过程，并在环

---

❶ 张萍，杨祖婵. 近十年来我国环境群体性事件的特征简析［J］. 中国地质大学学报（社会科学版），2015，15（2）：53－61.
❷ 涂正革. 公众参与环境治理的理论逻辑与实践模式［J］. 国家治理，2018（48）：34－48.

境治理方针、战略、制度以及手段等方面逐渐探索出适合中国国情的生态文明建设方案。在"蓝天保卫战"、城市黑臭水体治理、长江保护修复、火电行业减排、农村煤改气、煤改电等方面取得重大突破的同时，环境治理仍面临治理任务推进越发艰难、地方环境质量水平不平衡以及地方政府形式主义屡禁不止等问题。正如生态环境部部长在 2019 年"两会"答记者问时所说，我国环境治理任务艰巨，任重道远。但是，国家坚决进行环境污染治理的决心丝毫没有动摇，进行污染防治的这场"攻坚战""持久战"依然在有序进行。在宏观经济形势下行的情况下，这一压力更凸显了环境治理的紧迫性。

一、环境治理取得的成效

1. 大气质量改善

大气污染与民众的日常生活直接相关，是普通民众可以直接看得到、感受得到的，因而也是全民关注的重点问题。受季风气候的影响，这一问题在冬季尤为严重。除了诸如极端气候等自然因素，我国大气质量提升工作进展较慢，也受到以下社会经济因素的影响。首先，虽然各种清洁能源发展势头良好，且市场规模在不断扩大，但是我国以煤炭为主的能源消费结构仍旧没有改变，而煤炭在使用中会产生大量的二氧化硫、二氧化氮等有害气体以及粉尘等污染物，是常年以来影响环境质量的重要因素。其次，随着生活水平的不断提高，近些年来私家车数量的井喷式增长不但造成了严重的交通拥堵，所带来的汽车尾气排放量的增加也成为大气治理过程中不可忽视的因素。最后，随着工业化进程的不断推进，工业企业在生产过程中直接向大气中排放大量有毒有害气体。所以，大气治理问题不仅是一个历史遗留问题，也是需要结合现实情况进行解决的当务之急的问题。

从 2010 年开始，随着大气污染的加剧，"雾霾"甚至成为某些地区的"家常便饭"。而由此造成的呼吸系统疾病高发，甚至引发癌症，给国家和社会带来极大的经济损失。这造成了剧烈的社会反响，国家也采取了一系列紧急应对措施。政府一方面加强大气治理的联合行动，另一方面也采取有针对性的专项行动，同时也不断完善污染物划分标准，做到大气治理有的放矢。从图 5 - 2 可以看出我国大气环境质量的发展趋势。由于国家统计局在 2011 年对统计方法进行变更，基于数据的可得性和可比性，图 5 - 2

选取的是 2011—2015 年我国大气中的主要污染物含量。从图中可以清楚看出，二氧化硫和氮氧化物的排放量呈现逐渐递减的趋势，而烟尘排放总量虽然在 2014 年前经历了短暂增长，但是也逐步回归到统计初始水平。所以，我国大气环境治理的成效是不容置疑的。从 2013 年提出的"大气十条"到 2018 年实施的"蓝天保卫战三年行动计划"，国家不仅向民众传达政府治理大气污染的恒心和毅力，也踏踏实实将这些规划逐一落实。通过源头防控、重点防治以及创新环境监管方式，"蓝天保卫战"已经取得初步成效。据统计，2018 年，全国 338 个地级以上城市优良天数比例提高了1.3 个百分点，达到了 79.3%，PM2.5 浓度同比下降了 9.3%。

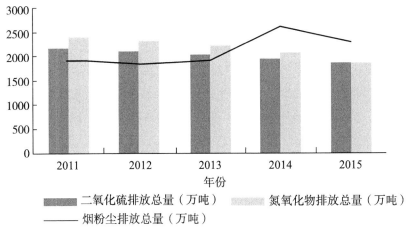

图 5 - 2 2011—2015 年大气中主要污染物含量

2. 流域水环境质量已初步改善

我国水资源总量和人均量都不丰富，并且其地理分布同经济发展水平也不匹配，与此同时还面临着严重的水体污染。2005 年，由于工厂爆炸而导致的松花江重大水污染事件直接影响到附近居民的用水安全；2006 年，由于大量生活以及工业污水未经处理直接排放到白洋淀，致使这个华北地区最大的淡水湖泊内野生鱼类集体突发性死亡；2007 年，滇池、巢湖水域相继出现大规模蓝藻，严重威胁流域内生物多样性……此类事件的频繁发生也为我国水域环境治理敲响警钟。根据《2011 中国国土资源公报》统计，全国有一半以上的地下水质位于较差级别以下，这意味着我国多数民众的生活用水并不安全，并且城乡接合处普遍存在黑臭水体问题。流域治理的跨区域性与政府环境治理权限的局域性相冲突，导致流域治理责任模糊不清，极大降低了河流环境治理的效率。

面对这一问题，政府经过为期一年的研讨，最终出台了《水污染防治行动计划》，即"水十条"。该计划主要通过对江河湖海实施分流域、分区域、分阶段治理，系统推进水污染防治、水生态保护和水资源管理，并对长江、黄河、珠江、松花江、淮河等七大重点流域的水质提出阶段性治理要求和目标。至2016年，中共中央办公厅以及国务院办公厅在此基础上将浙江省成功实施的"河长制"面向全国推广。到2018年，我国已全面建立流域治理的"河长制"，将河流治理责任落实到个人，打通了河流治理的"最后一公里"。2018年，习近平总书记提出要在三年之内打赢"蓝天保卫战"、柴油货车污染治理、城市黑臭水体治理、渤海综合治理、长江保护修复、水源地保护、农业农村污染治理等七大攻坚战，仅流域治理就将近占据这七大攻坚战的一半，由此可见碧水保卫战的重要性。在一系列方针政策的指引下，我国流域水质已经得到明显改善。以长江经济带流域治理为例，根据《中国环境统计年鉴》，从2011—2015年长江流域Ⅰ类和Ⅱ类水质比重在不断增加，Ⅲ类水质趋于稳定，详见图5－3。"近两年以来，好于Ⅲ类比例2017年相比2015年提高了1.9个百分点。劣Ⅴ类降低了1.4个百分点，由9.7%降到8.3%。"❶

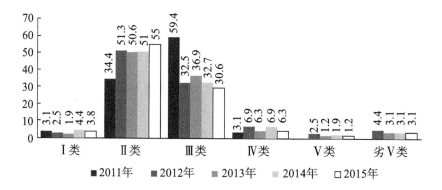

图5－3　长江流域各截面水质变化

---

❶　参见 http：//www.people.com.cn.

3. 农村环境治理平稳推进

农村环境污染问题的解决相对城市污染治理更加复杂和棘手。一方面，受知识水平制约，农民极度欠缺环保意识。这一行为在农业生产方式和农村生活方式中有充分体现。长期以来，农民主要依靠种植农作物来维持生计，农业生产过程中使用的塑料被任意丢弃，这些塑料可降解性差，长期堆积在田间地头造成土壤污染；农药残渣被倒入河流甚至水井，污染水源。同时，多数地区的农村垃圾处理方式仍为随用随扔，就地倾倒，即便部分地区设置公共垃圾箱，但并不能从根本上改变"我家垃圾我做主"的处理方式。家庭联产承包责任制的普及使得以户为单位的生产生活方式固化，这样一来削弱了农民的集体行动力，而环境保护的公共物品性质使得农村环境治理陷入窘境。另一方面，受经济发展水平的制约，农村环境基础设施不到位。最重要的是，农村缺乏环境治理的强制度约束。高满良(2016)❶通过分析正式制度与非正式制度在农村治理中所发挥的作用及两者的关系，发现非正式制度在治理中依然在农村社会运行中发挥基础性作用，其与正式制度既存在冲突也互为补充。在环境治理领域则表现为，即便存在完善的农村污染治理法规，但是在村民中的执行力也尚待考究。需要注意的是，农村中的非正式制度强调的是个人品质及道德，诸如善良、诚实与团结，形成对村民的道德激励机制，而对于村民参与公共治理这类需要较高思想觉悟的行为激励却并不明显。随着城镇化的快速推进，其给农村经济发展带来利好的同时，现代化生活的形成也进一步提升了农村污染环境的能力。

基于此，国家从 2004 年以来，不断完善"三农"政策体系，逐步从行政区划、农业产业结构、农业补贴以及人才支持等方面全方位推动农村发展。党的十六届五中全会明确提出"把农村建设成为经济繁荣、设施完善、环境优美、文明和谐的社会主义新农村"的目标，对农村环境整治也逐步拉开帷幕。2012 年年底出台的《中共中央、国务院关于加快发展现代农业进一步增强农村发展活力的若干意见》在加大惠农政策力度、推动农业生产经营现代化的同时，通过完善农业基础设施建设、保障农村教育事

---

❶ 高满良. 农村治理中正式制度与非正式制度的整合方式研究 [M]. 北京：中国社会科学出版社，2016.

业发展等举措不断完善农村公共服务机制，并对农村污染采取"防治结合"的方法，一方面加紧农村环境污染综合整治，另一方面借助补贴等手段恢复生态，推进生态文明示范村镇建设。党的十九大上，习近平总书记指出乡村振兴是"三农"工作的总抓手，2018年，国家将农村环境污染治理目标进一步明确为"加快推进农村人居环境整治，进一步提升农村人居环境水平"，出台并实施《农村人居环境整治三年行动方案》。该方案指出现阶段农村环境整治应以处理生活垃圾、废水、提升村容村貌等为主要任务，开展农村厕所革命等，并通过增强村民环保意识、加大政策扶持力度、制定环境治理方案等方式综合推进美丽乡村建设。

总体来看，我国环境治理正在沿着一条符合中国国情的道路，采取典型的"试点—推广"模式在平稳推进。在城市大气质量、主要流域水质以及美丽乡村建设取得明显成就的同时，也面临着环境治理成果不稳固、环境治理力度下降、精神松懈、政府形式主义等问题。所以，除了政府加大环境治理资金以及政策扶持力度之外，更要着重解决好环境政策的实施效率，确保各项规划真正实现"上传下达"，而非"上有政策下有对策"，切莫让"聚焦打好七场战役"的计划变口号，切莫让老百姓寒心。

二、全国地方环境法规实施效果的实证分析❶

自1979年中国第一部环境法律《中华人民共和国环境保护法》颁布以来，中国环境立法工作发展迅速。截至2012年，全国人大已经制定了环境与资源保护法律30件，国务院颁布了环保行政法规25件，地方人大和政府制定了地方性环保法规700余件。与此同时，部门环保规章已达数百件，制定国家环境标准1000余项，签署国际环境条约50余件，环境法律制度体系已经基本形成，同时基本覆盖了各环境要素监管的主要领域。

作为中国环境法律体系重要环节的地方性环境法律规章，在立法形式和立法数量上也取得了长足进步。从监管对象上来看，地方性环境法规从属性较强，绝大部分解释和规定了国家层面相关法律法规的实施细则和执行办法。例如，在综合立法方面，地方省市依据《环境保护法》出台了相

---

❶ 本小节部分内容引自：史亚东．公众诉求与我国地方环境法规的实施效果[J]．大连理工大学学报（社会科学版），2018（3）.

应的《环境保护条例》；在污染防治领域，地方省市依据《大气污染防治法》《水污染防治法》和《固体废物污染环境防治法》等而陆续制定了《大气污染防治条例》《水污染防治条例》和《固体废物污染防治条例》等；在生态保护领域，地方省市还依据国家相关法规出台了相应的《自然保护区条例》《水土保持条例》等。

为了得到省级地方立法在污染防治方面的逐项实施效果，本研究选取了针对大气污染、水污染和固体废物污染防治的地方性环境法规，而舍弃了综合性立法以及有关技术标准和执行措施等一般性法律规定。防治污染形式与具体法规的对应关系可见表 5－1。参照包群等（2013）的做法，如果一项法规在 5 年内存在反复修订和调整的情形，本研究将该法规视为同一项立法；否则，修订时间间隔在 5 年及以上的，本研究将其视为两项不同的针对同一污染形式的立法，分别评估其实施效果。

表 5－1　防治污染形式与相对应的地方环境法规

防治污染形式	大气污染	水污染	固体废物污染
相应的地方环境法规	大气污染防治条例、机动车（排气）污染防治条例	××流域水污染防治条例、××饮用水源保护条例、××水源保护管理条例、××流域管理条例、××水源污染防治管理条例	固体废物污染环境防治条例

本部分采用合成控制法依次估计每一项地方性环境法规的实施效果。在评价大气污染、水污染和固体废物污染的污染物排放指标方面，选取了对数化的二氧化硫排放总量（$\ln SO_2$）、化学需氧量排放量（$\ln COD$）以及工业固体废物排放量（$\ln Solid$）。虽然，中国地方环境立法早在 20 世纪 90 年代初就开始出现，但考虑到上述数据的可得性，本研究将评价时间设定在 2000—2011 年。同时，由于合成控制法在将多个潜在对照组加权构造一个与处理组完全类似的控制对象时，权重的选择要求为正数，且加总之和为 1，所以当处理组地区的特征向量远离其他地区特征向量的凸组合时，则找不到合适的权重来构造处理组地区。因此，对比各省份前述各种污染物排放数据，本研究剔除了在政策评价阶段污染物排放量超高的省份，亦

即不适宜用其他省份数据加权合成的省份。这些省份是针对大气污染防控的山东省、固体废物污染防控的山西省以及针对水污染防控的广西壮族自治区。通过梳理各省份 2000—2011 年出台的防控上述污染物的有针对性的环境立法，本研究最后确定了对我国除港澳台和西藏以外的 30 个省份 54 件地方性污染防治立法的评估。为了对这 54 件环境立法的实施效果进行逐一评估，同时考虑不同地区立法出台的时间不同，本研究不同于通常对处理组混合研究的方法，而是采用逐一构建每一项环境立法出台地区的合成控制地区，政策影响由每一个立法实施地区和其合成控制地区污染物排放量自然对数的差值来衡量。具体的做法是：在 t_0 时期某项污染防治法规出台的地区 1 为处理组，而在 t_0 时期及其之前 3 年以及之后 3 年均没有控制同一类污染形式的法规颁布的省份为潜在对照组，最后利用这些省份合成一个对照组。以江苏省为例，2009 年该省通过了《江苏省固体废物污染环境防治条例》，本研究使用 2007—2008 年的工业固体废物排放量的数值以及人均 GDP 的对数值和人均 GDP 对数值的平方项作为预测控制变量来合成江苏省的反事实情况。潜在对照组选择前后 3 年，即在 2007—2012 年之间没有固体废物污染防治相关立法实施的省份。江苏省该项环境立法的实施效果通过 2009 年后该省实际和其合成控制对象固体废物排放量对数值的差值来体现。

图 5 – 4 是部分处理组省份及其合成省份在环境立法出台前后 3 年的污染物排放量情况。其中，垂直虚线代表了环境立法出台的时间，虚线左侧能够反映处理组省份与其合成省份的拟合相似程度，右侧实线与虚线的差异代表了政策出台后对污染物排放控制的效果。利用合成控制法对 54 件地方环境法规进行效果评估后，本研究得到了一些有价值的发现：

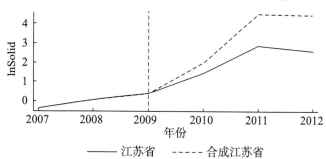

图 5 – 4　部分处理组省份和合成省份的污染物排放量

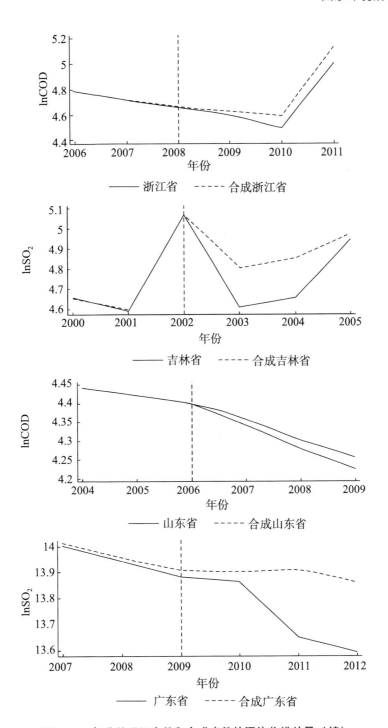

图 5 - 4　部分处理组省份和合成省份的污染物排放量（续）

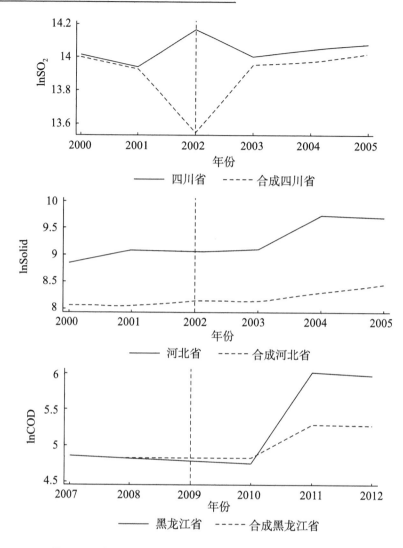

图 5 - 4　部分处理组省份和合成省份的污染物排放量（续）

　　首先，并不是所有合成控制省份都能很好地拟合处理组省份。如在图 5 - 4 中，江苏、浙江、吉林、山东四省在虚线左侧处理组与合成控制对象排污量情况非常接近；但广东、四川、河北三省在虚线左侧处理组与合成控制对象的差异比较大，显示相应环境政策前的拟合效果不理想。

　　其次，对于处理组与合成控制对象拟合差异较大的环境法规评估，在虚线右侧会出现两种情况：一是实际的排放量整体上大于拟合的排放量，二是实际的排放量整体上小于拟合的排放量。由于合成控制对象在立法前期不能很好地拟合处理组省份，无法得知排放量变化是因为政策效果还是因为拟合的原因。但是许多文献指出，对于合成控制对象无法很好拟合处理组对象的情况，政策实施之后的变量差值很有可能是因为拟合不好而导致的，与政策效果无关（张华，2016）；同时，这也说明普通的倍差法存在缺陷，将其他地区加权都无法拟合出可靠的对照组，主观选择单一的地区作为对照组估计势必造成对政策的高估（Dasgupta et al.，1997）。鉴于这些原因，对于拟合不好的处理组的相应环境立法，本研究认为没有可靠证据表明该政策对污染控制有效。

最后，按照上述表述，对地方环境立法的评估结果可以分为两类：一是拟合效果好、政策通过有效性检验，表明该项环境法规的出台确实控制了相应污染物的排放；二是没有证据表明该项环境法规有显著实施效果，包括拟合程度差和拟合虽好但政策效果不显著的情况。

另外，利用环境法规出台前后的 RMSPE（Root Mean Square Prediction Error）值，即反映处理组与合成对象之间拟合差异度的指标，本研究对拟合效果较好的处理组进一步进行了验证有效性的安慰剂检验。安慰剂检验是对没有出台相应环境立法的省市，假设其与处理组地区在相同的年份通过了同样的环境立法，然后再根据合成控制法利用其与其他对照组构造这个地区的合成控制对象，得到该地区与其合成对象污染排放量的差异。如果处理组的差异显著高于安慰剂检验中的差异（这种差异具体可以用政策后期和前期的 RMSPE 值来反映），则证明排放量的差异是由于政策因素导致的。以江苏省针对固体废物污染而出台的环境法规为例（图 5 - 5），我们假设在合成江苏省过程中权重最大的省份湖南省也在相同年份出台了同样的法规，发现其 2009 年之后并没有像江苏省一样出现显著政策效果，证实江苏省该项环境法规实施有效。由安慰剂检验后的结果可知，在 54 件地方环境法规中，显著有效的环境法规有 24 件，其中大气污染防控方面的立法 7 件，固体废物污染防控的立法 6 件，水污染防控的立法 11 件。由表 5 - 2 可见，大气污染方面的环境法规立法有效的比例最高，其次是水污染和固体废物污染。但总体而言，立法有效的法规数占比相对较低，只有 44.44%，反映了中国书面法规的执行效率差强人意。

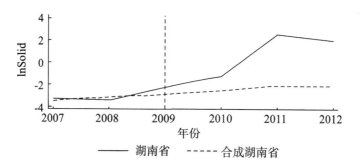

图 5-5 以湖南省为对比的江苏省针对固体废物环境法规的安慰剂检验

表 5-2 中国地方环境法规实施效果

地方环境法规	大气污染	水污染	固体废物污染	合计
评估件数	15	24	15	54
证实有效的法规件数	7	11	6	24
占比（%）	46.67	45.83	40	44.44

三、我国城市环境治理政策评价——以北京市为例[❶]

1. 相关文献回顾

为了探索发展中国家因地制宜的环境治理模式，首先需要对发展中国家已有环境政策的实施效果进行分析。然而，目前相关文献多数集中于探讨发展中国家环境政策实施的经济后果，即分析环境政策与就业、经济增长和产业结构升级等因素之间的关系，而较少探讨其环境治理的成效或者说实施效果如何。Bento 等人（2007）曾针对印度孟买分析了当地减少车辆污染物排放政策的有效性，发现公共交通的油改气政策要比征收汽油税和机动车所有税对降低 PM10 的贡献更大。Kumar 和 Foster（2007）针对德里压缩天然气政策对空气质量的影响发现，在政策实施期间，德里及其附近的空气质量并没有显著改善。Davis（2008）针对墨西哥城的机动车限行政策分析也发现，该政策并没有显著改善空气质量，并且增加了机动车总量和高污染机动车比例。Greenstone 和 Hanna（2011）系统地比较了印度

---

❶ 本小节部分内容引自：史亚东. 地方环境法规的实施效果—合成控制法下对北京市的实证分析 [J]. 环境经济研究. 2020（2）.

实施空气污染和水污染治理政策的有效性，发现空气污染治理政策显著改善了空气质量，但水污染政策却没有显著效果。针对我国的环境政策，吴明琴、周诗敏（2017）对我国1998年实施的"酸雨控制区域和二氧化硫控制区"政策进行了实证研究，发现该政策明显改善了工业二氧化硫污染的治理效果；但汤韵、梁若冰（2012）同样针对该"两控区"政策的研究却发现，虽然该政策总体上遏制了区内城市的排放水平，但却造成区外排放的超量增长。包群、邵敏、杨大利（2013）考察了1990年以来我国各省地方人大通过的环保立法的政策效果，发现单纯的环保立法并没有显著地抑制当地环境污染；但是，在环保执法力度严格或是污染相对严重的省份，环保立法的政策效果显著。

由上述分析可见，虽然国内外文献针对发展中国家环境政策实施效果的研究并不多见，但已有研究却指出发展中国家环境政策的实施效果会受很多因素影响而存在差异。因而，分析发展中国家环境政策的实施效果可以进一步找寻这些影响因素，进而为提升当地有效的环境治理水平提供政策制定依据。对于我国来说，由于地方性法规是除宪法、法律和国务院行政法规之外在地方具有最高法律属性和国家约束力的行为规范，因而，对于区域环境治理来说，有关污染控制的地方性环境法规最能体现当地环境治理特点，代表了地方最高约束力的环境政策。因此，本部分将针对北京市最具地方约束力和治理特点的环境政策——地方性环境法规的实施效果进行定量研究。

2. 研究方法与数据说明

（1）合成控制法

学术界对于事件或政策影响的研究常采用比较案例分析（Comparative Case Study）的方法，其分析思路是比较受事件或政策影响的个体（处理组）与被控制的不受影响的个体（对照组）之间宏观变量的变化情况。在统计上，常采用倍差法来估计。然而，Bertrand 和 Mullainathan（2004）、Abadie 和 Gardeazabal（2003）、Abadie（2010）等学者都指出倍差法在估计事件影响时存在诸多缺陷：首先，倍差法对对照组的选择存在主观性和随意性，而估计结果又严重依赖于所选择的对照组，由此导致估计偏差；其次，无法克服政策内生性问题，即处理组与对照组之间存在系统性差别，而这种差别恰好是处理组政策发生的原因；另外，倍差法通常依赖于较长时间段的数据，对数据和样本量的要求较高。

　　针对倍差法的上述缺陷，Abadie 等学者提出了一种基于数据选择对照组来评估政策影响的方法——合成控制法（Synthetic Control Method）。该方法与倍差法相比其优势在于：一是扩展了传统的倍差法，是一种非参数的方法；二是在构造对照组的时候，利用数据来决定权重大小，从而减少了主观判断。这一方法的原理是，通过对多个对照组加权而构造出一个良好的优于主观选定某个对照组的合成对照组，利用对所有对照组数据特征构造出反事实状态，能够明确显示出处理组和合成对照组在事件或政策发生前的相似程度。这一反事实状态是根据对照组各自贡献的一个加权平均，权重的选择为正并且加总之和为 1，因此，合成控制法具有透明和避免过分外推的优点。另外，该方法不依赖于可用时间段长短以及可对照个体数量多少而依然能够展示政策效应的外推估计。近年来，国内学者也开始逐渐采用合成控制法进行政策效果评估。例如：苏治等（2015）利用该方法检验了通货膨胀目标制是否有效；刘甲炎等（2013）利用该方法评估了中国房产税试点的效果；王贤彬等利用该方法评估了重庆直辖市划分的政策影响等。

　　本部分研究的是北京市地方环境法规政策的实施效果，因此处理组是在 t_0 时期出台相关环境法规的北京市，而对照组选择在 t_0 时期之前 3 年和 t_0 时期及其之后 3 年，总共 6 年内均没有出台同类环境法规的地区（假设有 K 个）。最后，利用这些地区合成一个对照组。令 P_{it}^N 表示地区 i 在时期 t 没有相关环境法规时的污染物排放量，P_{it}^I 表示地区 i 在时期 t 相关环境法规颁布后的污染物排放量。设定模型为：

$$P_{it} = P_{it}^N + \alpha_{it} D_{it}，\text{其中 } D = \begin{cases} 1，\text{如果 } i=1，t>t_0 \\ 0，\text{其他} \end{cases} \tag{5-1}$$

　　对于没有相关环境法规出台的地区，$P_{it} = P_{it}^N$。本研究的目的是评估对于北京市在 t_0 时期颁布相关环境法规之后该项法规对相关污染物控制的效果，即评估系数 α_{it}，在 t_0 时期，$\alpha_{it} = P_{it}^I - P_{it}^N$。由于变量 P_{it}^I 可以被观测到，因此需要进一步估计反事实的变量 P_{it}^N。按照 Abadie 等提出的模型，P_{it}^N 可以被看作：

$$P_{it}^N = \delta_t + \theta_t Z_i + \boldsymbol{\lambda}_t \mu_i = \varepsilon_{it} \tag{5-2}$$

　　其中，δ_t 是时间趋势，θ_t 是不受法规影响的控制变量，$\boldsymbol{\lambda}_t$ 是一个（$1 \times F$）维无法观测到的公共因子向量，μ_i 是（$F \times 1$）维不可观测的地区固定效应，ε_{it} 是每个地区观测不到的短期冲击，均值为 0。为了得到反事实的状

态 P_{it}^N，需要求解一个（$K \times 1$）维权重向量 $w^* = (w_2^*, \cdots, w_{K+1}^*)'$，其中对任意 i，满足 $w_i \geq 0$，$i = 2, 3 \cdots, K+1$，且 $w_2 + w_3 + \cdots + w_{K+1} = 1$。该权重向量中的每一个特殊取值代表对处理组——北京市的一个可行的合成控制，它是对照组内所有地区的一个加权平均。用 W 作为权重的每一个合成控制的结果变量为：

$$\sum_{i=2}^{K+1} w_i P_{it} = \delta_t + \theta_t \sum_{i=2}^{K+1} w_i Z_i + \lambda_t \sum_{i=2}^{K+1} w_i \mu_i + \sum_{i=2}^{K+1} w_i \varepsilon_{it} \qquad (5-3)$$

假设可以选择一个向量 $(w_2^*, \cdots, w_{K+1}^*)'$，使得

$$\sum_{i=2}^{K+1} w_i^* P_{i1} = P_{11}, \cdots, \sum_{i=2}^{K+1} w_i^* P_{1t_0}, \text{ 并且 } \sum_{i=2}^{K+1} w_i^* Z_i = Z_1 \qquad (5-4)$$

可以证明：如果 $\sum_{t=1}^{t_0} \lambda_t' \lambda_t$ 为非奇异的，那么：

$$P_{it}^N - \sum_{i=2}^{K+1} w_i^* P_{it} = \sum_{i=2}^{K+1} w_i^* \sum_{s=1}^{t_0} \lambda_t (\sum_{n=1}^{t_0} \lambda_n' \lambda_n)^{-1} \lambda_s' (\varepsilon_{js} - \varepsilon_{1s}) - \sum_{i=2}^{K+1} w_i^* (\varepsilon_{it} - \varepsilon_{1t})$$

Abadie 等证明在一般条件下，上面等式右边将趋近于 0，因而，对于 $t_0 < t \leq T$，可以用 $\sum_{i=2}^{K+1} w_i^* P_{it}$ 作为 P_{it}^N 的无偏估计来近似，因此 α_{1t} 的估计可以写为 $\hat{\alpha}_{1t} = P_{1t} - \sum_{i=2}^{K+1} w_i^* P_{it}$。❶

（2）数据说明

从 1985 年起，由北京市人大常委会审议通过的地方性环境法规主要是针对大气污染防治和水污染防治两个方面，即 1985 年 9 月通过了《北京市实施〈中华人民共和国水污染防治法〉条例》，1988 年 7 月通过了《北京市实施〈中华人民共和国大气污染防治法〉条例》，2000 年 12 月通过了《北京市实施〈中华人民共和国大气污染防治法〉办法》，2002 年 5 月通过了《北京市实施〈中华人民共和国水污染防治法〉办法》，2010 年 11 月通过了《北京市水污染防治条例》，2014 年 1 月通过了《北京市大气污染防治条例》。虽然上述法规都是针对大气污染或水污染治理方面的，但由于治理同类污染的法规出台间隔都在 5 年以上，因此可以视为不同的法规政策，分别估计其实施效果。考虑到 20 世纪 80 年代统计数据的不完整

---

❶ 有关权重的求解及其他技术细节和证明详见 Abadie 等（2010）。

性以及《北京市实施〈中华人民共和国水污染防治法〉办法》的通过与实施是在年中进行的，因此，本部分将主要考察《北京市实施〈中华人民共和国大气污染防治法〉办法》《北京市大气污染防治条例》以及《北京市水污染防治条例》的政策实施效果。

在评估《北京市实施〈中华人民共和国大气污染防治法〉办法》（以下称《大气办法》）的政策效果时，将研究的实施时间定为2001年。对照组选择除西藏和港澳台之外，我国30个省份的省会城市（首府）和直辖市中，在该法规实施前后3年内，即1998—2003年内没有大气污染治理相关法规出台的地区。考察的污染物指标选取对数化的工业二氧化硫排放总量（$lnISO_2$）。在评估《北京市大气污染防治条例》（以下称《大气条例》）的政策效果时，将研究的实施时间定为2014年，对照组选择除西藏和港澳台之外，我国30个省份的省会城市（首府）和直辖市中，在该法规实施前后3年内，即2011—2016年内没有大气污染治理相关法规出台的地区。考察的污染物指标选取对数化的工业二氧化硫排放总量。在评估《北京市水污染防治条例》（以下称《水条例》）的政策效果时，将研究的实施时间定为2011年，对照组选择除西藏和港澳台之外，我国30个省份的省会城市（首府）和直辖市中，在该法规实施前后3年内，即2008—2013年内没有水污染治理相关法规出台的地区。考察的污染物指标选取对数化的化学需氧量（lnCOD）。在评估上述3项法规时，预测控制变量都选取对数化的人均国内生产总值（lnGDP）及其平方项［以（lnGDP）^{2}表示］。污染物排放数据来自历年《中国环境统计年鉴》，人均国内生产总值数据来自历年《中国城市年鉴》。

3. 实证结果与分析

（1）《大气办法》的实施效果

表5-3显示了在合成控制法下，利用对照组城市合成北京市的预测变量值与北京市实际值的对比。可以看出，在《大气办法》实施之前，对照组各城市工业二氧化硫排放量的平均值与北京市的实际值差距较大，但经过加权合成后北京市的排放量与北京市实际排放量非常接近。由于北京市经济发展水平要高于对照组内其他省会城市（首府）和直辖市，因此，合成北京市的人均国内生产总值及其平方项要略低于实际值。但总体上，《大气办法》实施之前，利用对照组合成的北京市较好地拟合了真实值。

图 5-6 显示了在《大气办法》实施前后，北京市和合成北京市的工业二氧化硫排放量情况。通过图 5-6 同样可以看出，在该项法规实施前，合成北京市的排放量较好地拟合了实际排放量，两者差距很小。但在 2001 年政策实施后，合成北京市的排放量有较大幅度下降，而实际北京市的排放量下降幅度却较小。这意味着，该项法规实施当年的政策效果并不显著。到 2002 年和 2003 年，合成北京市的工业二氧化硫排放量又有所上升，但北京市实际排放量却呈缓慢下降趋势，这意味着《大气办法》实施对污染物排放量的影响可能存在一定滞后效应。通过图 5-7 也可以看出，在该项法规开始实施的 2001 年，两者差额较大且为正，但在 2002 年两者差额回缩，2003 年又出现较大的负值。由此说明，《大气办法》实施对北京市大气污染物排放的影响即期效果不显著，但可能存在滞后影响。

表 5-3　《大气办法》实施效果的预测控制变量实际值与合成值对比

变量	北京市	合成北京市	对照组平均
lnGDP	9.83	9.02	9.34
$(\text{lnGDP})^2$	96.63	81.3	87.45
lnISO_2（1998）	12.17	12.17	10.89
lnISO_2（1999）	11.99	12	10.8
lnISO_2（2000）	11.89	11.9	10.78

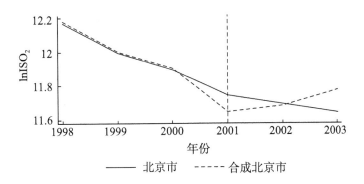

图 5-6　《大气办法》实施前后北京市与合成北京市的工业二氧化硫排放量

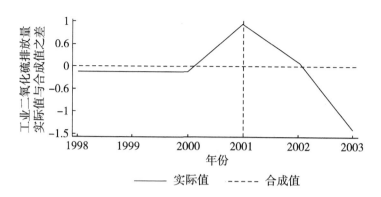

图5-7　《大气办法》实施前后北京市工业二氧化硫实际值与合成值的差额

在利用合成控制法进行政策效果评估时，由于不能确定利用对照组合成的北京市能够完全模拟如果没有该项法规实施时该市的污染物排放量情况，因此上述估计结果依然存在不确定性。为了检验结果的稳健性，借鉴Abadie 等（2003）的做法，本研究还对对照组内其他城市进行了安慰剂检验（Placebo Test）。安慰剂检验的基本思路是，分别将合成控制法应用于其他未实施地方性大气污染防治法规政策的地区，如果这些地区在2001年后也呈现出类似北京市的效应，那么说明该《大气办法》实施对北京市工业二氧化硫排放量的影响并不显著。相反，如果2001年后北京市的效应明显区别于其他地区，就说明该项法规实施对北京市该污染物排放量有显著影响。不过，如果某些地区的工业二氧化硫不能很好地由其他地区的加权平均来合成，那么该地区2001年后实际的工业二氧化硫排放量和合成的排放量之间的差距可能是由于加权平均所产生的误差导致的。因此，本研究只保留了小于北京市2001年前均方误差（Mean Squared Prediction Error，MSPE）10倍的地区。通过比较对照组内各地区在2001年前的MSPE值，最终保留了11个地区的安慰剂检验结果。

图5-8显示了安慰剂检验的结果。从图中可见，2003年，虽然北京市该差额为负值，但对照组内也有1个城市的差额为负并且效应大于北京市。如果《大气办法》实施对北京市工业二氧化硫排放并未产生影响，而在11个城市中恰巧出现该差额为负的情况的概率为2/11，约为18.18%。因此，在10%的显著水平上，无法拒绝"《大气办法》实施并未对北京

工业二氧化硫排放产生影响"的假设。总体来看，合成控制法的实证结果表明，《大气办法》实施对北京市主要的大气污染物——工业二氧化硫的排放没有产生显著影响。

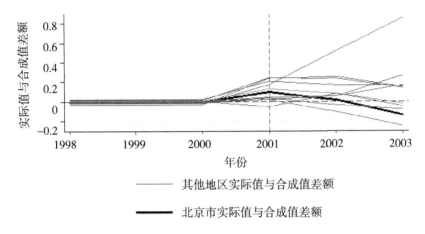

图 5 - 8　《大气办法》实施的安慰剂检验结果

（2）《大气条例》的实施效果

利用合成控制法，本研究对 2014 年实施的《大气条例》也进行了实证检验。由表 5 - 4 可知，在该法规实施之前，利用对照组城市加权得到的合成北京市的排放量与北京市的实际排放量之间非常接近。但对照组平均排放量与北京市的排放量之间差距较大，这说明利用对照组合成的北京市实现了对真实北京市的排放量的拟合。由图 5 - 9 可知，在法规实施之前，合成北京市的工业二氧化硫排放量与实际排放量差距很小，其均方根误差（Root Mean Squared Prediction Error, RMSPE）为 1.34e - 10，同样说明了在法规实施前合成北京市的拟合效果较好。但是，在法规实施之后的 2014 年到 2016 年，合成北京市的污染物排放量虽有下降，但是实际排放量却比合成排放量下降幅度更大，这可能是由于 2014 年之后《大气条例》实施的原因，亦即该法规的实施使得北京市工业二氧化硫排放量出现了较大幅度的下降。图 5 - 10 显示了在《大气条例》实施前后，北京市实际工业二氧化硫排放量与合成值之间的差额。可以发现，在 2014 年之前，这一差额在 0 值附近，但 2014 年之后出现较大的负值，意味着该法规实施可能对污染物排放有较为显著的即期影响。

表 5 - 4   《大气条例》实施效果的预测控制变量实际值与合成值对比

变量	北京市	合成北京市	对照组平均
lnGDP	11.53	11.14	11.12
$(lnGDP)^2$	133.05	124.06	123.8
$lnISO_2$（2011）	11.02	11.03	11.24
$lnISO_2$（2012）	10.99	11	11.14
$lnISO_2$（2013）	10.86	10.87	11.07

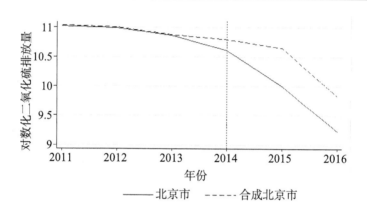

图 5 - 9   《大气条例》实施前后北京市与合成北京市的工业二氧化硫排放量

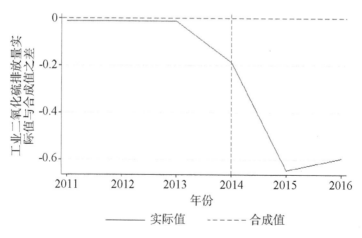

图 5 - 10   《大气条例》实施前后北京市工业二氧化硫实际值与合成值的差额

图 5 - 11 是对对照组内其他地区进行安慰剂检验的结果。为了避免由于对照组城市与其合成值之间预测误差过大而造成的对实施效果检验的干扰，本研究只保留了对照组内小于北京市 2014 年前均方误差 10 倍的地区，通过比较对照组内各地区在 2014 年前 MSPE 值，最终保留了 14 个地区的安慰剂检验结果。由图 5 - 11 可知，北京市在法规实施的 2014 年之后，其实际值与合成值之间的差额是所有 14 个地区中最大的。如果这不是由于《大气条例》的实施而造成的，这种现象出现的概率只有 1/14，约 7%。因而，在 10% 的显著水平下，可以认为《大气条例》的实施对北京市工业二氧化硫排放量的下降产生显著影响。

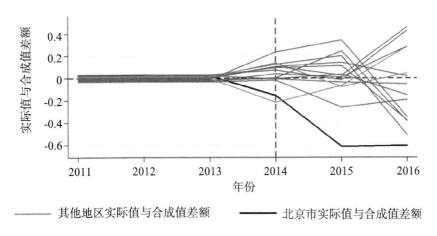

图 5 - 11　《大气条例》实施的安慰剂检验结果

（3）《水条例》的实施效果

表 5 - 5 是实施《水条例》前，利用合成控制法合成北京市的预测控制变量值与实际值的比较。从表中可知，整体上，利用对照组加权合成的北京市对真实北京市的情况进行了较好的拟合。由图 5 - 12 也可以发现，在 2011 年《水条例》实施以前，北京市实际化学需氧量与合成值之间较为接近；但在 2011 年之后，实际化学需氧量相比合成值来说出现较大幅度上升。虽然《水条例》的实施是否反而导致了北京市水体中有机污染物的上升还需要进一步进行安慰剂检验，但这一结果至少已经说明了该法规的实施对控制北京市水体有机污染物的排放并没有产生显著影响，即合成控制法表明该法规的实施效果不显著。

表 5-5　　《水条例》实施效果的预测控制变量实际值与合成值对比

变量	北京市	合成北京市	对照组平均
lnGDP	11.06	10.51	10.7
(lnGDP)^2	122.37	110.81	114.66
lnCOD（2007）	8.8	8.78	9.18
lnCOD（2008）	8.5	8.48	9.04
lnCOD（2009）	8.5	8.48	8.93

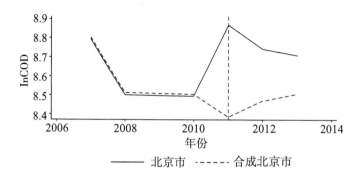

图 5-12　　《水条例》实施前后北京市与合成北京市的化学需氧量

4. 结论与启示

本部分利用合成控制法，对北京市 2001 年、2014 年和 2010 年分别实施的、针对大气污染和水污染治理的地方性环境法规——《大气办法》《大气条例》以及《水条例》进行了实证检验。结果表明，没有证据显示《大气办法》和《水条例》的实施对相关污染物的排放有抑制作用；但《大气条例》的实施却对相关污染物排放量的下降有显著影响。因而，《大气条例》相比《大气办法》和《水条例》来说，其环境治理的效果更为显著。这一结论表明，在正式制度相对薄弱的发展中国家，正式环境规制依然有可能取得较好的实施效果。因而，深入分析是什么导致了这些地方性环境法规的实施效果不同，对发展中国家今后制定更加有效的政策法规、提升环境治理水平，具有重要意义。

由前所述，Greenstone 等（2011）针对印度大气污染和水污染的立法研究发现，大气污染法规政策的有效性要大于水污染。他们认为这是由于与水污染相比，民众更难以处理和应对大气污染问题，因而民众对大气污染的需求和关注度较高，由此导致了大气污染政策更加有效。而本部分的实证研究发现，即使针对同一种污染形式——大气污染，地方法规的有效性也有所区别。因而，深入比较《大气办法》与《大气条例》在立法背景、具体内容、实施细则、执行办法以及实施环境等方面的区别，就可以把握影响发展中国家环境政策实施有效性的主要因素。

由前所述，《大气条例》相比《大气办法》在内容上有诸多改进之处，例如，对污染源管控的区分更加细致，明确提出了使用排污权交易等市场化工具，法律责任和惩罚措施等规定也更加严格。但除此之外，在立法背景、实施环境和内容制定等方面，与《大气办法》相比，《大气条例》的公众参与程度和政府对公众参与工作的重视都有了前所未有的提高。首先，由前述公众环境关心指数的分析可见，在《大气条例》出台前夕的2013年，北京市公众环境关心指数正处于高位。百度指数上，"PM2.5""雾霾"等反映大气污染问题的关键词居网络搜索量前三位。在网络问政平台上，公众对大气污染问题的留言和诉求在2013—2014年大幅上升，显著高于其他污染形式。由此可见，大气污染问题受到公众高度关注，《大气条例》的出台和实施有很强的民意基础。其次，《大气条例》在内容上将"政府主导、全民参与"作为北京市大气污染防治的重要原则。单独设置了"共同防治"章节，该章节共35条，是除"法律责任"外篇幅最大的一章，旨在构建以政府为主导，法人、公民共同参与、共同负责的公共治理体系。在全民参与方面，《大气条例》明确了公众的知情权和社会监督权，并赋予其行使该权利的合理途径。例如，指出了公民、法人和其他组织有权要求政府公开大气环境质量、突发大气环境事件等信息，有权举报污染大气环境的违法行为。

如果《大气条例》的实施由于拥有了更强和更高程度的民意基础、公众关注和公众参与而取得了较好的治理效果，那么公众环境参与将成为发展中国家探索创新型环境治理模式的重要突破口。

全球环境
治理篇

第六章 《京都议定书》框架下
全球气候治理的机制评价[1]

自从认识到人类社会温室气体排放是造成气候变暖的主要原因以来，国际社会展开了近二十年控制温室气体主要是二氧化碳排放的行动。在《京都议定书》等一系列国际气候协议规定下，各国的减排责任分担机制体现为发达国家承担强制减排责任，而发展中国家可以进行自愿减排。这种责任分担机制体现了"共同但有区别的责任"原则，但同时也存在不少问题。《京都议定书》是在《巴黎协议》生效前全球气候治理进程中唯一一个具有法律约束力的国际气候协议，其减排效果却经常遭受非议。在协议生效之后，发达国家总体的二氧化碳排放量有所下降，但与此同时，发展中国家碳排放量却巨幅上升。本章认为造成这种碳泄漏现象的原因不在于单边的减排责任分担机制，而是不合理的碳排放责任认定原则。如果不改变这种责任认定标准，那么越是严格而公平的气候协议则越会加剧碳泄漏的发生。通过计算中国连续时间序列出口隐含碳的方法，本章对上述判断进行了实证检验。

第一节 《京都议定书》框架下全球
碳减排责任分担机制评析

在《京都议定书》框架下建立起来的当前全球碳减排责任分担机制，总体概括来说就是发达国家承担强制减排责任，要求在规定时间内完成二氧化碳绝对排放量的下降，而发展中国家不承担具有法律约束力的减排任务。这样的减排责任分担机制虽然在结果上符合国际环境问题的基本公平

---

❶ 本章内容参见：史亚东. 全球环境治理与我国的资源环境安全研究 [M]. 北京：知识产权出版社，2016.

原则——"共同但有区别的责任"，然而在体现应对气候变化公平原则的其他基本属性上，却缺乏以下一些内容。

一、《京都议定书》框架下并没有建立一个统一的责任分担标准

减排责任分担结果的有区别性应当在统一的责任分担标准的衡量下得出。这个标准应当包括历史责任、消费责任、生产责任以及根据各国发展动态调整责任等因素。当前全球碳减排责任分担机制过分强调结果的"有区别性"，而忽视这种"有区别性"的来源，以至于发达国家和发展中国家各自依据自身标准，争论这种结果的有区别性是否得当。发展中国家自己的标准通常是历史的责任，认为发达国家在工业化过程中排放了大量二氧化碳，这种温室气体的历史累积是造成当前气候变化的主要原因，因此本着"谁污染、谁负责"的原则，发达国家应当率先进行强制性减排。而发达国家自身的标准却是从生产者责任和根据未来发展动态调整的责任出发。例如，发达国家指出一些发展中国家二氧化碳排放量增长迅速，已经成为全球超级排放大国，只要求发达国家减排而放任这些国家的做法，不利于全球对温室气体排放的控制。

二、《京都议定书》框架并没有很好地实现国际气候合作

回顾全球碳减排责任分担机制建立的过程，充满了各国激烈的争论。哥本哈根会议、坎昆会议和德班会议，达成的成果也不令人满意。二十年应对气候变化的历程，只达成了一份具有法律约束力的《京都议定书》，其还没有覆盖全球经济最发达的国家，甚至其能否继续作为一项基本的气候协议存在下来也存在不确定性。因此，当前全球碳减排责任分担机制没有很好地实现各国之间的气候合作。相反，由于争论过多反而拖延了谈判进程，使全球控制温室气体排放的努力大打折扣。追究困扰合作的原因，除缺少一个统一的责任分担标准外，减排责任分担机制缺乏协调各方利益的机制也是主要原因。发达国家要求发展中国家减排，却没有使发展中国家进行减排的必要动机，或者说在法律上缺乏发达国家对发展中国家资金和技术补偿的强制义务规定。发展中国家要求发达国家进一步提高减排程度，却因为没有明确自身减排的日程表，而没有给予发达国家合理预期，反而成了其推迟减排行动的借口。

三、该责任分担机制对实现碳排放控制的影响有限

根据全球碳项目（Global Carbon Project，GCP）机构出具的分析报告《碳预算 2009》（Carbon Budget 2009）全球化石能源消耗产生的二氧化碳排放 2000—2008 年一直保持增长态势。虽然 2009 年受国际金融危机影响，其二氧化碳排放量比前一年有所下降，但是与《京都议定书》设置的 1990 年的基期相比，增长量达 37%。由此可见，《京都议定书》的减排责任分担机制并没有很好地实现控制全球二氧化碳排放的目标。

第二节 碳泄漏问题分析

碳泄漏问题是一种污染跨境转移问题，《京都议定书》生效以来全球控制温室气体排放效果不显著的原因就在于碳泄漏的发生。要想杜绝这种现象，使国际气候协议真正起作用，首先必须要分析碳泄漏问题产生的本质原因。当前学术界对碳泄漏问题的关注并没有深入到本质，这导致了对减排责任分担机制的争论，也造成舆论对《京都议定书》不恰当的批判。

一、《京都议定书》下的碳泄漏问题

有关碳泄漏问题的研究最早可以追溯到 20 世纪 90 年代初。由于各国在应对气候变化行动中没有达成一致的减排意见，有学者认为这种非统一的行动可能会削弱某些国家的竞争优势而造成福利损失（Pezzey，1991；Winters，1992）。1992 年，Oliveira - Matins 等学者将这种不统一行动或政策引发的变化明确表述为碳泄漏问题，认为只有有限的国家实施减排计划，将会导致不实施减排国家的碳排放量上升。他们认为碳泄漏会通过改变能源密集型产品的相对生产成本和改变化石能源的国际价格水平，使污染产业在全球重新选址等三种途径而产生。在此基础上，后来的学者利用可计算一般均衡模型（CGE Model），模拟和估算了各种情景下的碳泄漏率❶情况（Felder and Rutherford，1992；Babiker et al.，1997；IPCC，1996、2001）。

---

❶ 碳泄漏率表述为实施减排国家单位减少的碳排放所造成的他国上升的排放量。

随着国际气候协议《京都议定书》的签署和生效，"共同但有区别的责任"得到了具体的落实，于是，针对《京都议定书》实施可能导致的全球碳泄漏问题也成为关注的重点。在学术界，Babiker（2005）等人依据一年的静态数据，通过模型对《京都议定书》执行可能带来的碳泄漏情况进行了预先的估计，发现全球的碳泄漏率可能超过100%，这意味着发达国家碳减排的成果可能被发展中国家上升的碳排放量所抵消。从真实情况来看，全球碳项目机构和国际能源机构的报告❶指出，《京都议定书》签署以来，附件一国家的二氧化碳排放下降幅度小于非附件一国家碳排放的上升幅度。因此，《京都议定书》所带来的碳泄漏问题严重影响了其控制全球温室气体排放的目的。然而，许多学者就此认定碳泄漏与各国有区别的减排责任相关，如果让发展中国家承担与发达国家一样的减排责任，就不会出现该问题。因此，对《京都议定书》框架下碳泄漏的指责使"共同但有区别的责任"原则遭遇极大挑战。

另外，由于碳泄漏问题的直接表象是一些没有参与减排约束的国家污染排放量的上升，这与20世纪70年代Walter和Ugelow提出的"污染天堂假说"不谋而合。因此，从研究进出口贸易或外商直接投资与污染排放的关系出发，一些学者对发展中国家是否是"污染天堂"进行了实证检验（Eskeland and Harrison，2003；Cole，2004）。然而，这种实证分析虽然是基于对现实情况的检验，但由于没有考虑污染转移的内在原因，也没有与国外的减排行为相联系，而只是从一个侧面证实了碳排放转移（或者说是污染产业转移）现象的存在性，因此不易得出有价值的解决方法，相反还可能产生反对自由贸易和全球化的结论。

二、碳泄漏产生原因

由上述分析可见，造成碳泄漏产生的原因似乎有两点：一是各国实行了不同的减排行动，或者说各国碳减排责任分担不同；二是经济贸易的全球化，亦即国际自由贸易的发展。前者给予了碳泄漏产生的动机，而后者给予了其具体实施的渠道。然而，如果对碳泄漏的认识仅限于此，为消除碳泄漏的发生，必然要求全球开展统一的减排活动，或者会反对自由贸易

---

❶ 见《碳预算2009》和《世界能源展望2010》。

的进行。这一方面违反了应对气候变化领域的公平原则，具体来说是结果上的"有区别"原则；另一方面与 WTO 等国际贸易法则相悖。

产生于 20 世纪 90 年代初的生态足迹理论把人类对自然环境的负面影响归咎于人类为维持自身生存和发展对自然资源的消费。因此，从这个角度来说，消费是产生环境污染的最终驱动力，如果要追究环境污染的责任，必然要考虑消费者的责任。从现实情况来看，通常对某一主体环境污染程度的评价来源于其行为过程中直接产生的污染量，如二氧化碳直接排放量、二氧化硫直接排放量等。这种对环境影响程度的认定方法忽视了通过经济联系而产生的间接环境责任。由于污染主体通常是生产者，这种方法更没有考虑引致污染的最终驱动力——消费者的责任。如果将污染主体从某一生产者扩大到某一区域或某一国家，这种环境责任的认定方法又被称为属地责任原则（Territorial Responsibility）。它产生的最大缺陷就是污染转移。以应对气候变化领域为例，无论是《联合国气候变化框架公约》还是《京都议定书》，其认定各国对气候变化的贡献都是指各国的温室气体直接排放量。它以一国边界为限，指的是一国领土之内某段时间产生的直接环境污染。当依据这一认定方法要求区域或国家为自身排放负责时，区域和国家有动力将二氧化碳等温室气体通过上下游的经济联系转移到境外排放。根据应对气候变化领域"共同但有区别的责任"原则，当前的减排责任分担机制要求发达国家减排。但是在这种碳排放责任认定方法下，发达国家可以选择把产生二氧化碳排放的生产过程移至国外，并进口相应产品，在不减少对自然资源最终消耗的情况下，却完成了全球对其要求的减排任务。与此同时，被转移的国家产生了大量二氧化碳排放，但自身消耗的却很少，如要求其对境内全部排放负责显然有失公平。气候变化产生的根本原因是人类对自然资源的消耗超过了地球系统的承载能力。根据公平原则要求某一方控制其二氧化碳排放，本质上是要求其减少对化石能源的需求和消耗。而如果被控制一方向国外转移排放却不追究其责任，实际没有达到要求其减排的目的，也没有实现公平的减排责任分担。

由此可见，碳泄漏产生的真正原因是当前的碳排放责任认定方法。只关注生产者责任，忽视消费者责任，只减少境内排放，忽视引致的境外排放，一旦各国面临的减排任务不同，碳泄漏就会通过国际贸易而产生。如果不能清楚地认识到这一点，对碳泄漏的批判将演变成对"共同但有区别的责任"的批判，对碳泄漏的反对将延伸为对开展国际自由贸易的反对。因此，杜绝碳泄漏的产生、维护应对气候变化领域的公平原则，关键是需要改变当前的碳排放责任认定方法，否则越是公平而严格的国际气候协议，可能越会加强碳泄漏的产生。在当前碳排放责任认定方法下，学界对《京都议定书》减排效果的批判之声正是上述判断的有力佐证。

第三节 《京都议定书》生效是否加剧对中国碳泄漏的实证检验

改革开放以来，中国越来越深入地参与到国际分工当中，在投资和出口的拉动作用下经济增长迅速，而与此同时，国内的能源消耗和污染排放量也大幅上升。根据国际上几个主要的能源统计机构的数据❶，2009 年中国已经取代美国成为世界第一能源消费国和二氧化碳排放国，这使得在当前全球应对气候变化相当急迫的背景下，中国来自国际社会的减排压力与日俱增。然而，目前国际环境协议中对于各国排放量的认定基于一种属地责任（Territorial Responsibility）的原则，这使得许多面临严格环境规制的国家拥有了将污染排放跨境转移的动力。这种由于他国减少排放的行为而导致的本国排放量增加的现象，亦即碳泄漏，通过国际贸易表现为：为满足国外中间投入需求或最终消费而出口的产品，在由本国要素投入生产的过程中直接和间接排放的二氧化碳。因此，面对中国巨额的二氧化碳排放量，我们有必要研究这其中有多少是为满足外国需求而产生的，即由外国的碳泄漏而来。特别是在具有严格法律约束力的环境协议——《京都议定书》出台之后，针对中国的碳泄漏现象是否加剧了，更加值得怀疑。如果这一猜测是肯定的，则当前以属地责任原则确定碳排放量、忽视碳排放跨境转移的做法亟待改进。否则，越是严格而公平的环境协议越会增加碳排放的转移，因而越不利于控制全球温室气体排放和进行国际气候合作。

基于此，本节利用环境投入产出模型和 RAS 等估算方法，得到了 1991—

---

❶ 这里主要指 IEA 和 BP 的研究报告《世界能源展望 2010》和《世界能源统计 2010》。

2009 年中国各部门出口隐含碳的连续时间序列数据，对《京都议定书》生效是否加剧了针对中国的碳泄漏现象进行了实证分析。

一、分析框架与模型

本节基本的研究思路是：首先，利用环境投入产出法获得计算中国出口隐含碳的基本模型；其次，利用编制延长投入产出表的技术和其他数据处理方法，弥补数据不足的缺憾，相对准确地获取出口隐含碳的连续时间序列数据；最后，建立《京都议定书》生效对出口隐含碳影响的模型并进行实证检验。

1. 计算出口隐含碳的基本模型

对出口隐含碳的定量分析通常利用投入产出法。20 世纪 30 年代由列昂惕夫建立的标准的投入产出模型形式是：

$$x = Ax + y \tag{6-1}$$

其中，x 为各部门的产出向量。A 为直接消耗系数矩阵，其内部元素 $a_{ij} = \dfrac{x_{ij}}{x_i}$，代表每生产一单位部门 j 的产出需要投入部门 i 的量。y 是最终需求向量。式（6-1）意味着在一个划分为 n 个部门的经济中，各部门的产出等于中间投入和最终需求之和，即总产出等于总投入。

式（6-1）通常写为对 x 求解的形式，即

$$x = (I - A)^{-1}y \tag{6-2}$$

其中，I 是单位矩阵，$(I - A)^{-1}$ 被称为列昂惕夫逆矩阵。这是进一步扩展为环境投入产出模型（Environmental Input – Output Model，EIO）的基础，即如果知道单位产出的环境影响系数，令其与总产出相乘，就可以定量分析为了取得总产出而直接和间接产生的环境影响。EIO 模型的基本形式为：

$$f = F(I - A)^{-1}y \tag{6-3}$$

其中，F 为单位产出的环境影响系数列向量，针对气候变化，可以特指为单位产出的碳排放系数，则此时 f 意味着国内生产所直接和间接排放的二氧化碳量。

上述 EIO 模型因为没有区分进出口份额而不能反映贸易隐含排放。所以，本小节利用 Peters（2008）的模型，将式（6-1）改写为：

$$x + m = Ax + y + e \tag{6-4}$$

其中，m、e 分别为进出口向量。假设 m 是关于 Ax 和 y 的线性函数，使得：

$$m = M_1Ax + M_2y \tag{6-5}$$

这里需要说明的是关于进口 m，对于中国来说，进口商品主要用于作为国内部门的中间投入和国内居民的最终消费，因此在假设 m 为关于 Ax 和 y 的线性函数的条件下，可以把 m 分解为用于中间投入的 M_1Ax 和用于最终消费的 M_2y。因此总的中间投入 Ax 可以分为国内产出的中间投入 $A^r x'$ 和进口商品的中间投入 M_1Ax 两部分，而最终消费 y 也可以区分为消费国内商品 y^r 和进口商品 M_2y 两部分，分别写为：

$$Ax = A^r x + M_1Ax \tag{6-6}$$

$$y = y^r + M_2y \tag{6-7}$$

把式（6-5）～式（6-7）代入式（6-4），可以消除 m，得到：

$$x = [I - A^r]^{-1}(y^r + e) \tag{6-8}$$

因此，计算国内直接和间接二氧化碳排放量的公式变为：

$$f = F[I - A^r]^{-1}(y^r + e) = F[I - A^r]^{-1}y^r + F[I - A^r]^{-1}e \tag{6-9}$$

式（6-9）是由国内投入要素在生产的各个环节所排放的二氧化碳，由于它是国内需求 y^r 和出口 e 的线性形式，因此可以把国内排放进行分解。即在国内总的碳排放当中，计算为满足国外需求而出口的隐含碳排放的公式是❶：

$$EC = F[I - A^r]^{-1}e \tag{6-10}$$

2. 获取出口隐含碳的连续时间序列数据

式（6-10）是计算出口隐含碳的基本模型，只要获得相关变量的年度数据，就可以计算任意年份的出口隐含碳排放。由模型中的 F、e 可知，计算需要获得包括总产出、二氧化碳排放量、出口在内的年度数据。虽然这些数据并不容易查找，但依然有方法可以获取。比较困难的计算是 A^r。由于投入产出表的编制通常是非连续的，而且国内编制的投入产出表没有

---

❶ 注：公式（6-10）也可以理解为双边贸易中的出口隐含碳，因此也可以处理中国对某些国家的出口隐含碳的计算。

区分中间投入的进出口份额，因此本小节的研究需要启用 OECD 版本中国投入产出表的国内表部分，同时利用编制延长表的技术，获得连续时间序列的 A^{T} 矩阵。

根据基年投入产出表编制延长表的方法常用的是 RAS 法，它最初由 Stone 和 Brown 在 1962 年提出。其基本原理是：假设直接消耗系数矩阵的变动由两方面的影响组成，一是替代影响，用正的对角矩阵 R 来表示，反映中间投入被其他产品替代的程度；二是制造影响，用正的对角矩阵 S 来表示，反映由于制造技术变化而引起的中间投入占总投入比重的变动。如果已知 t 年和 T 年直接消耗系数矩阵 A_t 和 A_T，则可以通过调整 A_t 到 A_T 的方法求解 R 和 S，即令 RA_tS 矩阵的行和与列和分别等于 A_T 矩阵的行和与列和，通过多次迭代的方法获得矩阵 R 和 S。假设直接消耗系数矩阵的变化速率不变，则可以利用平均变化速率 $\sqrt[T-t]{R}$、$\sqrt[T-t]{S}$，来获得任意年份的 A，如：$A_{t+1} = \sqrt[T-t]{R} A_t \sqrt[T-t]{S}$。

这种简单的 RAS 方法又称为"双比例调整法"，它的求解有存在性、唯一性和迭代的收敛性等特点（马向前、任若恩，2004）。由于这种简单的 RAS 方法假设直接消耗系数的变化速率不变，即假设扩展期间没有发生结构性变化，[1] 因此对于相隔时间较短的估计效果较好。而对于间隔时间相对较长的估计，直接应用简单的 RAS 方法可能造成对一些部门直接消耗系数的修正是错误的。因此，本部分在外推投入产出表时，参考了李斌、刘丽君（2002）对于直接消耗系数矩阵分块应用 RAS 的方法（即首先对直接消耗系数矩阵按变化类型的不同分块，然后对每块分别应用 RAS 方法），这样可以捕捉同一部门对不同部门投入或需求增减不一的结构性变化。[2] 同时本部分还将 A_t 和 A_T 分别作为基期，对得到的两套 R 和 S 进行加权，以克服估计结果过分依赖于基年信息的缺陷。

---

[1] 这种结构性变化通常指技术进步等原因带来的产业结构的变化，它一般由国内因素所主导而较少受外界因素干扰。在这种假设下，各部门直接消耗系数矩阵是按一种平均速率来变动的，因此不能反映同一部门对不同部门投入有增有减或同一部门对不同部门需求有增有减的结构性变化。

[2] 李斌、刘丽君（2002）在生成 1984—1990 年吉林省的投入产出表时指出这种方法优于二阶段的 RAS 方法和简单 RAS 方法，具体计算方法和过程描述可见他们的文章。

3. 《京都议定书》生效后中国的碳泄漏现象是否加剧的实证检验

《京都议定书》是目前应对气候变化领域最有法律约束力也是最能落实"共同但有区别的责任"原则的国际环境协议。它于 2005 年正式生效，截至目前共有 190 多个国家签署了该协议。《京都议定书》的出台使全球应对气候变化由"口号"落实为"行动"，特别是对于协议规定的附件一国家，其面临的强制减排任务要求切实地减少本国的实际排放。然而，从《京都议定书》执行效果来看，虽然签署协议的附件一国家较好地完成了减排任务，但非附件一国家的排放量却有显著上升，因此从全球范围来看，协议对于控制全球温室气体排放的效果有限。本节认为造成这一现象的根本原因不在于协议没有规定发展中国家的强制减排任务，而是因为当前的碳排放责任认定原则规定了一国只对本区域的碳排放负责，即以"属地责任"原则作为确定一国碳排放量的标准。因此，面临减排压力的国家有动力将碳排放跨境转移，从消费者责任看，即通过进口而引起外国直接和间接碳排放量的上升。中国近年来的二氧化碳排放量增长迅速，已经成为世界第一大能源消费国和二氧化碳排放国。然而从直觉上判断，中国的能源消费和碳排放可能主要是为了满足国外需求，即由国外碳泄漏而来。而在全球面临具有严格法律约束力的环境协议《京都议定书》时，笔者猜测针对中国碳泄漏的程度可能有所加剧，基于如此猜想，本节进行实证检验的命题如下：

《京都议定书》生效后，针对中国的碳泄漏现象加剧了。即《京都议定书》的生效对中国国内碳排放中为满足国外需求而产生的直接和间接的碳排放量的变动有正向的冲击。

一般而言，对政策效果的实证分析有倍差法（Difference – in – Difference）、回归模型中的断点检验（如 Chow test，Bai&Perron test 等）以及时间序列模型中的结构突变点分析等。利用公式（6 – 10），本研究可以获得各部门的出口隐含碳的连续时间序列数据，因此本研究将以第三种分析方法为基础，以时间序列数据是否产生了结构性变化来表征《京都议定书》的影响，建立如下形式的面板自回归计量模型：

$$\ln ec_{it} = \beta_0 + \beta_1 \ln ec_{it-1} + \beta_2 dk_t + \beta_3 D_t + \varepsilon_{it} \qquad (6 – 11)$$

其中，ec_{it} 指 i 部门 t 时期出口隐含的二氧化碳排放量，对其取自然对数是为了避免异方差并使其平稳。dk_t 代表《京都议定书》生效的虚拟变量（生效之前取 0，生效以后取 1）。ε_{it} 为误差项。D_t 表征其他可能导致出口隐含碳发生结构突变的政策虚拟变量。由于上述模型存在被解释变量一阶滞后项，采用 OLS 方法可能导致估计的非一致性，因此本研究采取 Arellano 和 Bond（1991）的广义矩（GMM）估计方法，同时对模型设定正确性进行假设检验。

二、数据及处理

本部分的数据处理过程主要围绕获取出口贸易隐含碳的连续时间序列数据而展开，具体工作涉及三个方面：一是获取连续时间的国内产出的直接消耗系数矩阵；二是获取历年单位产出的碳排放系数；三是确定各年度出口数据。

1. 连续时间序列数据的获得

利用分块 RAS 方法外推投入产出表时首先要确定基年的直接消耗系数水平。OECD 数据库❶提供了中国 1995 年、2000 年和 2005 年的投入产出表，包含区分进口商品中间投入的总表、国内表和进口表三部分，其中的国内表是本研究确定基年水平的基础。为了和其他数据的统计口径一致，同时简便运算，本部分首先对 OECD 版本的投入产出表进行部门合并，在考虑国民经济行业分类标准的基础上，把按照国际标准产业分类（ISIC）的 48 个产业部门合并为 20 个（具体的部门参见表 6-1）。按照公式 $a_{ij} = \frac{x_{ij}}{x_j}$（其中，$x_{ij}$ 指部门合并后不包含进口商品的中间投入），分别计算 1995 年、2000 年和 2005 年国内产品的直接消耗系数矩阵：A_{1995}^{rr}、A_{2000}^{rr} 和 A_{2005}^{rr}。分别以上述年份的直接消耗系数矩阵作为基年水平，利用前述分块 RAS 方法，将其扩展到 1991—2009 年，最终获得连续时间序列的直接消耗系数矩阵。❷

---

❶ 该数据库位于 http：//stats. oecd. org/index. aspx.

❷ 笔者在实际推算中，对应用分块 RAS 方法和简单 RAS 方法得到的两套直接消耗系数矩阵序列进行了对比，发现它们的差异不大，而且没有造成各部门出口隐含碳时间序列数据特别明显的变化。实际上，虽然在简单 RAS 方法上发展起来的外推投入产出表的方法众多，但是利用这些方法得到的直接消耗系数矩阵总体差异并不大。例如，马向前、任若恩（2004）外推国内投入产出表时发现日本学者黑田的方法比简单 RAS 方法总体精度有所提高，但是从全部行业的平均结果看，两种方法相差不大。

表 6 - 1　合并后的部门一览表

序号	部门名称	序号	部门	序号	部门	序号	部门
1	农林牧渔业	6	石油炼焦及核燃料工业	11	机械设备制造业	16	其他制造业
2	采矿业	7	化学及医药制造业	12	仪器仪表及办公通信业	17	建筑业
3	食品生产饮料和烟草业	8	橡胶塑料及非金属矿物业	13	电气机械及器材制造业	18	批发零售住宿餐饮
4	纺织皮革鞋制造业	9	金属冶炼加工业	14	交通运输设备制造业	19	交通运输仓储邮政业
5	木材及造纸印刷业	10	金属制品业	15	电力燃气水生产供应业	20	其他服务业

2. 历年单位产出的二氧化碳排放系数 F 的计算

为获得历年单位产出的二氧化碳排放系数，首先需要计算各部门历年的二氧化碳排放量。由于二氧化碳排放主要来自化石能源的消耗，因此本部分以各部门终端消耗的各种化石能源乘以各种能源的二氧化碳排放系数来获得这一数据。其中，历年工业行业的终端能源消费数据来自历年《中国能源统计年鉴》，而农业和服务业作为非能源转换部门，因此以历年《中国统计年鉴》中的各部门能源消耗数据来代替。基于数据计算可得性，同时考虑中国化石能源消耗主要以煤炭、石油和天然气为主，此处所指的各部门能源消耗主要指除电力、热力以外化石能源中的原煤、焦炭、焦炉煤气、原油、汽油、煤油、柴油、燃料油、液化石油气、天然气 10 种能源的消耗。❶

《2006 年 IPCC 国家温室气体清单指南》提供了计算各种能源二氧化碳排放系数的主要参数和方法。其计算公式为 $CO_2 = \sum_{i}^{n} E_i \times NCV_i \times CEF_i \times$

---

❶　在统计年鉴中，各部门消耗的化石能源包含 16 种，但是除煤炭、石油和天然气以外，其他各种能源消费所占的比例较低。为了尽量包含所有的化石能源，同时考虑各种能源碳排放系数计算的准确性和可得性，本研究选取了上述 10 种能源作为研究对象。国内学者在研究各行业的碳排放量时也采用了类似的方法，例如，陈诗一（2009）选取了原煤、原油、天然气 3 种一次能源，黄敏等（2010）则选取了 8 种。

$COF_i \times \dfrac{44}{12}$，其中 E 代表各种能源消耗量，NCV 为各种能源的平均低位发热量（参数取自《中国能源统计年鉴》附录4），CEF 为 IPCC 提供的各种能源单位热量的含碳水平，COF 为碳氧化因子（缺省时为1），44 和 12 分别为二氧化碳和碳的分子量（具体的计算结果见表6-2）。

表6-2　各种能源的二氧化碳排放系数

能源	平均低位发热量（千焦/千克）	CEF（千克/1 000 000 千焦）	COF	能源折标煤参考系数（千克标煤/千克）	二氧化碳排放系数（千克/千克标煤）
原煤	20 908	26	1	0.7143	2.790
焦炭	28 435	29.2	1	0.9714	3.134
焦炉煤气	16 726	12.1	1	0.5714	1.299
原油	41 816	20	1	1.4286	2.147
汽油	43 070	18.9	1	1.4714	2.029
煤油	43 070	19.6	1	1.4714	2.104
柴油	42 652	20.2	1	1.4571	2.168
燃料油	41 816	21.1	1	1.4286	2.265
液化石油气	50 179	17.2	1	1.7143	1.846
天然气	38 931	15.7	1	1.5714	1.685

注：IPCC 中没有报告原煤的相关参数，本研究采取陈诗一（2009）将烟煤和无烟煤加权平均的做法得到相关数据。

其次是计算历年各部门的总产出。本部分可以利用国家统计局公布的 1990 年、1992 年、1995 年、1997 年、2000 年、2002 年、2005 年和 2007 年的投入产出表，获得相应年份各部门的总产出数据。对于缺失年份的数据，参照 Wood（2010）的做法，利用已知的产出数据建立指数形式的计量模型进行估计。模型形式为：$x_i = exp\,(a_i t)$，其中 x_i 指 i 部门的总产出。最后，按照生产者价格指数，将总产出折算为不变价，获得连续时间序列的单位总产出二氧化碳排放系数。

3. 年度出口数据的确定

国际贸易的相关数据一般是按商品类别进行统计的，常用的统计标准有《国际贸易标准分类》（SITC）、《商品名称及编码协调制度》（HS）以及《按经济大类分类》（BEC）等。为了获得分部门的出口数据，本部分需要把国际贸易的通用统计标准与产业分类标准进行对照。许多学者和研究机构在这方面的贡献给笔者提供了进行对照的基础。在集结农、林、牧、渔业和工业分行业出口数据时，本部分参考了联合国统计处提供的转换表❶以及盛斌（2002）和 Muendler（2009）的转换方法。历年的出口数据来源为联合国贸易数据库（UN comtrade）❷。关于服务贸易出口，笔者根据 WTO 关于服务贸易的分类❸与合并后的服务行业部门进行了对应。具体对应方法是：将服务贸易分类中的建筑工程服务对应于建筑业，将商业服务、经销服务、旅游服务对应于批发零售住宿餐饮业，将运输服务及通信服务对应于交通运输邮政仓储业，将剩余的其他分类对应于其他服务业。

历年服务业分项出口数据来源于联合国贸发会议统计数据库（UNCTAD）❹。在获得分部门的年度出口数据后，笔者按照当年汇率进行了折算，同时还进行了不变价处理。

三、计算结果与实证分析

本部分报告了利用公式（6-10）以及外推投入产出表等方法获得的1991—2009 年中国 20 个部门出口隐含碳排放量的计算结果，同时利用该数据对《京都议定书》的政策影响进行了实证检验，相应图表根据笔者估计的数据绘制。

1. 计算结果

图 6-1 给出了根据中国 20 个部门出口隐含碳排放连续时间序列数据所绘制的主要几个部门的出口隐含碳排放。从中可以发现，中国出口隐含碳排放量在研究期间总体呈一种上升趋势。2009 年中国出口隐含二氧化碳总量为 2169MT，比 1991 年的 371MT 增加了近 5 倍，年均增长率达10.3%。分产业来看，第二产业的出口隐含碳排放量最高，其次是第三产业。对于第二产业来说，制造业是主要的出口隐含碳排放来源，其中又以

---

❶ 见联合国统计处网站 http：//unstats. un. org/unsd/cr/registry/regdnld. asp？Lg = 1.

❷ 该数据库位于 http：//comtrade. un. org/db/default. aspx.

❸ WTO 对于服务贸易分类是根据行业部门进行的，详见《服务贸易总协定》。

❹ 该数据库位于 http：//www. unctad. org.

金属冶炼加工业为最。这些排放量较高的产业在研究期间的增长趋势较为明显，而第一产业和第二产业的非制造业等排放量较低的部门，其在研究期间的变动相对平稳。从变动趋势来看，2002 年之前，中国各部门的出口隐含碳排放量基本维持在较稳定的水平，而 2002 年之后出现显著上升，2005 年这种上升有加剧的趋势，到 2008 年之后又出现了明显的下降。之所以会出现这种趋势变化，可能由于中国 2001 年加入了 WTO，出口贸易迅速增加，因此出口隐含碳排放也随之增加；而 2005 年《京都议定书》正式生效，国外可能加剧对中国的碳泄漏；2008 年受国际金融危机影响，出口有所下降，导致出口隐含碳也有下降的趋势。

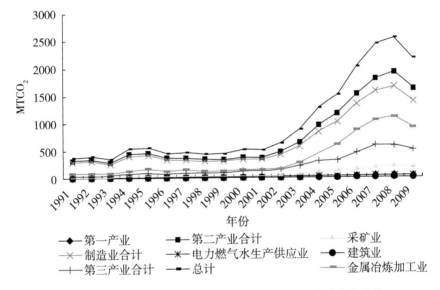

图 6-1 1991—2009 年中国主要产业部门出口隐含碳变化趋势

加入 WTO 和国际金融危机的影响可能从直观上会弱化《京都议定书》生效的政策效应。为了从数据的变动趋势获得直观的印象，本部分利用公式（6-10）还计算了中国对签署《京都议定书》附件一国家出口的隐含碳排放量。❶

---

❶ 这里附件一国家指签署《京都议定书》受其强制减排责任规定的国家，具体来说指《京都议定书》附件一所列出的除美国、克罗地亚、立陶宛、斯洛文尼亚、乌克兰以外的国家。另，列支敦士登和摩纳哥因为相关数据缺失也予以排除。

图6-2描述了按三次产业分中国对附件一国家出口隐含碳占总出口隐含碳之比的变化趋势。从中可以清楚地发现，2005年之前，中国对附件一国家出口隐含碳排放占其总出口隐含碳排放的比例维持在30%~40%；而2005年《京都议定书》生效后，这一比例迅速上升，在2009年接近了60%。分产业来看，各产业这一比例在2005年以后虽然都表现出增长的趋势，但是排放量较低的第一产业变动不明显，而第二产业和第三产业向附件一国家出口隐含碳排放的比例都有显著上升。这一现象说明，针对中国的碳泄漏在协议生效之后可能更大程度地来自受协议强制减排责任规定的附件一国家，中国相对排放较高的污染品也在协议生效之后加剧了向受协议约束国家的出口。因此，这符合笔者的假定：关于在当前碳排放责任认定原则下，《京都议定书》生效会使面临强制减排责任的国家有动力通过进口减少本国碳排放，从而从另一个角度反映了《京都议定书》生效对中国碳泄漏影响的政策效应。

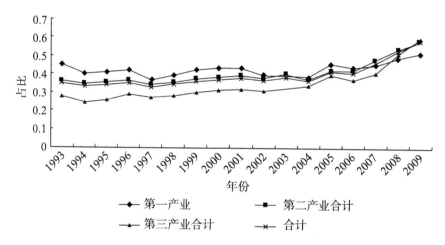

图6-2　按产业分中国对附件一国家出口隐含碳占总出口隐含碳比例的变化趋势

2. 实证检验与分析

本部分利用公式（6-10）获得中国20个部门1991—2009年连续时间序列的出口隐含碳排放数据后，对模型（6-11）进行了实证检验（见表6-3），其中，模型1和模型2分别只考虑《京都议定书》生效一个结构突变时的两步法的广义矩估计（GMM）结果和固定效应（FE）估计结果。从中可见，表征《京都议定书》生效的政策虚拟变量显著且为正，表明《京都议定书》生效使中国出口隐含碳排放的变动产生向上的均值式的突变。由图 6-1 可知，中国出口隐含碳在加入 WTO 后增长显著，且在 2008 年国际金融危机时有所下降，因此只考虑《京都议定书》的影响有可能夸大其政策效应。继而，本研究在模型 3~6 分别引入了表征加入 WTO 和发生国际金融危机的虚拟变量 dw 和 df（发生之前取 0，发生之后取 1），然后利用广义矩和固定效应模型进行估计。结果显示利用广义矩估计时，加入 WTO 和国际金融危机的影响，表征《京都议定书》生效的政策虚拟变量依然显著且为正，但是其影响程度有所下降。此时加入 WTO 的影响为正，而发生国际金融危机的影响为负，这与前述笔者对计算结果的分析一致，同时表明考虑其他政策影响后，《京都议定书》生效的政策效应在估计时依然具有稳健性。对模型的检验表明，模型通过了系数总显著性（wald chi2）和模型过度约束正确（sargan test）的假设检验，同时残差序列不存在二阶自相关，模型设定满足广义矩估计的基本假定。表 6-3 的模型 4 和模型 6 是利用固定效应模型估计的结果，可以发现此时 dk 的系数虽然为正，但是估计结果不如 GMM 显著。

表 6-3　《京都议定书》生效对中国出口隐含碳排放变动的影响

模型		模型 1	模型 2	模型 3	模型 4	模型 5	模型 6
		GMM	FE	GMM	FE	GMM	FE
解释变量	$\ln ec_{it-1}$	0.805	0.817	0.732	0.779	0.751	0.790
		(49.05) **	(23.18) **	(39.21) **	(22.51) **	(41.86) **	(22.96) *
	dk	0.160	0.151	0.074	0.034	0.100	0.070
		(14.84) **	(3.03) **	(6.37) **	(0.65)	(8.00) **	(1.31)
	dw			0.229	0.222	0.225	0.220
				(25.02) **	(5.40) **	(17.79) **	(5.40) **
	df					-0.214	-0.223
						(-19.12) **	(-2.99) **
	常数项	1.429	1.356	1.872	1.557	1.743	1.481
		(11.37) **	(5.46) **	(12.64) **	(6.45) **	(12.82) **	(6.17) **

续表

模型		模型 1	模型 2	模型 3	模型 4	模型 5	模型 6
		GMM	FE	GMM	FE	GMM	FE
模型检验	wald chi2	22 795.83 (0.00)		40 495.38 (0.00)		14 354.17 (0.00)	
	F - stat		592.88 (0.00)		437.89 (0.00)		338.36 (0.00)
	sargan test	19.766 (1.00)		19.729 (1.00)		19.785 (1.00)	
	ar (1)	-3.19 (0.00)		-3.24 (0.00)		-3.25 (0.00)	
	ar (2)	0.97 (0.33)		0.98 (0.33)		0.96 (0.34)	

注：解释变量系数括号内为 z 值或 t 值，模型检验括内为 P 值，**代表1%的显著水平，*代表5%的显著水平。

笔者对于《京都议定书》生效会加剧针对中国碳泄漏的先验性命题，基于中国出口贸易对象主要是美国、日本、欧盟等发达国家和地区，而协议生效主要是要求发达国家和地区承担强制减排责任，因此，在当前碳排放记账原则下，中国的出口隐含碳排放有加剧的趋势。当然，不可否认，中国对一些发展中国家的出口贸易（如印度）以及向中国香港等地的转口贸易也占据一定比重。在此，笔者不能否认这些国家和地区在协议生效后是否也出于各种考虑有加剧向中国碳泄漏的趋势，但值得肯定的是，如果只研究受协议强制减排责任规定的国家是否在协议生效后加剧了对中国的碳泄漏，将更能证明笔者的结论，同时也更符合由于本国减排活动而导致他国排放量上升的碳泄漏的定义。

因此，本部分利用公式（6-10）计算了中国对签署《京都议定书》附件一国家的出口隐含碳排放量，获得了 20 个部门 1993—2009 年连续时间序列的面板数据，❶ 然后利用模型（6-11）对《京都议定书》生效的

---

❶ 对这些国家的出口贸易数据来源同前，基于数据可得性，研究时间从 1993 年开始。

政策效应进行了实证检验，结果见表6-4。与表6-3类似，表6-4的模型1和模型2是只考虑协议生效一个均值式结构突变的GMM和FE估计结果。而模型3~6分别考虑了加入WTO和国际金融危机影响的估计结果。从中可以发现，《京都议定书》生效和加入WTO依然对向附件一国家出口隐含碳排放的变动有均值式的正向冲击，而国际金融危机的发生则会产生向下的变动。同时，不论模型是否考虑加入WTO和国际金融危机的影响，表征协议生效的虚拟变量符号不变，并且在GMM估计和固定效应模型估计下，统计上均显著，表明了对协议生效政策影响的估计具有良好的稳健性。对模型进行系数总显著性的检验、模型过度约束正确的检验，以及残差序列不存在二阶自相关的检验，也表明模型设定满足GMM估计的基本假定。

表6-4　《京都议定书》生效对中国向附件一国家出口隐含碳变动的影响

模型		模型1	模型2	模型3	模型4	模型5	模型6
		GMM	FE	GMM	FE	GMM	FE
解释变量	$\ln ec_{it-1}$	0.840	0.846	0.743	0.783	0.747	0.789
		(184.22)**	(22.00)**	(110.60)**	(20.44)**	64.45)**	(19.50)**
	dk	0.208	0.212	0.166	0.127	0.167	0.134
		(82.84)**	(3.41)**	(51.00)**	(2.07)*	(33.61)**	(2.13)*
	dw			0.259	0.258	0.257	0.256
				(28.10)**	(5.63)**	(19.82)**	(5.55)**
	df					-0.012	-0.035
						(-2.43)**	(-0.52)
	常数项	1.072	1.038	1.559	1.324	1.534	1.285
		(27.36)**	(4.47)**	(28.10)**	(5.83)**	(17.79)**	(5.36)**
模型检验	wald chi2	78 835.82		47 560.17		48 520.96	
		(0.00)		(0.00)		(0.00)	
	F - stat		753.96		565.02		422.78
			(0.00)		(0.00)		(0.00)
	sargan test	19.913		19.855		19.854	
		(1.00)		(1.00)		(1.00)	

续表

模型		模型1	模型2	模型3	模型4	模型5	模型6
		GMM	FE	GMM	FE	GMM	FE
模型检验	ar（1）	−2.65 (0.01)		−2.71 (0.01)		−2.71 (0.01)	
	ar（2）	0.22 (0.82)		0.12 (0.91)		0.13 (0.90)	

注：解释变量系数括号内为 z 值或 t 值，模型检验括内为 P 值，＊＊代表1%的显著水平，＊代表5%的显著水平。

　　将表6-3的结果与表6-4相比较，可以发现《京都议定书》生效对中国向附件一国家出口隐含碳排放变动的影响比对总出口隐含碳变动的影响更大。这说明协议生效更加剧了附件一国家向中国的碳泄漏，也即意味着由于受到强制减排责任规定，附件一国家更有动力加强从中国的进口需求，转移本国的碳排放，从而完成基于"属地责任"的减排任务。同时，由表6-3和表6-4可以发现，与《京都议定书》生效相比，加入WTO对中国出口隐含碳排放的正向冲击更大，这是由于通过进出口贸易的碳泄漏的发生要以开放经济为前提。当然，由于出口隐含碳的计算严重依赖于出口贸易，针对中国碳泄漏的关注并非倡导限制贸易，而是强调面临严格环境约束时，如果不改变当前碳排放责任的认定原则，只让各国对本土内的环境污染负责，而不从消费者责任角度加以抑制，那么严格而公平的环境协议只会加剧通过进出口贸易碳泄漏的发生，从而使协议对控制全球温室气体排放的效果大打折扣。

　　另外，对最后估计结果的一点说明是：2005年在第十一个五年计划中，中国制定了节能减排规划，并在2006年提出了约束性措施，包括调整出口退税率、限制"两高一资"产品出口，这有可能使这些行业在正式文件出台前趁机加大出口力度。因此，在协议生效之时，中国出口隐含碳排放的变动是否可能不是由于协议生效而产生的呢？对此，笔者认为趁机行为的确有可能发生，但这种影响是短期的，不会使变量发生均值式的结构突变。而观察中国出口隐含碳的变动趋势可以发现，2008年之前，出口隐含碳排放并没有回落的现象。同时，像第三产业这种不受该出口政策影响的行业，由于其直接和间接产生的碳排放量较高，在协议生效之时，也产生了明显的结构性变化，表明《京都议定书》生效的确是产生这种变化的原因。

四、小结

利用环境投入产出模型和外推投入产出表的方法，本节获得了1991—2009年中国20个部门出口隐含碳的连续时间序列数据，通过建立面板自回归计量模型，对《京都议定书》生效是否加剧了中国的碳泄漏现象进行了实证检验。结果表明，《京都议定书》生效对中国出口隐含碳的变动有正向的均值式的冲击，同时，考虑中国对签署协议附件一国家的出口隐含碳排放的变动，这种冲击的影响更大。以上均进一步表明协议生效后，附件一国家加剧了通过进口向中国进行碳泄漏活动。

上述结论的得出对于当前全球应对气候变化的行动有很多启示。首先，这在一定程度上解释了中国能源消耗和二氧化碳排放量近年来不断增长的原因，除了满足自身的需求外，通过满足外国需求而产生的碳泄漏也是主要缘由。如果考虑碳泄漏的因素，在国际气候合作中一些发达国家要求中国也进行强制性减排的理由就显得不再合理。其次，《京都议定书》生效的政策影响表明，在当前属地责任原则下，严格而公平的环境约束反而不利于控制温室气体排放和进行全球合作减排。这表明属地责任原则亟待改进，否则即使在哥本哈根或者坎昆会议上达成强制性减排协议，发达国家也可能转移本国的二氧化碳排放而不进行实质性减排。因此，应对气候变化行动的焦点应当集中在确定一国碳排放量的标准和原则上，这也将成为顺利实现国际气候合作的关键突破点。

治理模式
创新篇

第七章　非正式制度视角下发展中国家的环境治理模式创新

发展中国家的环境治理模式创新，首先应当表现为制度创新。西方发达国家由于具备较完善的制度环境，在环境治理的理论和实践中较少涉及制度因素的讨论。然而，对于正式制度建设薄弱的发展中国家来说，忽视制度因素，将导致已经在发达国家成熟运用的环境政策工具在发展中国家的实施效果不佳。本章从环境治理的制度创新出发，详细介绍了环境治理中的正式制度和非正式制度因素，并从环境非正式约束出发，结合大数据的时代背景和技术手段，以北京市为例，探讨环境治理模式创新的具体路径。

第一节　环境治理模式的制度创新[1]

一、环境治理中的制度因素

环境治理的实践和理论起源于 20 世纪初在西方发达国家兴起的环境保护运动。以美国为代表，在 20 世纪 70 年代曾爆发过约 2000 万人参加的、"人类历史上规模最大的有组织的示威游行"——世界"地球日"活动。在一浪高过一浪的环保运动下，西方社会各界对环境问题日益关注和重视，进而催生了环境治理实践和理论的发展。在发达国家，环境治理模式经历了由政府干预下的以"命令—控制"政策为主导，向以产权为基础的市场化环境政策为主导的转变。相应地，环境政策的成本有效性也成为理论研究的重点。随着 20 世纪 90 年代西方政治学中"治理"理论的兴起，

---

[1] 本节部分内容已发表，见：史亚东. 大数据背景下我国环境治理非正式制度创新的实现路径 [J]. 城市管理与科技，2019（2）.

理论界开始重视政府和市场在应对环境问题中的局限性和失灵，愈加强调多元主体协作和互动来共同应对环境问题。然而，不管是环境经济学下有关环境政策的理论研究，还是"公共治理"理论在生态环境领域的延伸，这些在西方话语权主导下的理论研究都很少涉及制度层面，并探讨制度因素。制度经济学的发展告诉我们，制度变迁决定了人类历史中社会演化的方式，因而制度是理解历史变迁的关键，也是解释世界各国经济社会绩效产生差距的原因。西方环境治理理论较少涉及制度因素，一方面是由于这些国家社会演化方式较为接近，制度背景差异不大；另一方面也是因为西方发达国家普遍建立起了较为完善的制度环境，环境政策的实施对制度环境的依赖性较小。

随着世界经济格局的巨变，以中国为代表的新兴市场国家在经济上取得了巨大的成就，但与此同时，这些发展中国家也面临越来越严峻的生态环境问题。发展中国家的环境治理，不仅涉及和影响本国居民的福祉，也是国际社会应对类似气候变化这类全球性环境问题的关键。诚然，西方发达国家的环境治理理论对发展中国家的环境治理有很多借鉴意义。然而，由于巨大的制度差异，发展中国家对这些环境治理理论完全照搬式地应用往往并不能取得较好的效果。因而，探讨发展中国家环境治理模式创新，必须首先从制度因素入手。

1. 制度的概念与制度分析的视角

经济学对制度的研究由来已久，对制度的定义也可归纳为三类。一是认为制度是一种"习惯"。制度经济学鼻祖凡勃仑（T. Veblen）认为，"制度实质上是个人或社会对有关的某些关心或某些作用的一般思想习惯""从心理学的方面来说，可以概括地把它说成是一种流行的精神态度或一种流行的生活理论"❶。二是强调制度的"组织"特性。旧制度经济学的代表康芒斯对制度的定义较为宽泛，他曾说："如果要找出一种普遍的原则，适用于一切所谓属于制度的行为，我们可以把制度解释为集体行动控制个体行动。"由于其特别关注当时的产业社会组织，康芒斯还指出"我们所谓的制度，是自家族、有限公司、工会等乃至国家，具有使其运转的行为

---

❶ 凡勃仑. 有闲阶级论——关于制度的经济研究［M］. 蔡受白，译. 北京：商务印书馆，1997：138 – 139.

准则的营运企业"❶。随着新制度经济学的兴起，有关制度在各学科有了更为统一的认识，即第三类制度的定义，是将其定义为一种"规则"。诺贝尔经济学奖获得者、新制度经济学创始人诺思指出"制度是一个社会的博弈规则，或者更规范地说，它们是一些人为设计的、型塑人们互动关系的约束"❷。政治学领域的罗尔斯指出，"我要把制度理解为一种公开的规范体系"❸；马克斯·韦伯也说"制度应是任何一定圈子里的行为准则"❹。国内知名经济学者黄少安指出，"制度是至少在特定社会范围内统一的、对单个社会成员的各种行为起约束作用的一系列规则；这种规则可以是正式的，如法律规则、组织章程等，也可以是非正式的，如道德规范、习俗等"❺。

如果把制度理解为一种行为规则，则将制度区分为正式制度和非正式制度的方法逐渐演变成了一种基本的制度分析视角。正式制度是人们设计出来的、以正式方式加以确定的各种制度安排，包括政治（和司法）规则、经济规则和契约，通常有成文并由权力机构来保证实施。诺思指出，即使在最发达的经济中，正式规则也只是型塑选择的约束的很小一部分，而人们行为选择的大部分都是由非正式制度来约束的。所谓非正式制度，是人们在长期交往中无意识形成的，具备代代相传特点的，包括习俗、惯例、规范、文化以及意识形态和价值观等因素的行为规则。而其中意识形态和价值观在非正式制度中具有核心地位。意识形态是一种观念的集合，在马克思主义的定义下其是指社会中的统治阶级对所有社会成员提供的一组观念。因而，意识形态这种非正式制度可以认为由国家提供。价值观是指个人对客观事物的意义和重要性的总评价和总看法。因而，价值观这种非正式制度来源于公众。个人价值观与国家意识形态具有相互影响、相互

❶ 约翰·康芒斯. 制度经济学［M］. 于树生，译. 北京：商务印书馆，1962：86.

❷ 道格拉斯·诺思. 制度、制度变迁与经济绩效［M］. 杭行，译. 上海：格致出版社，2014：3.

❸ 罗尔斯. 正义论［M］. 何怀宏，等译. 北京：中国社会科学出版社，1988：50.

❹ 马克斯·韦伯. 经济与社会［M］. 林荣远，译. 北京：商务印书馆，1997：345.

❺ 黄少安. 产权经济学［M］. 济南：山东人民出版社，1995：90.

渗透的关系。国家意识形态可以被看作是某种价值观念的集合，而公众个人的价值观念上升到国家意志的层面就表现为意识形态。

与正式规则相比，准确描述非正式制度的内涵是困难的，但它却是普遍存在且极为重要的。非正式制度来自于社会传递的信息，并且是文化传承的一部分。因而，非正式制度具备顽强的生命力，能够不断延续和传承，但短时间内不容易改变，并且具备一定程度的排他性。非正式制度的这种特征解释了制度演进方面的路径依赖性。

正式制度和非正式制度之间，只存在程度上的差异。伴随着复杂社会的专业化与劳动分工程度的增加，非正式制度可以逐渐演进为正式制度；而制度演化中的"路径依赖性"也可以使正式制度在一定阶段后演化为非正式制度。总体来说，正式制度与非正式制度的关系表现为互补性、替代性和冲突性。首先，正式制度能够补充和强化非正式制度的有效性。它们能降低信息、监督和实施的成本，并因而使非正式制度成为解决复杂交换问题的可能方式。非正式制度作为正式制度的基础，对正式制度的实施起到补充作用。换句话说，一种正式制度如果得不到相应的非正式制度与之匹配，那么这种制度安排就无法有效地发挥作用。其次，从替代性来看，非正式制度对正式制度具有较强的替代性，特别是在正式制度缺位的情况下。但与此同时，这种替代在制度变革和制度移植的过程中，又会产生非正式制度和正式制度之间的冲突，导致社会损失和无效。

2. 环境治理中的正式环境规制与环境非正式约束（制度❶）

按照上述对制度和正式制度的界定，环境治理中的正式规制可以理解为由权力机构制定并实施的、成文的、对人类环境行为进行约束的规则安排，它既包括了"命令控制"式的管制措施，即政府颁布的环境法律法规、制定的环境标准等，又包括了市场化的政策机制，包括排污税（费）和排污权交易等。与此同时，如同非正式制度内涵的复杂性一般，相比正式制度而言，环境非正式约束的内涵较难完全而准确地概括，它应当指的是与环境治理中的正式规制相对立的，即带有显著的"自下而上"特点

---

❶ 诺思在《制度、制度变迁与经济绩效》一书中将非正式制度称为"非正式约束"，以体现其对个体行为选择的制约，本研究因而也如此命名与生态环境相关的非正式制度。

的、在社会演进中无意识形成的、一般不成文的、约束人类环境行为的那部分规则安排。其核心包括了人类在长期实践和社会演化中形成的自然观、资源观和人类发展观等生态价值观念、生态伦理道德以及环境意识形态等方面。环境非正式约束的提供者来源于公众和国家，而其表现形式则可以体现为人类对应对生态环境问题所做出的自愿、自发和自我实施的行为约束和安排。

环境非正式约束也起源于文化，带有传承性和延伸性，并且在短期内不易变化。这种非正式制度是环境治理中正式规制的基础，具有先导性。在正式环境规制建立之前，环境非正式约束协调、平衡、主导着人对自然的影响。这种影响既可能对环境保护产生积极效应，也可能产生消极作用。例如，原始社会时期由于生产力低下和人类对自然认识的局限性，人类社会形成了对自然敬畏、崇拜的态度。这种自然观在某些偏僻而古老的民族和部落保留下来，进而形成了一种"万物有灵"和图腾崇拜的生态价值观和生态伦理道德，约束着当地人对自然环境的行为，使得这些地区即便在缺少产权确立和司法体系的正式制度下依然保护生态环境。然而，随着工业革命的到来和科技进步，人类社会中大部分群体对人与自然关系的认知转变为"人类中心主义"的价值观。这一自然观把自然界理解为人类所支配的对象，认为人是自然的最终目的，人类可以征服和改造自然。因而，在这一观念引导下，人类工业化以后的经济活动展现了对生态环境和资源的无视、破坏和掠夺，最终造成了当前严峻的生态环境问题。

3. 环境治理中制度因素的作用

如同前述非正式制度与正式制度的关系一样，环境非正式约束与正式环境规制之间也有着替代、冲突和补充的关系。首先，从替代关系上看，在正式环境规制建立之前，区域生态环境和自然资源的保护主要依靠当地的环境非正式约束。然而，随着生态环境问题在全球日益凸显，工业化时期逐渐形成的"人类中心主义"和物质主义的价值观作为一种与环境非正式约束相背离的、落后的非正式制度，与正式环境规制之间产生了冲突和矛盾。在人类社会为应对环境问题而采取的制度变革和制度移植中，这种冲突和矛盾解释了为什么同样的正式环境规制在不同的地方会取得不同的效果。环境保护运动起源于发达国家，环境治理中的制度变革在这些国家具备较好的制度环境。因而，即便在环境治理的正式制度创立之初，旧有的非正式制度与正式规制之间产生冲突，正式环境规制也能因为当地的司法体系健全、市场机制完善等因素而可以顺利实施。同时，正式环境规制的实施在一定阶段后可以演变为非正式制度。发达国家在较完善的正式规制实施一定阶段后，能够逐渐转向环境治理的自治阶段，就是正式环境规制影响非正式制度的有力证明。目前，一些发达国家的环境治理展现出自组织管理、自我约束和自愿行为的特征。表现为，社会中的经济主体采取了看似违背"理性人"假设等新古典经济学理论基石下难以解释的环境友好行为。例如，消费者节约资源使用、选择环保产品并践行绿色低碳生活等，厂商自愿采取环境信息披露和环境认证，并实施自愿减排或自愿购买排放配额等行为。这种自主治理能够实现，得益于发达国家的正式环境规制，在经历了由"命令—控制"措施向市场化环境政策顺利过渡以后，影响并带动了公众环境意识的形成。因而，在一些发达国家，近年来出现了"后物质主义""生态中心论"等价值观和生态伦理观的讨论和呼声。由此可见，既然环境治理是人类社会演进过程中的"后来需要"，促成发达国家环境治理取得成功的必要条件是其已经建立了完善的制度环境。或者说，由于这些国家具备了在环境治理中进行制度变革的基础条件，因而能够克服在制度变革之初正式规制措施与落后的价值观和意识形态之间的矛盾。

上述结论的得出对于发展中国家的环境治理有何启示呢？考虑到制度变迁的成本，发展中国家的环境治理往往采取纯粹的制度移植的方式。由于这种移植相当于对发达国家正式制度的子移植，那么这些发展中国家在司法体系、监管措施和市场机制等制度环境不完善的情况下，如果没有相配套的非正式制度进行补充和替代，这种制度移植将是变形的和低效的。由此可以得出，对于发展中国家的环境治理来说，环境非正式约束的作用至关重要。正如诺思所言，"虽然正式规则可以在一夜之间改变，但非正式规则的改变只能是渐进的"。因而，发展中国家的环境治理不能完全依赖于制度移植，要特别重视环境非正式约束的作用，而且这种环境非正式约束要在挖掘和传承自身文化、习俗、宗教和信仰等基础上不断强化和演进。所以说，发展中国家环境治理模式的创新突出体现在环境非正式约束上，这种创新应当是一种正式环境规制与非正式环境约束相融合的创新。

二、我国环境治理中的非正式制度创新

1. 我国传统文化中的环境非正式约束

可以说，我国传统文化中不存在"人类中心主义"和物质主义的基因。中国文化源远流长、博大精深。从东晋开始至隋唐时期，我国文化逐渐确立了以儒家为主体、儒、释、道三家并立、其他多家学派共存的互融互补的特征。中国的儒、释、道三家都是超越物质主义的。即便是最重视物质财富的儒家，也始终把财富看作平治天下和人类社会的必要条件（卢风，2016）。儒家精神提倡"向内用功"，提倡自我超越和利用道德约束自身欲望，形成儒家独特的重义轻利的价值观。朱熹说，"义利之说，乃儒者第一义"。这种义利观在中国传统文化中的重要性或许在一定程度上能够回答李约瑟之谜，解释中国近百年来的经济落后。但与此同时，面临全球性生态危机的爆发，这种传统文化、价值观和伦理道德却对环境非正式约束的实现具有重要意义，为我国在创新环境治理模式中提供了优越而丰厚的制度资源。

"中华文化有一个基本内核，超越时空，贯穿始终，它就是'天人合一'。"❶ "天人合一"不仅是我国传统文化的精髓，也体现了儒、释、道三家共同的生态伦理思想。近年来，随着西方生态伦理学家对东方哲学的重视，我国学术界也掀起了一股对"天人合一"研究的高潮。许多学者认为，我国传统文化对待人与自然的关系不同于西方"人类中心主义""物质主义""生态中心主义"等"二元对立"的学说；相反，它是一种人与自然和谐共生的整体观。虽然也有学者质疑，认为中国文化中天人关系的内容复杂，所谓"天人合一"只是西方生态伦理学审视东方文化的"拿来主义"和"舶来品"（刘立夫，2007）。但即便如此，这些不同的天人关系的背后，均是对天人之间密切关系的肯定，而区别于西方"二元对立"的观点，因而以"天人合一"来概括我国古代的天人关系是恰当的（刘震，2018）。除此之外，儒家文化以"仁"为核心，以"生生""亲亲"为基础，体现了我国传统文化中人对自然和生命的悲悯、爱惜和尊重的道德情

---

❶ 朱立元. 天人合一：中华审美文化之魂 ［M］. 上海：上海文艺出版社，1998：2.

感。总体而言，我国传统文化对形成环境非正式约束的意义在于：一是在"重义轻利"的义利观指导下，强调"以人为本"，提倡"有作为"地实现"天之大德"，把人对维护生态的责任担当融入"义"之要义，把生态之"义"看作对"利"的约束，把"利"视为实现生态之"利"的手段；二是在"天人合一"的整体观下，对待自然用"不妄为""有节制"和"顺规律"的行为约束。

2. 环境非正式约束的创新

我国传统文化中的生态伦理观是朴素的，根植于当时的生产力和生产关系，带有浓厚的农耕时代的色彩。因而，我国所需要的与正式环境规制相配套的非正式环境约束，必然是在吸收传统文化基础上的一种制度创新，并非是对传统文化的字面解读和照搬传承。而且，我国环境非正式约束的创新应当体现为一种内容与路径相结合的创新。具体来说，西方环境非正式约束的提供者主要来源于公众，是一种"自下而上"的，在环保运动和环境规制措施实施下，在对"人类中心主义"和"物质主义"的反思与批判下，公众环境意识的逐渐觉醒。而在我国的非正式制度演变中，国家意识形态起到引领作用，因而环境非正式约束的提供者不仅来源于公众，另一重要的渠道是来自国家提供的、反映环境非正式约束的意识形态。

改革开放以来，我国经济取得迅速发展的同时，西方"物质主义"的价值观也对我国传统文化下的义利观形成强烈冲击。虽然在一些地区，尤其是孔孟思想发源地，民众还普遍存在一种轻商贱商的观念，但由于在当时历史条件下生态环境问题并非我国传统文化的核心关切问题，我国来自于公众的环境非正式约束未能很好地保留和传承传统文化中蕴含的精髓。这一点从前述利用大数据方法对北京市公众环境关心和环境诉求的分析也可以看出，虽然两者在近年来的变化趋势并非一致，但都表现出受到经济发展水平影响的特点，表明公众环境参与还并非基于一种价值观或伦理道德等基础上的自发行为。相反，在环境治理的制度移植过程中，受到冲击的公众价值观还与正式规制政策相冲突。这从我国环境执法效率低下、企业偷排漏排行为猖獗也可窥见一斑。

本研究在前述已经详细讨论并证实了公众环境关心和环境诉求对环境治理的重要作用，同时指出通过提升公众环境意识是发挥公众环境参与作用的关键。然而，不同于西方文化彰显个人主义，在我国"自下而上"地带动和影响公众环境意识是困难和缓慢的，环境非正式约束的逐渐形成需要在国家意识形态的引导下，由国家提供一种吸收传统文化精髓的、超越物质主义的、创新的生态环境意识、生态伦理和生态价值观。我国传统文化宣扬集体主义，这使得国家意识形态在我国文化背景下对个人价值观的影响更大，更容易成为社会主流和核心的价值体系。因而，我国环境非正式约束必须在国家意识形态层面上进行"高势位"建设。

党的十八大以来，党中央对生态文明的重视被提升到前所未有的高度。习近平总书记提出了一系列关于深入推进生态文明建设的新理论、新思想和新做法，形成了习近平新时代中国特色社会主义生态文明建设思想，这一思想即是环境非正式约束在国家意识形态层面上的构建。近年来，国内有关生态文明的研究众多，对生态文明所蕴含的价值观也有不同看法。有学者认为生态文明反映了后物质主义、后现代化；也有学者认为生态文明应当是一种弱生态中心论。笔者认为，我国国家意识形态上的生态文明，既不是西方社会由物质主义向后物质主义的简单过渡，亦不是与"人类中心论"对立的"生态中心论"。首先，它应当是超越物质主义的，社会发展和人生价值不以物质无止境的增长为目的和意义，财富和技术进步只是实现人类可持续发展的手段。社会崇尚简朴生活，以奢侈消费为耻辱。其次，它应当是一种整体生态观，体现人与自然和谐共生以及"人类命运共同体"下的人类整体利益。人是自然之人，同时人又对生态环境的维护有义务和责任。最后，它应当具备国家意识形态间的竞争力，成为支撑人类社会由工业文明迈向可持续发展的精神支柱。

第二节　大数据背景下环境治理模式创新的具体路径

——以北京市为例

由前述分析可见，我国环境治理的模式创新首先体现为制度创新，并且考虑到环境非正式约束对于发展中国家环境治理的重要作用，发展中国家环境治理的制度创新突出体现在环境非正式约束方面。从利用大数据方法对北京市公众环境关心与环境诉求的调查来看，当前北京市公众环境参与显著地受到经济因素的影响和制约，个人价值观仍然迎合西方现代工业文明下的物质主义。完全依靠"自下而上"的方式推动公众环境意识觉醒，不符合我国文化与国情。因而，从国家意识形态层面建设环境非正式约束，进而带动公众生态价值观的形成成为必要途径。物质主义激励了工业文明和现代化，而技术进步和科技发展也为新的意识形态的构建提供了实现手段。下文着重探讨在大数据背景下北京市如何实现环境治理模式的制度创新。

一、大数据背景下环境非正式约束的意识形态构建

西方发达国家的意识形态，或者说资本主义的意识形态，其构建和传播主要借助了宗教和教会的力量。而对于我国来说，虽然历史上朝代屡次更迭，但儒家思想却一直是统治阶级所选择的主流意识形态，因而，我国历史上国家意识形态的构建不是依靠宗教和教会。辜鸿铭认为儒家思想在中国的深入人心主要依靠了学校的力量，即中国的学校替代了西方教会成为主流意识形态的传播阵地。由此可见，从历史上来看，我国主流意识形态的传播具有主体身份特征强、宣教色彩浓厚、受众被动接受等特点。这种正面灌输和规劝说教的方式一直是我国主流意识形态传播的主要方式。而随着社会发展和时代变迁，特别是在国家间意识形态相互渗透的背景下，这种宣教形式的意识形态构建和传播往往引起受教者的戒备和逆反心理，容易使说教流于表面形式，从而使意识形态渗入人心的效果大打折扣。从当前西方政党的意识形态传播来看，面对社会意识的多元化、后物质主义的兴起以及信息技术的发展，西方社会民众对政党的支持不再更多地以意识形态为界限，西方政党的政治动员和宣教的效果也被信息化时代下大众传媒的力量所削弱。于是，西方政党采取了表面弱化其意识形态的政治性和阶级性，实则通过更隐蔽的方式强化其意识形态建设的做法（徐成芳、顾林，2015）。

面对信息化的时代浪潮，在多元社会文化和价值观相互渗透、相互影响的背景下，我国生态文明意识形态的建设也应当与时俱进，由单一的正面说教，向多途径的间接影响和潜移默化的教育转变，而意识形态建设主动拥抱大数据可以使这种转变顺利且有效。在大数据时代，信息传播具有

海量化、碎片化、立体化、多元化和去中心化等特点，社会中的每一个个体都可以成为信息传播的中心，而信息传播背后的主体身份、目的意图等特征则被忽略或隐匿。意识形态的渗入和传播因而可以借助于大数据技术实现"润物细无声"的效果。我国生态文明的意识形态建设必须牢牢占领大数据时代下的宣传阵地，做好"话由谁来说"和"话怎么说"的问题，使公众对生态文明的思想有认同感，对意识形态的接受不流于形式而是内化于心。在大数据信息传播的阵地前沿，生态文明思想的传播要掌握话语权和主动权。一方面要积极培育和利用意见领袖、网络大V，在新媒体领域全面渗入；另一方面要更新话语表达方式，使意识形态的传达更贴近生活，更"接地气"。

就现状来看，大数据背景下生态文明意识形态的建设工作亟待提升。以微博为例，截至2018年8月，注册为"环保北京"的北京市环境保护局官方微博（现已更名为北京生态环境）的粉丝数只有141万，对比影视明星动辄上千万的粉丝数，其微博影响力可见一斑。另外，网络大V、正能量大V等意见领袖对生态文明思想的关注和评论较少，自媒体也较少撰写和评论有关生态文明思想的相关文章。在微信端，生态文明思想的相关文章阅读量少，几乎没有出现过10万以上阅读量的"爆文"，并且大部分文章来自"人民日报"等官方传播途径。

当然，应当看到，北京市作为我国的政治中心、文化中心和科技创新中心，在利用大数据推进生态文明的意识形态建设方面有极大潜力，是带动全国生态文明主流价值观形成的前沿阵地。首先，北京市具有推进生态文明意识形态建设的政治资源和文化资源。作为首都和政治中心，北京是生态文明思想产生和传播的中心地带。北京市相对成熟的文化产业和多业态的传媒业提供了生态文明思想传播的载体。其次，作为全国科技创新中心，北京市具备利用大数据推进生态文明建设的人才、技术和资金优势。在具体实践上，北京市可以鼓励文化传媒和公众人物更多地传播生态文明思想和带头践行生态环保行为；在技术手段上，可以加大对算法和数据的利用，通过分析用户偏好和自动推荐技术，扩大生态文明思想的传播范围；在传播内容上，利用贴近生活的表达方式和可视化等技术手段，增加人们对生态文明的认同感。

二、大数据背景下北京市公众环境参与的方式变革和平台建设

由前所述，"自上而下"地利用国家意识形态提供环境非正式约束，进而影响公众个人价值观的形成是我国环境治理中非正式制度创新的重要途径。公众生态价值观和环境意识虽然是影响公众环境参与工作程度与效果的决定因素，但与此同时，公众环境参与的实践本身也会促进和影响公众生态价值观和环境意识的形成。在大数据背景下，北京市在推进公众环境参与方式的变革与平台的建设方面有许多可以改进和创新的空间。

目前，公众环境参与最直接、最强烈的表现主要有两个方面：一是对环境事件的抗议、维权和投诉方面；二是与政府协商互动进行决策以及对企业和政府行为进行监督的方面。前者在网络和信息不发达时期，其实现方式主要依靠上访、信访或诉讼的形式，而后者由于信息获取困难，公众决策和监督的功能难以实现。随着大数据时代的到来，公众环境参与的方式将随着网络问政平台的兴起而得到极大的转变。所谓网络问政是指公众通过互联网实现其诉求表达和与政府互动以及监督的职能，它需要专门的平台来实现。目前，我国网络问政平台基本上有三种类型：一是依托政府门户网站建立的专有平台，它是基于电子政务平台的问政网络；二是网络媒体创办的问政栏目；三是官民之间的在线互动交流，也被称为"官员触网"（陈纯柱、樊锐，2015）。

就环境治理的专门化网络问政平台而言，北京市在2006年整合资源成立了北京市12369环保投诉举报咨询中心，并开通了网络举报的形式，在公众参与中发挥了重要功用，成为越来越有影响力的投诉渠道。然而，在大数据背景下，北京市公众参与治理的网络平台还有许多改进空间。一是利用技术手段拓展多种渠道，整合相关资源，建立环境治理网络问政的"云平台"。大数据时代公众参与社会治理的渠道应该更便捷化和多样化，环境投诉平台应当涵盖所有类型的网络客户端，采用专业网站、微博和微信等多形式的平台建设，投诉方式不仅局限于文字，亦可实时发布图片、音频、视频和位置信息等数据。同时，要整合综合性问政平台、国家级网络问政平台、投诉举报热线等其他投诉方式中有关环境治理投诉的数据，在确保安全性的前提下，建设统一的环境投诉数据"云平台"，实现公众随时随地、多种方式的"云投诉"，政府迅速而高效的"云回应"机制。

二是利用大数据技术降低政府回应成本、提高政府工作效率。环境投诉"云平台"的建立不仅节省了公众参与环境治理的实施成本，也节省了政府行政成本，提高了工作效率和政府服务社会的能力。面对公众诉求，政府及时而高效的回应是关键。云计算、人工智能等大数据技术能够保证政府回应连续化、实时化和智能化。以人工智能为例，通过对包括文本、图像、视频等非结构化数据的机器学习，政府回应可以极大地降低人工成本，同时增强回应的权威性。机器学习还可广泛运用于"云平台"上对于投诉数据的分析方面，通过建立相关评价指标，例如，政府回应满意度指标，提供给政府及时而有效的信息反馈、预警或决策建议。

三是利用大数据技术，开展公众环境舆情监控，及时掌握公众环境关心和诉求的变化趋势，畅通政府与公众相互沟通的渠道，及时引导和处理环境舆情突发事件和群体性事件。在信息和网络社会，个体事件很容易聚集较多群体关注，形成公众观点、态度等舆论情况。相比投诉、信访和听证等公众环境参与的较直接和较强烈的方式，公众环境舆情是公众环境参与的初级表象，是较为广泛与普遍的参与方式，也可能是激发更深一步公众参与的"引擎"。政府相关部门及时掌握公众环境舆情变化，了解公众环境关心与诉求情况，能及时发现生态环境中的突出问题，在公众投诉和上访之前先行引导和处理，避免舆情迅速发酵导致群体性事件发生进而产生不良社会影响。当然，环境舆情分析不仅对于政府是必需，对于市场中其他经济主体来说也具有重要意义。例如，公众环境舆情有利于企业产品研发和销售，公众环境关心指数还有利于资本市场上的绿色投资等。如果要全景记录社情民意，全过程展现舆情变化和发展情况，必须依靠大数据技术。在数据采集阶段，建议建立北京市环境舆情监测站，利用数据挖掘技术，对包括网络新闻、论坛贴吧、社交媒体和搜索引擎等在内的信息来源，全方位地挖掘其中与北京市生态环境相关的数据信息。然后，通过数据清洗，文本、语音和图像等信息识别和分类、聚类技术，挖掘各类数据中蕴含的与生态环境问题相关的公众态度、观点、关心、诉求和情感等因素，建立北京市公众环境舆情监测指数，利用可视化技术刻画生态环境问题图谱和公众情感画像，形成公众环境舆情日监测、周报告、月总结、季研判、年汇报的处理机制。利用大数据在预测上的优势，实时动态预测重大生态环境事件的发展趋势，提供政府分析报告，使政府有能力及时疏解和引导公众情绪，为政府决策提供依据。

三、大数据背景下推进北京市环境治理的机制建设

Tietenberg（1998）曾把污染等环境信息的私人和公共披露策略视为继"命令—控制"措施和市场化环境政策之后的环境治理的第三次浪潮。他认为典型的环境信息披露政策具有四种功用：一是建立环境风险发现机制；二是保证信息可信度；三是分享信息并公布于众；四是基于信息之上的行动。显然，在大数据背景下，环境信息披露的功用将得到进一步放大，环境治理机制将迎来重要变革。

首先，在环境风险发现上，大数据技术能够避免信息"孤岛化"，利用不同来源、不同维度、不同时间和不同区域等数据的耦合关系，实现对环境风险的精准预测和发现。以纽约市为例，其市长办公室的数据分析团队曾借助于大数据方法对市内每一栋建筑的火灾发生风险进行了预测和评级，使得火灾发生率成功地降低了约24%。值得一提的是，在2016年北京市政府印发的《北京市大数据和云计算发展行动计划（2016—2020年)》中，指出要重点推动融合的公共大数据领域，包括统计、交通、人口、旅游、规划和国土资源管理、住房城乡建设、医疗、教育、信用信息、农业、商务等领域，其中并没有突显生态环境资源方面。但是，我国生态环保部在2016年印发的《生态环境大数据建设总体方案》中，却明确提出要推进数据资源全面整合共享：利用物联网、移动互联网等新技术，提高对大气、水、土壤、生态、核与辐射等多种环境要素及各种污染源全面感知和实时监控能力；建设生态环境质量、环境污染、自然生态、核与辐射等国家生态环境基础数据库；形成环境信息资源中心，实现数据互联互通。这意味着，北京市在生态环境大数据融合方面的工作亟待展开，需要在国家相关部门的总体规划下，融合本市政府相关部门数据，建立与国家数据端口相连接的市级环境数据聚集和分析平台。在现行规划中，可以以大气污染治理为突破口，组建城市雾霾风险数据分析团队，构建雾霾风险预警指标，提升科学预霾防霾的能力。

其次，在信息可信度方面，大数据时代下由于数据来源多元化、维度多样化、信息海量化，只要依靠科学手段，信息和数据造假的行为将极易识别，信任体系将更容易建立和维护。以区块链技术为例，由于该技术是

基于互联网分布式数据存储的技术，其点对点传输、共识机制以及加密算法能够建立不同主体之间的信任网络，具有去中心化、可溯源、集体维护和信息无法篡改等特点，在环境信息的信任体系构建方面有极大的应用。实际上，利用区块链等大数据技术可以强化整合社会交易中的信任体系，这将大大降低交易成本。其对于环境治理的意义在于，一方面能够促进市场化环境政策的实施，另一方面可以增进交易主体之间的合作与信任，使经济主体减少排放，改进集体福利。

再次，在环境信息开放和共享方面，大数据将进一步推进公众参与的程度。2015 年国务院印发的《促进大数据发展行动纲要》指出，要在依法加强安全保障和隐私保护的前提下，稳步推动公共数据资源开放，而其中资源、环境和气象等生态资源数据位于优先推动开放之列。北京市政府印发的《北京市大数据和云计算发展行动计划（2016—2020 年）》也提出，到 2020 年北京市公共大数据融合开放将取得实质性进展，公共数据开放单位预计超过 90%，数据开放率预计超过 60%。在具体任务方面，生态环保部印发的《生态环境大数据建设总体方案》中指出，要优先推动向社会开放大气、水、土壤、海洋等生态环境质量监测数据，区域、流域、行业等污染物排放数据，核与辐射、固体废物等风险源数据以及化学品对环境损害的风险评估数据，重要生态功能区、自然保护区、生物多样性保护优先区等自然生态数据，环境违法、处罚等监察执法数据。一直以来，我国公众环境参与主要表现在诉讼、信访、举报等方面。随着国家对公众参与工作的重视，2015 年印发的《环境保护公众参与办法》明确规定了"环境保护主管部门可以通过征求意见、问卷调查，组织召开座谈会、专家论证会、听证会等方式征求公民、法人和其他组织对环境保护相关事项或者活动的意见和建议"。由此可见，生态环境大数据的开放和共享破解了公众参与由传统信访模式向与政府协调互动模式转变过程中的信息阻碍，便利了公众对政府行为的监督，真正实现了多元主体式的环境治理。

在具体操作上，北京市可以参考国家相关部门的整体规划，对生态环境数据实施边融合边开放的策略，将生态环境数据开放平台整合到政府公共服务数据开放平台中优先建设。同时，鼓励相关企业和社会组织开放和共享数据，并向其开放政府数据、开放平台端口，进一步完善数据信息发布和审查机制，提高数据公开的规范性和权威性，提高政府公共服务的能力。

最后，大数据提升了政府环境治理决策的有效性。从成本有效性来看，导致政府失灵的关键难题——"不完全信息"，在大数据背景下将得到很大程度的解决，这对于当前环境规制政策以"命令—控制"为主的我国来说具有重要意义。由于存在信息不对称性，政府难以获知各个污染源的减排成本、技术条件等情况，政府"一刀切"的做法常常导致较高的社会治理成本。然而，利用大数据多源融合和开放共享的方式，政府对污染源的掌控将更为准确，因而可以制定更具个性化的减排方案。从治理有效性来看，大数据提升了政府决策的科学化和智慧化程度。依靠分布式数据处理的云计算技术，政府决策可以实现数据驱动、连续实时决策。利用可视化分析技术，政府决策可以立体化、全过程地展现，提高政府决策的透明度，有利于社会监督。利用机器学习和人工智能技术，政府决策可以实现智能化，进一步降低行政成本。北京市可以依托其技术和人才优势，利用大数据技术创新和推进环境风险发现、评级和预警、信息公开以及处理和决策的方法和效果。

第八章　全球碳减排责任分担机制的创新方向[❶]

在《京都议定书》框架下建立起来的全球碳减排责任分担机制，其认定各国对气候变化的"贡献"——二氧化碳排放量，是基于一种属地责任的标准。这容易促使面对强制减排规定的国家通过国际贸易向管制宽松的国家转移碳排放。因此，本章对《京都议定书》框架下碳减排责任分担机制的改进将首先从建立新的碳排放责任认定标准出发，按照前述应对气候变化的公平原则，建立起静态的减排责任分担机制。

第一节　公平性争论的解决途径
——同时考虑生产者责任与消费者责任

在环境责任认定问题上，究竟应当由生产者负责还是由消费者负责，学术界存在很多争论。由于采用不同的责任认定原则会对不同国家产生不同的利益分配结果，各国都坚持对自身更有利的认定标准。这种争论由于都有一定的合理性，逐渐演变成一场国际气候合作中的公平性争论。本节从解决当前这种争论出发，建立起一种同时考虑生产者责任和消费者责任的碳排放责任认定标准。

一、同时考虑生产者责任与消费者责任的原因

由前面的分析可见，当前基于属地责任原则以直接排放量来记录各国碳排放责任的方法，一方面忽视了引致环境污染的最终驱动因素——消费

---

❶　本章内容参见：史亚东. 全球环境治理与我国的资源环境安全研究［M］. 北京：知识产权出版社，2016.

者责任，另一方面也使公平而严格的气候协议因为碳泄漏的发生而失去效力。因此，《京都议定书》框架下碳减排责任分担机制改革的前提是重新认定全球各国的二氧化碳排放责任。

在列昂惕夫投入产出理论上发展起来的环境投入产出模型，可以用于计算产品从生产到投入和消费各个环节所造成的环境污染，这使得从消费者责任角度认定各国的二氧化碳排放责任成为可能。根据第六章计算出口隐含碳的模型可以看出，当以消费者责任认定碳排放量时，一国的二氧化碳排放应当分为两个部分：一是为满足国内消费而产生的碳排放；二是由于进口而导致在他国产生的排放量。另外，根据多区域投入产生模型（MRIO 模型），可以把多边贸易中的进出口细分为满足中间投入的进出口和满足最终消费的进出口。这样，更为准确地计算消费者责任下目标国家二氧化碳排放量的计算方法是：计算所有国家（包括目标国家自身）为满足目标国家最终消费而导致的二氧化碳排放。区别于属地责任原则下直接排放量的计算方法，计算消费者责任下的碳排放量考虑了因为经济联系而导致的间接排放，实际就是把上游生产环节的排放归咎于下游的消耗需求。因此，考虑间接排放时的生产者责任，也有相应的排放量计算方法，即生产者责任下目标国家的二氧化碳排放等于目标国家总产出过程中直接的和间接的碳排放，它包括因为国内消费所导致的直接和间接排放，还包括出口所导致的直接和间接排放。这种方法实际上是把下游排放归咎于上游生产环节。

由上述分析可见，在生产者责任和消费者责任下，计算二氧化碳排放量的结果差别很大，这导致使用不同的责任认定标准将导致差别巨大的责任分担量。如此一来，各国必然争取更符合自身利益的责任认定方法。例如，当前中国的二氧化碳直接排放量巨大，但其中有很大部分为满足国外需求而产生，因此利用消费者责任认定碳排放量的方法将更符合中国的利益。而欧盟等近年来二氧化碳直接排放量有所下降，但其进口隐含碳排放却居高不下，所以以生产者责任来认定的方法将更符合这些国家的利益。虽然，生态足迹理论强调了导致环境污染的最终驱动因素，似乎以消费者责任来认定二氧化碳排放量是符合公平原则的，但是，由于生产者有采取先进技术和选择所需投入原料的能力，即生产者有选择减少环境污染途径的能力，因此，完全不考虑生产者在环境污染中的责任也不能说是合理的。既然如此，在碳排放责任认定中综合考虑消费者责任和生产者责任，将一方面符合责任分担的公平原则，另一方面也避免了使某一方面临的环境责任压力过大而导致争论不断，从而能够促进国际气候合作的实现。

环境投入产出模型的发展，使许多学者投身于利用该方法开发综合考虑生产者责任和消费者责任的环境指标当中。Ferng（2003）根据受益原则，指出了在生产—受益原则和消费—受益原则下二氧化碳排放量的计算方法，指出综合考虑生产者责任和消费者责任是在这两个原则中进行加权。然而，Ferng 在两种原则下的计算方法存在重复计算的缺陷，更为严重的是，其所提出的权数不是明确的，而是需要通过各国的谈判来确定，这无疑仍然没有解决有关责任分担的公平性争论。除此之外，Bastianoni 等（2004）提出了一种利用碳排放增加（Carbon Emission Added，CEA）的方法，在生产者和消费者之间分担责任。但是这种指标却随着产业链的变化而并不唯一，同时难以在实际操作中进行应用。Lenzen 等（2007）在总结了前人研究的基础上，提出了一种考虑部分转移间接排放的环境指标。他们认为在经济流过程中，一个部门上游隐含排放会保留一部分在这个部门，因此被保留下来的总的上游排放可以视为"生产者责任"，而被最终消费部分保留下来的上游隐含排放可以视为"消费者责任"，被保留部分的比例以该生产环节增加值占产业外部投入的比重来表示。

与上述学者的研究有所不同，2006 年，Rodrigues 等提出一种同时具备四个基本属性的环境责任指标，这种指标本质上依然是采取加权的方式分担生产者责任和消费者责任。然而与 Ferng 的研究不同，他们所提出的指标既考虑了责任分担的公平性原则，同时权重又是唯一的，避免了参与各方在权重等问题上的争论，同时也以折中的方式调和了各国所承担的碳排放责任，有利于促进国际气候合作的实现。Rodrigues 等的指标与 Lenzen 等的研究也有所区别，虽然同样是基于环境投入产出模型考虑间接排放，但Lenzen 等人没有考虑全部间接排放，同时也没有顾及下游间接排放。这使得利用 Lenzen 等的指标只能促使通过选择上游投入来减少上游间接排放，而 Rodrigues 等的指标却能够不仅通过选择投入，也能通过选择产出来减少间接排放。鉴于 Rodrigues 等所提出的指标的优良性质，本章以下部分将以他们的研究为基础，建立可以用于实际测算的碳排放责任指标。

二、碳排放责任指标的建立

Rodrigues 等（2006）认为合理分担国际环境责任的指标应当同时具备四个基本属性：一是可加性，要求衡量一国的环境责任等价于衡量其内部所有产业部门的环境责任之和；二是反映由于经济联系导致的间接影响，即要求因破坏环境而在经济上受益的一方付出相应代价；三是关于直接环境影响的单调性，意味着如果直接环境影响上升，则在该指标下的环境责任至少不应下降；四是对称性，指的是在考虑环境责任时将生产者责任和消费者责任原则互换，则该主体所承担的责任量不变。进一步，Rodrigues 等提出并证明了满足上述四个基本属性的环境责任指标存在且唯一，由此认为这一指标可以作为分担各国国际环境责任的标准。Rodrigues 等提出的四个基本属性兼顾了环境责任分担的公平性和达成合作的可能性，但在现实中其所提出的指标很难直接应用。在 Rodrigues 等模型基础之上，笔者放松了基本属性一的要求，将全球所有国家划分为目标国家和其余国家两个部分，建立起可以进行实际测算的碳排放责任指标。

1. 基本框架和定义

在指标模型中，首先将全球所有国家划分为两个区域，即目标国家（Country 1）和其余国家（Rest Of World，ROW）。目标国家的产出用于本国投入、出口和最终消费，其余国家的产出用于出口到目标国家、自身的生产投入和最终消费。由此，可以建立目标国家和其余国家的投入产出矩阵，见表 8-1。

表 8-1　国家间投入产出矩阵

	Country 1	ROW	Final demand
Country 1	a_{11}	a_{12}	a_{10}
ROW	a_{21}	a_{22}	a_{20}
Primary inputs	a_{01}	a_{02}	

与 Rodrigues 等的研究不同，笔者在这里没有将一国的产出细分为各产业部门，原因在于笔者的目的是在国际环境问题中评价国家层面上的环境责任，国家内部各产业部门的责任细分可以忽略，或在确定一国责任基础

之上再利用其他方法进行分担，毕竟进行国内责任分担相对简单，所需考虑的因素也相对较少。由表 8 – 1 可见，a_{11}、a_{22} 代表目标国家和其余国家将自身产出投入本区域生产，a_{12}、a_{21} 代表目标国家的出口和进口用于投入再生产的部分，a_{10}、a_{20} 代表目标国家和其余国家的产出用于本国和国外的最终消费，a_{01}、a_{02} 代表初级生产要素在目标国家和其余国家区域内的投入。

定义各区域的总产出为 a_i，$i = 1, 2$，则根据国家间的投入产出矩阵有以下等式成立：

$$a_i = \sum_{j=0}^{2} a_{ij} = \sum_{j=0}^{2} a_{ji} = \sum_{j=1}^{2} a_{ij} + a_{i0} = \sum_{j=1}^{2} a_{ji} + a_{0i} \qquad (8-1)$$

定义全球的碳排放责任指标为 I，全球二氧化碳直接排放量为 E，可知 $I = E$。在 Rodrigues 等提出的可加性条件里，要求一国的环境责任等于国内各部门环境责任之和。这里，笔者放松了该要求，将可加性定义为全球的碳排放责任等于各国碳排放责任之和，即要求：

$$I = I_1 + I_2 = E \qquad (8-2)$$

其中，I_1、I_2 分别代表目标国家和其余国家的碳排放责任，由此可得目标国家的相对碳排放责任为 $i_1 = \dfrac{I_1}{I_2}$。

定义在由 i 到 j 经济活动影响下产生的上、下游的环境影响责任 p_{ij} 和 p_{ji}^*，满足：

$$p_i + \sum_{j=0}^{2} p_{ij} = g_i + \sum_{j=1}^{2} p_{ji}, \quad p_i^* = \sum_{j=0}^{2} p_{ji}^* = g_i + \sum_{j=1}^{2} p_{ij}^* \qquad (8-3)$$

其中，p、p^* 代表国家（产业）的上游环境责任和下游环境责任，g 代表目标国家或其余国家二氧化碳的直接排放量。

根据基本属性二，为了使环境责任指标反映在经济活动下的间接影响，目标国家和其余国家的碳排放责任指标是关于上下游环境影响责任的函数，即

$$I_i = I_i(\{p_{ij}\}_{j=0,1,2}, \{p_{ji}^*\}_{j=0,1,2}) \qquad (8-4)$$

利用碳排放强度（单位产出的碳排放量）e，将投入产出流与上下游环境影响责任联系起来，有

$$p_{ij} = e_i a_{ij}, \quad p_{ij}^* = e_j^* a_{ij} \qquad (8-5)$$

其中，e_i、e_j^* 分别为上游和下游碳排放强度。

根据基本属性三单调性的要求，当直接环境影响上升使上游或者下游的环境影响责任上升时，该指标反映的一国环境责任至少不应下降，因此有

$$\frac{\partial I_i}{\partial p_{ij}} \geqslant 0, \quad \frac{\partial I_i}{\partial p_{ji}^*} \geqslant 0 \tag{8-6}$$

基本属性四要求对称性，意味着将一国上下游的环境责任互换，该国的环境责任不变。具体来说，就是将 p_{ij} 和 p_{ji}^* 在指标函数 I_i 中互换后，I_i 的数值不变。满足对称性要求是为了使各国的碳排放责任无论是在生产者责任原则下，还是在消费者责任原则下都是一样的。这避免了不同责任分担原则所造成的在认定国家碳排放责任时差距过大的缺陷，使谈判各方容易就统一标准达成共识，同时兼顾了碳排放的生产者责任和消费者责任，符合责任分担的公平性要求。

2. 具体指标的建立

在上述基本框架和定义下，从最终消费角度，全球二氧化碳直接排放量等价于对全球总产出的最终消耗产生的二氧化碳排放量，因此可以写为：

$$E = \sum_{i=1}^{2} p_{i0} = p_{10} + p_{20} \tag{8-7}$$

同样，从初级生产要素投入角度，全球二氧化碳直接排放量等价于初级生产要素投入过程中产生的二氧化碳排放量，即

$$E = \sum_{i=1}^{2} p_{0i}^* = p_{01}^* + p_{02}^* \tag{8-8}$$

根据式（8-2）和式（8-4），我们可以将全球二氧化碳直接排放量写为：

$$E = I_1 + I_2 = I_1\left(\{p_{1j}\}_{j=0,1,2}, \{p_{j1}^*\}_{j=0,1,2}\right) + I_2\left(\{p_{2j}\}_{j=0,1,2}, \{p_{j2}^*\}_{j=0,1,2}\right) \tag{8-9}$$

对式（8-7）~式（8-9）进行全微分，可得：

$$dE = \frac{\partial I_1}{\partial p_{1j}}dp_{1j} + \frac{\partial I_1}{\partial p_{j1}^*}dp_{j1}^* + \frac{\partial I_2}{\partial p_{2j}}dp_{2j} + \frac{\partial I_2}{\partial p_{j2}^*}dp_{j2}^* \quad j = 0,1,2 \tag{8-10}$$

$$dE = dp_{10} + dp_{20} \tag{8-11}$$

$$dE = dp_{01}^* + dp_{02}^* \tag{8-12}$$

由式（8-11）和式（8-12）可得：

$$dp_{10} = dp_{01}^* + dp_{02}^* - dp_{20} \tag{8-13}$$

将式（8-12）和式（8-13）代入式（8-10）中，整理得到：

$$\left(\frac{\partial I_2}{\partial p} - \frac{\partial I_1}{\partial p}\right)\mathrm{d}p_{20} + \sum_{i=1}^{2}\left(\frac{\partial I_i}{\partial p_{i0}} + \frac{\partial I_i}{\partial p_{0i}^*} - 1\right)\mathrm{d}p_{0i}^* +$$

$$\sum_{j=1}^{2}\frac{\partial I_1}{\partial p_{1j}}\mathrm{d}p_{1j} + \sum_{j=1}^{2}\frac{\partial I_1}{\partial p_{j1}^*}\mathrm{d}p_{j1}^* + \sum_{j=1}^{2}\frac{\partial I_2}{\partial p_{2j}}\mathrm{d}p_{2j} + \sum_{j=1}^{2}\frac{\partial I_2}{\partial p_{j2}^*}\mathrm{d}p_{j2}^* = 0$$

$$(8-14)$$

式（8-14）中由于所有微分都是独立的，为了保持等式成立，必然有：

$$\frac{\partial I_2}{\partial p_{20}} = \frac{\partial I_1}{\partial p_{10}} \tag{8-15}$$

$$\frac{\partial I_i}{\partial p_{i0}} + \frac{\partial I_i}{\partial p_{oi}^*} = 1 \tag{8-16}$$

$$\frac{\partial I_i}{\partial p_{ij}} = 0 \tag{8-17}$$

$$\frac{\partial I_i}{\partial p_{ji}^*} = 0 \tag{8-18}$$

由式（8-15）和式（8-16）可知，I_i 对 p_{i0} 的偏导数为常数，假设 $\frac{\partial I_i}{\partial p_{i0}} = 0$，则 $\frac{\partial I_i}{\partial p_{0i}^*} = 1 - C$。因此，碳排放责任指标可以写为：

$$I_i = Cp_{i0} + (1 - C)\,p_{0i}^* + C^*，\text{其中 } C、C^* \text{为常数} \tag{8-19}$$

将式（8-19）、式（8-7）和式（8-8）代入式（8-2）中，得到：

$$E = I_1 + I_2 = p_{01}^* + p_{02}^* + C^* = E + C^* \tag{8-20}$$

因此，常数 $C^* = 0$。

根据基本属性四，即对称性的要求，有

$$Cp_{i0} + (1 - C)p_{0i}^* = Cp_{0i}^* + (1 - C)p_{i0}$$

得到 $C = \frac{1}{2}$。

因此，目标国家的碳排放责任指标为 $I_1 = \frac{1}{2}p_{10} + \frac{1}{2}p_{01}^*$，而目标国家相对其他国家的碳排放责任指标为 $i = \left(\frac{1}{2}p_{10} + \frac{1}{2}p_{01}^*\right) / \left(\frac{1}{2}p_{20} + \frac{1}{2}p_{02}^*\right)$。等式（8-17）和等式（8-18）的成立满足了基本属性中单调性的要求。因此可以发现，满足四个基本属性的碳排放责任指标是上游碳排放责任和下游碳排放责任的算术平均数。

进一步，回顾式（8-5），可以得到：

$$p_{i0} = e_i a_{i0}, \quad p_{0i}^* = e_i^* a_{0i} \quad\quad (8-21)$$

其中，根据式（8-3）关于上下游环境责任的定义，上下游的碳排放强度可以利用下面公式得到：

$$e_i = \frac{p_i}{a_i} = \frac{g_i}{a_i} + \sum_{j=1}^{2} e_j \frac{a_{ji}}{a_i} \quad\quad (8-22)$$

$$e_i^* = \frac{p_i^*}{a_i} = \frac{g_i}{a_i} + \sum_{j=1}^{2} e_j^* \frac{a_{ij}}{a_i} \quad\quad (8-23)$$

式（8-22）和式（8-23）表明，只要确定二氧化碳直接排放量 g，以及国家间的投入产出流 a_{ij}，就可以确定任一目标国家和其余国家的二氧化碳排放责任。

第二节　全球主要国家碳排放责任的具体计算

回顾相关文献可见，虽然关于环境责任指标的研究众多，但将其在实际中运用、进行具体计算的分析却很少，尤其是那些综合考虑生产者责任和消费者责任的研究。本节将利用前述所建立的指标模型，利用全球贸易分析项目数据库，在经过一定数据处理后，得到该指标下全球10个主要国家2004年的二氧化碳排放量。

一、数据来源与处理

为了将上述指标进行实际运用，测算各国相对于其他国家的二氧化碳排放量，首先需要建立如表8-1所示的国家间投入产出矩阵。由于该矩阵是全球其他国家与目标国家相联系的投入产出矩阵，单纯使用某一国或某几国的投入产出表显然不能满足测算时对数据的要求。此时，需要利用全球贸易分析项目（Global Trade Analysis Project，GTAP）中提供的基础年份数据信息，并进行相应的处理，然后建立起国家间的投入产出矩阵。

1. 数据库介绍

GTAP 是在美国普渡大学 Thomas W. Hertel 教授领导下建立起来的多国多部门的可计算一般均衡模型（Computable General Equilibrium，CGE），主要用于国际贸易政策的定量分析，目前已经成为全球研究者和政策制定者进行政策模拟时的主要应用工具之一。GTAP 旨在提高全球经济问题定量分析的质量，同时为了减少研究者搜集数据资料的时间，GTAP 数据库提供了模拟时基础年份的全球对外贸易信息、全球投入产出表信息以及能源消费信息等。区别于将搜集到的各个国家的数据进行罗列，GTAP 提供的数据是将其用户自愿提供的数据整合到统一的框架下。就投入产出表来说，这包括产业部门的整合、计价货币的统一和进出口贸易数据的对应等。

GTAP 数据库在利用 MRIO 模型进行消费者责任下碳排放责任的认定方面有很广泛的应用，它提供了 MRIO 建立时所需的全部数据。例如，Wiling、Vringer（2007）利用 GTAP 6 所提供的 2001 年基础年份数据，建立了包含 12 个区域的 MRIO 模型；Peters（2008）也利用该数据库建立了 57 个部门、87 个区域的全 MRIO 模型，实际测算了消费者责任下各区域的碳排放量。

自 1993 年开始 GTAP 已经陆续出台了 7 个版本。最近的版本是 2008 年推出的 GTAP 7，它提供了以 2004 年为基期的包括 57 个部门、113 个国家和区域的投入产出等经济数据。本节的研究即以 2004 年为基期，利用该数据库建立 2 个区域（目标国家和其余国家）的投入产出矩阵。

2. 国家间投入产出矩阵的建立

为了将 GTAP 7 数据库中 57 个部门、113 个国家的数据整合为笔者所需要的 2 个区域、1 个部门，首先利用项目所提供的整合工具软件——GTAP Agg，将区域和部门进行合并。例如，如果利用前述指标计算中国相对于其他国家的碳排放责任，则整合后的区域显示为中国（China）和其余国家（ROW）。

利用 Viewhar 工具可以查看中国和划分为其余国家的基础数据。在测算中需要用到的原始数据指标可见表 8 - 2。

表 8 - 2　测算所需使用的 GTAP 数据

GTAP 数据名称	数据描述
VDFM	国内生产投入量
VXMD	双边出口贸易量
VIMS	双边进口贸易量

GTAP 数据名称	数据描述
VST	国际运输服务出口量
VDPM	私人家户对国内产品的消费量
VDGM	政府对国内产品的消费量
VDFM（CGDS）	国内产出用于总资本的形成
VIFM（CGDS）	进口产品用于总资本的形成
VIFM	进口的生产投入量
VIPM	私人家户对进口产品的消费量
VIGM	政府对进口产品的消费量
VOM	区域的总产出

注：上述数据均以市场价格（market prices）来计算。

回顾表 8 - 1 建立的国家间投入产出矩阵的结构，a_{11} 代表中国国内的生产投入量，因此有：$a_{11} = \mathrm{VDFM}_{China}$。$a_{12}$ 代表中国对其他国家产出的投入，a_{10} 代表对中国产出的消费，因此，如果把 a_{10} 写为国内消费和国外消费的形式，即 $a_{10} = a_{10China} + a_{10ROW}$，则意味着可以把中国对国外的出口总量写为：$a_{12} + a_{10ROW} = \mathrm{VXMD}_{China}^{ROW} + \mathrm{VST}_{China}$。对于国内产出的国内消费部分，显然有：$a_{10China} = \mathrm{VDPM}_{China} + \mathrm{VDGM}_{China} + \mathrm{VDFM}（CGDS）_{China}$。❶

较为复杂的是计算矩阵的第二行。a_{21} 代表国外中间产品对中国生产的投入，但是这一数据不能直接使用 GTAP 数据库中的 VIFM 指标。原因在于查看基础数据可以发现，双边贸易中的出口贸易量并不等于进口，即 $\mathrm{VIMS}_{China}^{ROW} \neq \mathrm{VXMD}_{ROW}^{China}$。它们的区别在于出口的产品经过征收相应税费以及加上国际贸易运输利润之后才等于进口国的进口额。因此在计算矩阵第二行时应当使用出口额指标计算国外的实际产出。按照上述方法，我们把对国外产出的消费亦写为两部分，即 $a_{20} = a_{20China} + a_{20ROW}$。可见 $a_{21} + a_{20China} = \mathrm{VXMD}_{ROW}^{China} + \mathrm{VST}_{ROW}^{China}$。其中，其余国家对中国运输服务出口 $\mathrm{VST}_{ROW}^{China}$ 在 GTAP 数据库中没有具体的数据。笔者利用其余国家向中国出口额占其总出口额的比重作为划分比例，将其乘以其余国家运输服务总出口额来得到这一数

❶ 按照投入产出表编制方法，总资本形成放置在最终使用部分，这里笔者将其视为最终消费。

据，即 $\text{VST}_{\text{ROW}}^{\text{China}} = \text{VST}_{\text{ROW}} \times \left(\dfrac{\text{VXMD}_{\text{ROW}}^{\text{China}}}{\text{VXMD}} \right)$。由于 GTAP 数据库中提供了中国进口的中间投入和进口消费的数据，因此笔者可以利用该数据按比例将国外对中国的出口量 $\text{VXMD}_{\text{ROW}}^{\text{China}}$ 划分为生产投入和消费部分。亦即国外对中国的投入 $a_{21} = \text{VXMD}_{\text{ROW}}^{\text{China}} \times \left(\dfrac{\text{VIFM}_{\text{China}}}{\text{VIMS}_{\text{ROW}}} \right)$，相应地，可以得出中国对国外产品的消费量 $a_{20\text{China}}$。

在矩阵中，a_{22} 代表其余国家自身的中间投入，由于其余国家是许多国家个体的集合，在利用软件 GTAP Agg 进行整合时，这些国家个体的进口投入和进口消费都进行了简单的相加处理。因此计算 a_{22} 时，不仅包含了数据 VDFM_{ROW}，还包含在其余国家区域内各个国家相互之间的进口投入，因为这应当属于在区域内自身的生产投入。同样，反映其余国家对自身产出的消费也不仅包括 VDPM_{ROW}、VDGM_{ROW} 和 VDFM（CGDS）$_{\text{ROW}}$，也包含在其余国家区域内各个国家相互之间的进口消费。根据其余国家的进口投入 VIFM_{ROW} 和进口消费 $\text{VIPM}_{\text{ROW}} + \text{VIGM}_{\text{ROW}} + \text{VIFM}$（CGDS）$_{\text{ROW}}$ 之间的比例关系，笔者将其余国家相互之间的出口乘以这一比例关系，可以得到相互之间的进口投入量为 $\text{VXMD}_{\text{ROW}}^{\text{ROW}} \times \left(\dfrac{\text{VIFM}_{\text{ROW}}}{\text{VIMS}_{\text{ROW}}} \right)$，并由此可以得到相互之间的进口消费部分。按照同样的比例，笔者把前述中国对国外的出口进行同样的划分，得到中国投入到国外生产的产出量为 $a_{12} = \left(\text{VXMD}_{\text{China}}^{\text{ROW}} + \text{VST}_{\text{China}} \right) \times \left(\dfrac{\text{VIFM}_{\text{ROW}}}{\text{VIMS}_{\text{ROW}}} \right)$，由此，亦可计算中国产出用于国外消费的部分 $a_{10\text{ROW}}$。

经过上述数据处理后，笔者分别得到了数据 a_{i1}、a_{i2}、$a_{i0\text{China}}$、$a_{i0\text{ROW}}$，进一步可以得到各区域的总产出 $a_i = a_{i1} + a_{i2} + a_{i0\text{China}} + a_{i0\text{ROW}}$，将其与 GTAP 数据库中的 VOM 数据相比较，可以验证构造的投入产出矩阵是否平衡。此时，得到总产出之后，a_{0i} 数据也可获得，由此便可以建立完整的国家间投入产出矩阵。

利用 GTAP – E 数据库❶，笔者可以获得以 2004 年为基期的全球各国

---

❶ GTAP – E，是 GTAP 专门用于分析能源和环境的 CGE 模型，其数据库会随 GTAP 版本的不同不断更新，这里为使研究时间统一，使用了与 GTAP 7 相应的 GTAP – E 数据。

的二氧化碳排放量，将其划分为两个区域，即中国和其余国家，可以相应地获得指标中所需数据 g_i 和 e_i。

二、主要国家的碳排放责任计算结果

按照前述所构造的指标模型以及相应的数据处理方法，笔者依次计算了以中国、美国、日本等 10 个主要国家作为目标国家时，其 2004 年经过调整后的二氧化碳排放量，与 GTAP 统计上的直接排放量的比较，见表 8 – 3。

表 8 – 3　主要国家 2004 年的二氧化碳排放量

国家	直接排放量（Gg）	指标下的二氧化碳排放量（Gg）	差额	差额（%）	相对排放责任（%）
美国	6 069 542.5	6 229 298.893	– 159 756.4	– 2.63%	31.51%
中国	4 414 122	3 696 697.115	717 424.9	16.25%	16.58%
俄罗斯	1 552 469.75	1 369 729.233	182 740.5	11.77%	5.56%
日本	1 095 640.25	1 263 780.488	– 168 140.2	– 15.35%	5.11%
印度	1 061 473.625	990 141.6569	71 331.97	6.72%	3.96%
德国	794 094.5	954 368.4559	– 160 274	– 20.18%	3.81%
英国	594 610.813	689 965.1668	– 95 354.4	– 16.04%	2.73%
意大利	442 766.75	536 732.5367	– 93 965.8	– 21.22%	2.11%
法国	375 559.438	503 230.3129	– 127 671	– 33.99%	1.97%
巴西	298 045.969	306 387.1212	– 8 341.15	– 2.80%	1.19%

由表 8 – 3 可见，在本部分所建立的碳排放责任指标下，中国、俄罗斯、印度的二氧化碳排放量比各自的直接排放量有所下降，说明在充分考虑生产者责任和消费者责任下，这些国家的碳排放责任减少了，或者说现有的以直接排放量认定责任的方法高估了这些国家对气候的影响。与此同时，美国、日本、德国、英国、意大利、法国和巴西的二氧化碳排放量比其直接排放量有所上升，说明现有的排放量认定方法低估了这些国家的气候影响责任。显然，在全球碳减排责任分担时，这些国家应当比按直接排放量分担责任承担更大的比重。从直接排放量与经过调整后的排放量之间的差额可见，中国的绝对差额最大，其次是俄罗斯和日本，说明这些国家

在碳排放责任方面被错误估计的绝对量较大。而从绝对差额占直接排放量的比重来看，法国、意大利、德国、中国、英国的比重较大，说明在碳排放责任认定方面这些国家被错误估计的程度较高。从相对排放责任——重新认定的碳排放量占当年全球总排放量的比重来看，美国、中国的相对碳排放责任较大，其中，美国的相对碳排放责任接近中国的两倍；而意大利、法国、巴西的相对碳排放责任较少。

表8-3还揭示了其他一些值得注意的现象。美国作为碳排放量最大的国家，经过指标调整后，其增加的碳排放责任相对其排放总额来说并不大；而欧洲一些排放量较小的发达国家，经过指标调整后，尽管其增加的绝对排放量不大，但相对量却较高。从推进国际气候合作的角度考虑，依据该指标进行碳排放责任的认定，在兼顾责任分担的公平性基础上，能相对地协调各方利益，避免因为某一方需要承担过大责任而拒绝合作，甚至导致整个谈判的失败。

三、小结

本节在综合考虑生产者责任和消费者责任的基础上，根据 Rodrigues 等人提出的指标模型，实际测算了 2004 年全球 10 个主要国家的二氧化碳排放量问题，发现中国、俄罗斯和印度经过指标调整后的碳排放量比统计中的直接碳排放量有所下降，而美国、日本、德国等发达国家的这一指标比直接碳排放量有所上升。这表明，如果不考虑造成气候变暖的历史原因，按照直接排放量认定各国的环境责任时，中国等国的碳排放责任会被高估，而美国等国的碳排放责任会被低估。因此，面对中国日益增长的二氧化碳排放，即使不考虑历史因素，按照责任分担的公平原则，中国也不应为其全部的二氧化碳排放负责；同时，美国等发达国家在责任分担时应当承担比直接碳排放量更多的环境责任。

本节的所有数据均来自于 GTAP 7 数据库，该数据库只提供了基础年份（2004 年）全球经济相关数据。因此，笔者的研究没有考虑各国历史累积的二氧化碳排放量。从理论上说，如果可以获得历史上所有年份的相关数据，则可以测算出综合考虑生产者责任和消费者责任时各个国家的二氧化碳排放量，经过累积之后可以作为全球碳减排责任分担的基础。从这个角度来说，依据该指标进行的测算可以作为重新认定各国碳排放责任的基础。本部分研究的另一缺憾在于数据相对陈旧，GTAP 最新版本的数据只提供到 2004 年，2009 年及以后的情况如何，不得而知。笔者大胆猜想，由于中国加入世贸组织之后出口量大增，2009 年以后该指标下的二氧化碳排放量与直接排放量之间的差额可能会继续扩大。

第三节　同时考虑消费者责任和生产者
责任的静态减排责任分担机制

如果可以获知某一年份各国的二氧化碳排放量，则可以根据这一环境责任比例具体地量化各国此年份的减排责任。因此，依据前述指标建立的各国碳排放认定标准可以作为全球静态减排责任分担机制的基础。该静态减排责任分担机制符合应对气候变化的公平原则，但限于本研究的缺陷，单独依赖它尚不能完全代替当前的碳减排责任分担机制。

一、静态减排责任分担机制与应对气候变化的公平原则

利用 Rodrigues 等的指标，综合考虑二氧化碳排放中生产者责任和消费者责任的方法可以作为静态减排责任分担机制的基础。这种静态减排责任分担机制可以从两方面理解：一是只考虑当年责任，不考虑历史责任；二是在数据可得性允许的条件下，将静态责任叠加就可以得到累积的历史责任。这两方面表明，尽管是静态的减排责任分担机制，但它的建立对全球碳减排责任分担依然有重要意义。回顾前述对应对气候变化的公平原则的论述，以及该责任认定指标建立的过程，可以看出，这种静态的减排责任分担机制在下述几个方面符合应对气候变化的公平原则。

1. 统一的责任分担标准

这种静态的减排责任分担机制体现了国际环境问题的基本公平原则——"共同但有区别的责任"。更确切地说，它体现了责任分担标准的统一性和责任分担结果的有区别性。在应对气候变化领域，"有区别的责任"经常被误解为责任分担标准的有区别性。这导致了各国都坚持符合自身利益的责任分担标准，造成争论不断、谈判难以达成。而对"共同但有区别的责任"的正确理解首先应当基于一个统一的责任分担标准，利用达成共识的

这把"尺子"去衡量各个国家的责任分担量，从而得到结果上的"有区别"。利用该指标去静态地认定各国的二氧化碳排放责任正是这一把"尺子"，它体现了责任分担中的生产者责任和消费者责任，符合责任分担的公平原则；同时，这把"尺子"又被证明是存在的且是唯一的，因此是责任分担中的一个统一标准。

2. 促进合作达成

由于应对气候变化不能依靠单个国家的努力而实现，所以顺利实现国际气候合作是应对气候变化行动的出发点和落脚点。根据罗尔斯作为公平的正义原则，应对气候变化领域的公平和正义也应当体现出促进各国在平等地位下合作的达成。利用综合考虑生产者责任和消费者责任的二氧化碳排放指标，可以避免在责任认定上生产者责任与消费者责任之争；同时综合考虑两者能够起到协调各国利益的作用，避免出现因某一方承担压力过大而选择拒绝合作的困境。因此，该指标下的静态减排责任分担机制体现了促进国际气候合作这个关键点，是解决各国公平性争论的一个有效途径。

3. 减少碳泄漏发生

由前面的分析可见，如果采用直接排放量作为静态减排责任分担的基础，将会使公平而严格的国际气候协议失去其应有的效力。采用间接排放量标准，同时考虑生产者责任和消费者责任，将不仅使得生产者有动力采取清洁技术或节约能源消耗来减少二氧化碳排放，消费者也有动力减少高污染、高耗能产品的消费。这样，从国家层面来看，由于必须同时承担消费者责任和生产者责任，国家通过进口代替国内排放的做法不再被机制所鼓励，因此能够减少碳排放的跨国转移。同时，高排放的国家也要承担部分的生产者责任，不能因为出口隐含的碳排放量较高而无所顾忌，这样就实现了抑制双方二氧化碳排放的目的。

二、研究缺陷

如前所述，本部分建立起来的静态减排责任分担机制对全球碳减排责任分担具有重要意义，但该静态责任分担方法不能完全代替当前的减排责任分担机制。最关键的原因是该静态减排责任分担机制在现实数据不可得的条件下无法实现对历史责任的衡量，因此不好利用某一年份下各国的二氧化碳排放量来具体地分担各国的碳减排责任。IPCC 等权威机构曾指出，大气中人为排放的温室气体的不断累积是造成气候变化的主要原因，因此，历史上累积的排放必须考虑在责任分担机制当中。本研究的缺陷是没有具体量化各国历史上的二氧化碳排放量，也因此无法给予各国碳减排责任量的具体意见。然而，可以肯定的是全球因化石能源消耗而产生的大量二氧化碳排放源自 19 世纪中叶工业革命时期，此时的排放责任主要是处于工业化进程中的发达国家。因此，在无法确切衡量在该指标下各国历史累积排放的背景下，强调发达国家率先履行减排责任符合责任分担的公平原则。从这个角度来说，本部分对《京都议定书》框架下碳减排责任分担机制的改进，贡献在于更改当前责任的认定方法，并没用因此而改变发达国家先于发展中国家履行责任的规定。

第四节　动态减排责任分担机制的提出

考虑造成气候变暖的历史责任，《京都议定书》只规定了发达国家的强制减排责任。然而，发展中国家的状态并非一成不变，随着经济的发展，其也有成为发达国家的可能。那么，在当前定义下的发展中国家是否永远不承担强制减排责任呢？按照应对气候变化的公平原则，答案显然是否定的。本节通过考察能源消费对经济增长溢出效应的国家差异，建立起动态减排责任分担机制，使发展中国家和发达国家一起，按照相同的责任分担标准，承担起"有区别"的减排责任。

动态减排责任分担机制的提出，符合应对气候变化的公平原则，也是解决当前气候谈判争论的有效途径。该机制本质上是一种减排责任的"触发机制"，其建立的关键是解决各国因何而应当承担起强制减排责任。本节从各国抵触节能减排的内在动机出发，建立起该机制的理论基础。

一、根据各国发展而动态调整的责任分担原则

《京都议定书》框架下全球各国碳减排责任分担机制表现为发达国家承担强制减排责任，而发展中国家可以进行自愿性碳减排。如前所述，这一责任分担机制对碳排放责任的认定基于一种属地责任原则，这不仅容易

导致碳泄漏的发生，而且不符合责任分担的公平性要求。前面笔者已经在综合考虑生产者责任和消费者责任的基础上，重新认定了各国的二氧化碳排放责任。然而，受限于数据的可得性，本研究无法具体测算历史上所有年份各个国家在这一指标下的二氧化碳排放量。因此，考虑造成气候变暖的历史责任，《京都议定书》框架下发达国家先于发展中国家承担责任是符合应对气候变化的公平原则的。

然而，面对发展中国家日益剧增的二氧化碳排放量，当前减排责任分担机制并没有规定发展中国家未来是否应当进行强制减排，以及在何时、达到什么条件下应当减排。这使得许多学者在分析《京都议定书》的执行效果之时，都将《京都议定书》假设为永远执行的状态，即假设发展中国家永远不承担强制减排责任。他们的研究结果表明，在这种情景下无论是在减排的成本效率方面，还是在实现对温室气体的控制方面，效果都不理想。如此一来，西方学者特别是主流经济学家，对《京都议定书》单边的减排政策的批判更是加剧了，发达国家也更加坚持发展中国家也要承担强制减排责任的主张。

回顾前述应对气候变化的公平原则，其具备的基本属性包括统一的责任分担标准以及在这一标准下得到的"有区别"的责任分担结果。这个统一的责任分担标准应当涵盖历史的责任、消费的责任、生产的责任以及根据各国发展而动态调整的责任。如果说《京都议定书》框架下只有发达国家承担强制减排责任的规定是基于历史的责任，重新制定的碳排放责任指标是基于消费者责任和生产者责任的话，那么，在碳减排责任分担机制中还欠缺另一项重要因素——根据各国发展而动态调整的责任。

国内学者潘家华曾经提出"人文发展"的概念，根据这一概念，各国二氧化碳排放存在着"权"和"限"的要求。其中，"限"的定义明确指出了发展中国家二氧化碳排放也存在着"上限"，即当发展中国家发展到一定水平时，其也要承担强制减排责任，也要减少绝对排放量。因此，建立根据各国发展而动态调整的责任原则符合"人文发展"的要求，也是责任分担方面公平原则的应有之义。同时，规定发展中国家何时承担减排责任，也打消了发达国家对未来的担忧和顾虑，消除了其不履行自身义务的借口，有助于发达国家和发展中国家基于同样的标准建立起沟通和协商的基础，促进国际气候合作的达成。

二、动态减排责任分担机制建立的理论基础

所谓动态减排责任分担机制，指的是在各国的动态发展过程中存在一个"减排门限"或者"触发机制"，一旦某个国家的某项指标达到或超过这一门限水平或触发值时，这个国家就应当承担起强制减排责任。动态减排责任分担机制体现了根据各国发展而动态调整的责任分担原则，给那些暂时不用承担减排责任的国家提供了一个进入机制，符合应对气候变化的公平原则，同时促进了国际气候合作的达成。

然而，动态减排责任分担机制建立的关键，首先是要确定各国因何而必须要承担减排责任，即明确其建立的理论基础是什么。从国际气候合作的争论来看，各国之所以不愿轻易承担起碳减排责任，主要源于二氧化碳这一温室气体的特殊性。人为排放的二氧化碳大量产生于化石能源的消耗，减少二氧化碳排放意味着减少一国经济发展对化石能源的依赖。然而，能源作为一种重要的生产投入，与经济增长之间可能存在紧密联系。因此，各国担心减少能源消耗可能会降低经济增长速度而大多对碳减排持谨慎甚至反对态度。从这个角度看，如果减少能源消耗对经济增长的负面影响较大，则一国必然有理由拒绝进行碳减排。但是，如果减少能源消耗对经济增长没有负面影响，则此时该国就没有反对碳减排的动机。因此，研究能源消费对经济增长溢出效应的国家差异，将是建立动态减排责任分担机制的基础。具体来说，如果能源消费与经济增长之间存在一种非线性转换关系，则只要找到这种转换点，或者称为"拐点"，那么就可以明确一国何时、达到什么标准下，应当承担起强制减排责任。

近年来，学术界涌现了大量关于能源消费与经济增长关系的实证研究。这些研究基本上可以归为三类：一类是对 Grossman 和 Krueger（1991）提出的环境库兹涅茨曲线（EKC）假设的实证检验，即考察环境污染与经济发展或收入水平之间是否存在倒 U 形关系。一些针对个别污染物的检验证实，污染排放量会随着收入水平的提高出现先上升后下降的趋势（Carson，et al.，1997；Panayotou，1997；包群、彭水军，2006；林伯强、蒋竺均，2009）。这种由经济发展对环境污染单向影响的研究受到了一些学者的批判，随着计量技术的发展，另一类围绕能源消费与经济增长因果关系的研

究得以出现，这类研究利用格兰杰因果关系检验和协整分析，建立了二元或多元模型，侧重于揭示能源与经济之间是否存在双向因果关系以及它们在短期和长期的影响（Stern，2003；Paul，et al.，2004；Soytas，et al.，2007；Apergis，et al.，2009）。在最近发展的第三类研究中，学者们突破了上述线性关系假设的局限，开始利用多种计量方法，如门限回归方法、平滑转换模型以及非线性格兰杰因果关系检验等，证实了能源消费与经济增长非线性关系的存在性（Huang，et al.，2008；Chiou - Wei，et al.，2008；Aslanidis，et al.，2009；赵进文等，2007；杨子晖，2010）。

三、动态减排责任分担机制与综合考虑生产者责任和消费者责任

动态减排责任分担机制建立的理论基础是考虑不同国家能源消费对经济增长溢出效应的不同，是从消除各国反对减排的动机入手而展开的。然而，动态减排责任分担机制作为碳减排责任分担机制的重要组成部分，必须要符合应对气候变化的公平原则。回顾前述关于生产者责任和消费者责任之争，笔者认为公平而促进合作达成的责任认定原则是综合考虑生产者责任和消费者责任。为了与这一责任认定原则相一致，动态减排责任分担机制的建立也需要综合考虑两者的责任。

在本部分研究中，所考察的基本变量是各国的能源消费与经济增长。能源消费量代表了二氧化碳的直接排放量，这只反映了生产者责任。另外一个关键变量是减排门限的选择，即能源消费与经济增长关系的转变因何变量而有所区别。为了考察消费者责任，笔者关于门限变量选择了人均消费水平。这意味着本部分将考察当以人均消费作为门限变量时，能源消费与经济增长之间是否存在非线性转换关系。如果这一关系存在，并且当人均消费水平超过某一门限值时能源消费对经济增长溢出效应不再显著，那么，这些超过门限水平的国家就应当承担起强制减排责任。这样，从动态的角度看各国就拥有了一个进入减排国家队伍的机制。当前不承担责任的国家并非永远不承担责任，当其人均消费水平超过某一上限时，它就应该进行强制减排。而以人均消费作为减排门限、以能源消费作为基本考察变量的做法体现了综合考虑生产者责任和消费者责任的原则，与前述的责任认定标准相统一。

第五节 以人均消费作为减排门限的实证研究[❶]

虽然关于能源消费与经济增长关系的实证研究众多，然而，比较相关结论却可以发现：这些计量分析的结果常呈现很大差异，尤其是关于 EKC 的检验和格兰杰因果关系的研究。究其原因，除研究对象，如针对的时段和国家的不同外，对于模型中变量选取的随意性也造成了结论可信度的下降。因此，对能源消费与经济增长关系的检验，应当首先从理论模型出发，建立起实证检验的理论基础。

一、能源消费对经济增长溢出效应的计量模型

本部分对能源消费溢出效应的检验借鉴了国际贸易理论关于出口贸易技术外溢的研究方法，利用 Feder（1983）提出的两部门生产函数，构建能源消费溢出效应的计量检验模型。

假设经济中包含能源 E 与非能源 G 两个生产部门，它们都需要资本 K 和劳动力 L 作为生产投入。同时，能源作为一种非能源部门的投入要素，对经济中总产出 Y 存在溢出效应。[❷] E 和 G 的生产函数形式以及关于总产出的表达如下：

$$E = E(K_1, L_1) \qquad (8-24)$$
$$G = G(K_2, L_2, E) \qquad (8-25)$$
$$Y = E + G \qquad (8-26)$$

同时满足：

$$K_1 + K_2 = K, \quad L_1 + L_2 = L \qquad (8-27)$$

为了便于分析，按照 Feder（1983）的做法，假设要素的边际产出满足：

$$\frac{E'_{K_1}}{G'_{K_2}} = \frac{E'_{L_1}}{G'_{K_2}} = 1 + \delta \qquad (8-28)$$

---

❶ 本部分内容已发表，见：史亚东. 能源消费对经济增长溢出效应的差异分析 [J]. 经济评论，2011（11）.

❷ 能源部门对总产出的溢出效应指的是能源部门产出变化所带来的对经济总产出的影响。

式（8 - 28）的成立实际是假设资本和劳动力的边际产出在两部门间存在一个固定的差异。这种差异显示了哪个部门拥有更高的要素边际产出，即当 $\delta > 0$ 时，能源部门的要素边际产出大于非能源部门，而当 $\delta < 0$ 时则意味着非能源部门的要素边际产出大于能源部门。式（8 - 28）中 $\delta \neq 0$，表明经济增长有通过资源重新配置而实现的可能。对式（8 - 26）进行全微分，同时将式（8 - 25）的结果代入，得到：

$$dY = G'_{K2}(dK_1 + dK_2) + G'_{L2}(dL_1 + dL_2) + G'_E dE + \delta G_{K2} dK_1 + \delta G_{L2} dL_1$$

$$(8 - 29)$$

在不考虑折旧的情况下，定义资本的变动等价于投资，即 $I = dK_1 + dK_2$，因此上式又可进一步写为：

$$dY = G'_{K2}I + G'_{L2}dL + G'_E dE + \frac{\delta}{1 + \delta}dE \qquad (8 - 30)$$

对式（8 - 30）两边同时除以 Y，并分离出表示能源部门对非能源部门产出弹性❶的 θ（$\theta = G'_E \frac{E}{G}$），得到：

$$\frac{dY}{Y} = G'_{K2} \frac{I}{Y} + \frac{G'_{L2}L}{Y} \frac{dL}{L} + \left(\frac{\delta}{1 + \delta} - \theta\right) \frac{E}{Y} \frac{dE}{E} + \theta \frac{dE}{E} \qquad (8 - 31)$$

将式（8 - 31）改写为人均的形式，即令 $y = \frac{Y}{L}$，$e = \frac{E}{L}$，公式两边同时减去 $\frac{dL}{L}$，可得：

$$\frac{dy}{y} = G'_{K2} \frac{1}{Y} + \left(\frac{\delta}{1 + \delta} - \theta\right) \frac{E}{Y} \frac{de}{e} + \theta \frac{de}{e} +$$

$$\left[\left(\frac{\delta}{1 + \delta} - \theta\right) \frac{E}{Y} + \frac{G'_{L2}L}{Y} + \theta - 1\right] \frac{dL}{L} \qquad (8 - 32)$$

上式进一步整理可以写为：

$$\frac{dy}{y} = \alpha \frac{1}{Y} + \beta \frac{dL}{L} + \gamma \frac{de}{e} \qquad (8 - 33)$$

其中，$\alpha = G'_{K2}$，$\beta = \left[\left(\frac{\delta}{1 + \delta} - \theta\right) \frac{E}{Y} + \frac{G'_{L2}L}{Y} + \theta - 1\right]$，$\gamma = \left[\left(\frac{\delta}{1 + \delta} - \theta\right) \frac{E}{Y} + \theta\right]$。

---

❶ 按照弹性的定义，这里能源部门对非能源部门产出弹性指的是能源部门产出变化 1/100 所带来的非能源部门产出变化的百分比。

α、β、γ 是模型中的被估计参数。

对式（8-33）引入常数项 c 和随机扰动项 ε_t，并把增长率写为对数一阶差分的形式，同时令 $irate$ 代表投资—产出比（$\frac{I}{Y}$），则可以得到用于检验能源消费溢出效应的实证模型：

$$\Delta \ln y_t = c + \alpha irate_t + \beta \Delta \ln L_t + \gamma \Delta \ln e_t + \varepsilon_t \qquad (8-34)$$

式（8-34）表明了人均 GDP 增长率受投资—产出比、劳动力增长率以及人均能源消费增长率的影响。通过考查 γ 值的大小和方向，可以分析能源消费对经济增长的溢出效应。

二、人均消费门限效应的实证检验与数据选取

现实中的宏观经济变量无论是在时序中还是在变量之间常呈现出一种非线性转换的特征，例如，产出和就业的下降相对于上升更加迅速。为了捕捉这种非线性行为，计量经济学中的门限回归模型（threshold regression model）得到了广泛的应用。门限回归方法力图找寻发生突变的临界点，其本质是将某一观测值作为门限变量，根据其大小将其他样本值进行归类，分别回归后比较回归系数的不同。当这一门限值为已知时，门限回归的技术变得简单易行。然而大多数情况下，门限值是未知的，需要和模型中的其他参数一同估计。此时，确定门限值的方法是将该门限变量从小到大排序，依次作为门限值进行回归。如果得到的模型的残差平方和最小，则认为该方程是含有门限的一致估计（Enders，2004）。

Hansen（1999）将上述门限回归模型应用到非动态平衡面板数据中，并利用自举法（bootstrap method）建立对门限效应显著性的假设检验。本部分将根据 Hansen 所提供的方法，以人均消费水平作为门限变量，建立起45个国家能源消费对经济增长溢出效应的非线性模型。

1. 单门限模型的设定与检验

对于门限效应的估计和检验计量上可以区分为单门限模型和多门限模型。本部分的检验，首先从最基本的单门限模型开始，形式设定如下：

$$\Delta \ln y_{it} = c_i + \alpha irate_{it} + \beta \Delta \ln L_{it} +$$
$$\gamma_1 \Delta \ln e_{it} I(con_{it} \leq \tau) + \gamma_2 \Delta \ln e_{it} I(con_{it} > \tau) + \varepsilon_{it} \qquad (8-35)$$

其中，i 代表国家，t 代表时间。$I(\cdot)$ 代表指示性函数，con 表示对

数后的人均消费水平，τ 是门限值。模型含义为能源消费与经济增长之间存在"人均消费水平"的门限效应，即当 con 超过某一临界值 τ 时，代表溢出效应大小的 γ 可能发生突变，以此来揭示能源消费溢出效应的地区差异。

对上述模型的估计可以采取消除个体效应后最小二乘的估计方法（Chan，1993；Hansen，1999）。由于 τ 值越接近真实的门限水平，回归模型的残差平方和 S_1 (τ) 越小，因此确定门限值的大小是使 $\hat{\tau} = \text{argmin } S_1$ (τ)。为了使门限两边留有适当数量的观测值，通常对门限值排序后，剔除最大和最小各 $n\%$（如 15%）的值来进行搜索。在本部分的研究中，笔者采取了与其类似的格点搜寻法（grid search），从 con 变量的 0.01 分位数❶开始搜寻，对第三门限效应的检验从 0.05 的分位数开始搜寻，共搜寻 400 个分位数。

对于门限模型的假设检验包括两个方面：一是检验门限效应是否显著，二是检验得到的门限估计值是否是真实值。对于第一个检验通常构造 F 统计量 $\{F_1 = [S_0 - S_1 (\hat{\tau})] / \hat{\sigma}^2\}$❷ 来实现。对于单门限回归模型来说，原假设 H_0：没有门限效应；备择假设 H_1：有一个门限。Hansen（1999）用自举法得到了 F 统计量的渐进分布，并得到了基于似然比检验的 P 值。当 P 值足够小时，则拒绝原假设，证明模型至少存在一个门限效应。

其次，检验门限估计值是否足够接近真实值，即构造门限值的置信区间。它的原假设是 H_0：$\tau = \hat{\tau}$，相应的似然比函数为 $LR (\tau) = [S_1 (\tau) - S_1 (\hat{\tau})] / \hat{\sigma}^2$。

2. 多门限模型的设定与检验

如果在单门限模型的第一个检验中拒绝了原假设，则意味着变量之间存在至少一个非线性转换的临界值。由于在实际中确实可能发生临界值不止一个的结构突变，因此就需要引入多门限的回归模型及其相应的假设检验。根据式（8-34）扩展而来的双门限的模型设定形式如下：

---

❶ 本部分的实证分析中对第三个门限效应的检验从 0.05 的分位数开始搜寻。

❷ S_0 为不存在门限效应的残差平方和，$\hat{\sigma}^2$ 为残差方差。

$$\Delta \ln y_{it} = c_i + \alpha irate_{it} + \beta \Delta \ln L_{it} + \gamma_1 \Delta \ln e_{it} I(con_{it} \leq \tau_2) +$$

$$\gamma_2 \Delta \ln e_{it} I(\tau_2 < con_{it} \leq \tau_1) + \gamma_3 \Delta \ln e_{it} I(con_{it} > \tau_1) + \varepsilon_{it}$$

$$(8-36)$$

对上述模型估计采取的方法是：先固定第一步得到的门限值 $\hat{\tau}_1$，然后搜寻第二个门限值 $\hat{\tau}_2$，使残差平方和 $S_2^r(\tau_2)$ 最小，然后将这一门限值固定，再修正第一步得到的门限值，得到使残差平方和 $S_1^r(\tau_1)$ 最小的第一个门限值 $\hat{\tau}_1^r$。

如果在单门限模型第一个检验中拒绝了原假设，则对于双门限模型的第一个假设检验是，原假设 H_0：只有一个门限值；备择假设 H_1：有两个以上门限值。构造类似的 F 统计量并得到相应的 P 值后，如果依然拒绝原假设，为了确定最终门限的个数，需要再进行三门限的回归估计，估计方法同上。

3. 数据来源与描述性统计

本节所用数据来自世界银行发展指数数据库（WDI）。该数据库包含了从 1960 年开始 213 个国家和地区的 854 个宏观经济指标。由于许多国家和地区在某些年份的数据缺失，为了尽量扩大研究国家和地区的范围，同时考虑数据可得性，本研究选取了经济总量较大的 45 个国家和地区的数据作为研究对象（具体的国家和地区名单见表 8 - 4）。数据选取时期为1980—2007 年。其中，人均产出数据选取按购买力平价折算为 2005 年美元不变价的人均 GDP 水平❶（单位为美元），投资—产出比数据选取总的固定资产投资占 GDP 的比重，能源消费数据选取人均一次能源使用量（单位为千克石油当量），消费数据选取按购买力平价折算为 2005 年美元不变价的居民最终消费支出（单位为美元）❷，劳动力和人口数据分别来自该数据库相应统计（详细描述见表 8 - 5）。为获得增长率，对相应变量进行对数差分处理，各变量的统计性描述见表 8 - 6。

---

❶ 按购买力平价折算 GDP 的方法是进行国家间收入比较的常用方法，例如，在世界银行组织下开展的国际比较项目（ICP）就是以此方法作为基础。此处之所以没有使用市场汇率方法折算 GDP，原因在于进行国家和地区间收入比较时该方法存在真实收入水平会受汇率波动影响的缺陷。例如，如果一国和地区汇率贬值 50% 而其他经济情况不变，则利用市场汇率折算出的收入水平为真实水平的一半，从而产生较大误差。

❷ 人均消费水平的获得通过居民最终消费支出除以人口数得到。

表 8-4 选取的 45 个国家和地区名单

阿尔及利亚	中国内地	法国	约旦	南非
澳大利亚	哥伦比亚	德国	肯尼亚	西班牙
奥地利	哥斯达黎加	中国香港	韩国	苏丹
孟加拉国	塞浦路斯	匈牙利	马来西亚	瑞典
比利时	丹麦	冰岛	墨西哥	瑞士
玻利维亚	厄瓜多尔	印度	荷兰	泰国
巴西	埃及	印度尼西亚	新西兰	英国
加拿大	萨尔瓦多	意大利	秘鲁	美国
智利	芬兰	日本	葡萄牙	委内瑞拉

表 8-5 各变量的数据来源说明

变量名称	所用数据库指标	单位	计算方法或来源
人均产出	GDP per capita, PPP (constant 2005 international $)	美元	直接来自 WDI
投资— 产出比	Gross fixe capital formation (% of GDP)	—	利用 WDI 指标除以 100
人均能源 消费	Energy use (kg of oil equivalent per capita)	千克石油 当量	直接来自 WDI
人均消费	Household final consumption expenditure, PPP (constant 2005 international $); Population, total	美元	利用 WDI 数据库中居民最终 消费支出与人口总数相除得到
劳动力	Labor force, total	人	直接来自 WDI

表 8-6 各变量的统计性描述

变量	$\Delta \ln y_{it}$	$irate_{it}$	$\Delta \ln L_{it}$	$\Delta \ln e_{it}$	con_{it}
中值	0.022 737	0.211 935	0.025 684	0.012 106	8.845 237
最小值	-0.180 45	0.055 392	-0.064 04	-0.195 29	5.496 353
最大值	0.150 45	0.435 862	0.119 24	0.230 385	10.334 84
标准误	0.033 997	0.053 61	0.015 048	0.045 121	1.031 012
25%分位数	0.006 397	0.186 09	0.017 281	-0.010 22	7.962 464
75%分位数	0.037 241	0.246 152	0.031 525	0.036 618	9.496 713

注：con_{it} 为人均消费支出的对数。

三、实证检验结果与分析

1. 实证结果

为了确定能源消费溢出效应是否存在非线性转换行为，笔者进行了原假设为没有门限、单个门限、双门限以及三门限的实证检验。表8-7列出了在各假设检验中的 F 值、通过自举法得到的 P 值，以及相应10%、5%、1%显著水平下对应的临界值。从中可见，在单门限检验中 P 值很小，说明在1%显著水平下拒绝了没有门限的原假设，模型存在显著的门限效应。而在双门限和三门限的检验中，P 值分别为0.053和0.25，这说明在5%的显著水平下应当接受原假设。因此可以断定这种非线性行为的存在性，同时可以确定模型只有一个门限值。

表8-7 门限效应检验

单门限检验	F_1	31.28
	P 值	0.000
	(10%，5%，1%对应临界值)	(12.40，16.21，21.05)
双门限检验	F_2	17.42
	P 值	0.053
	(10%，5%，1%对应临界值)	(13.80，17.52，24.80)
三门限检验	F_3	7.49
	P 值	0.25
	(10%，5%，1%对应临界值)	(10.26，11.90，16.81)

图8-1给出了单门限模型中置信区间的构造。使似然比函数等于0的对数人均消费水平即是门限值。相应的95%置信区间是似然比函数位于虚线以下的部分。表8-8给出了在单门限模型中估计的门限值，括号内是相应的95%和99%下的置信区间。

表8-8 门限估计值

门限	估计值	95%置信区间	99%置信区间
$\hat{\gamma}$	9.5137	(9.1463，9.5743)	(9.0719，9.5858)

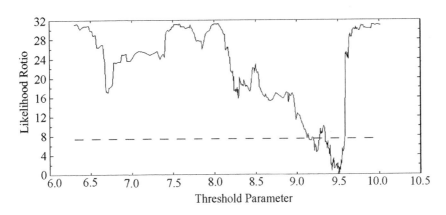

图 8 - 1　单门限模型中的置信区间

表 8 - 9 是能源消费溢出效应模型在线性个体固定效应模型下和非线性单门限模型下的回归结果。在普通线性回归模型下可以看出，投资—产出比、劳动力增长率和人均能源使用增长率都对人均产出有正向影响。然而，劳动力增长率回归系数并不显著。在非线性单门限回归模型下，区制独立（regime independent）❶ 的解释变量，其回归系数的符号依然为正，说明投资—产出比和劳动力增长率依然正向拉动了人均产出的增长。笔者考察的重点在于能源消费溢出效应在门限前和门限后的变化。由单门限模型的回归结果可以发现，当对数人均消费水平达到 9.5137 之前，能源消费对经济增长的溢出弹性是 0.2611；而当超过这一门限水平时，溢出弹性的符号发生了改变，并且回归系数也不再显著。这一估计结果说明能源消费对经济增长的溢出效应存在典型的"人均消费水平的门限效应"，即当人均消费水平达到一定程度之后，人均能源消费的增长对经济增长的拉动作用不再明显。这一实证结果暗示了如果考虑降低节能减排对经济负面影响的因素，能源消费溢出效应不显著的国家，相对那些溢出效应明显的国家，更应当实施严格的能源和环境政策。

---

❶　在门限回归模型中，解释变量分为区制独立（regime independent）变量和区制依存（regime dependent）变量，分别指回归系数随着因门限隔离的区间不变和变化的变量。

表 8 - 9   能源消费溢出效应回归估计结果

解释变量	线性回归个体固定效应模型	非线性单门限模型
常数项	-0.0073 (-1.17)	
$irate_{it}$	0.1143^* (4.14)	0.101^* (3.89)
$\Delta\ln L_{it}$	0.0084 (0.10)	0.0029 (0.04)
$\Delta\ln e_{it}$	0.2134^* (10.72)	
$\Delta\ln e_{it}$ ($con_{it}\leqslant 9.5137$)		0.2611^* (12.04)
$\Delta\ln e_{it}$ ($con_{it}>9.5137$)		-0.0338 (-0.68)

注：括号内为 t 值，*代表1%的显著性水平。

2. 进一步分析

上述实证检验的结果表明，能源消费对经济增长的溢出作用存在以人均消费水平为门限的非线性转换行为。当对数化的人均消费水平超过 9.5137（按购买力平价折算为 2005 年不变价约 13 544 美元）时，能源消费对经济增长的溢出作用不再显著，这意味着超过此门限的国家相对于其他国家，无论在道义上还是出于经济利益考虑都更应当减少能源消费，并降低由此带来的温室气体排放。

表 8 - 10 列出了超过门限 9.5137 的国家和地区名单及其超过时的相应年份。从中可以发现，应当减少能源消费的国家和地区在本部分的研究中共有 20 个，它们都是相对发达的国家和地区，此结论与应对气候变化的公平原则——"共同但有区别的责任"的要求相一致。从超过门限的时点看，瑞士、美国、加拿大、奥地利、德国、冰岛、英国先后在 20 世纪 80 年代超过了人均消费水平的门限值，这意味着这些国家从动态角度看应当率先实施严格的能源和环境政策，或者说在减少温室气体排放方面应当率先履行责任。

表 8-10 超过第一门限的国家和地区名单及相应年份

国家和地区	年份	国家和地区	年份	国家和地区	年份
澳大利亚	1996—2007	丹麦	1997—2007	冰岛	1987—2007
奥地利	1987—2007	芬兰	2003—2007	意大利	1991—1992 1994—2007
比利时	1991—2007	法国	1990—2007	日本	1991—2007
加拿大	1986—2007	德国	1987—2007	荷兰	1995—2007
塞浦路斯	2006—2007	中国香港	1992—2007	新西兰	2003—2007
西班牙	2000—2007	瑞典	2000—2007	瑞士	1980—2007
英国	1988—2007	美国	1980—2007	—	—

表 8-11 列出了其余 25 个国家在 2007 年对数化的人均消费水平排序。可以看出这 25 个国家大部分都是发展中国家，它们的人均能源消费增长对经济增长有显著拉动作用。对于这些国家来说，实施严格的能源和环境政策需要格外慎重，否则可能导致因为节能减排而带来的对经济的负面影响。从动态的角度看，葡萄牙、韩国、匈牙利、墨西哥的人均消费水平已经接近第一门限值；而中国、印度、苏丹、肯尼亚和孟加拉国的人均消费水平还相对较低，这意味着这些国家在分担减排责任方面存在潜在的进入机制，即葡萄牙、韩国等国相对于中国、印度等国应当率先进入要承担严格的减排责任的国家行列。

表 8-11 2007 年第一门限内国家名单及相应人均消费水平

国家	人均消费	国家	人均消费	国家	人均消费
葡萄牙	9.4953	马来西亚	8.5020	阿尔及利亚	7.6331
韩国	9.3942	巴西	8.4995	印度尼西亚	7.6274
匈牙利	9.2980	哥伦比亚	8.4819	中国内地	7.3913
墨西哥	9.0329	秘鲁	8.3508	印度	7.2842
智利	8.9458	厄瓜多尔	8.3210	苏丹	6.9380
哥斯达黎加	8.6767	泰国	8.2006	肯尼亚	6.9090
委内瑞拉	8.6634	约旦	8.0957	孟加拉国	6.6305
萨尔瓦多	8.6027	埃及	7.9042	—	—
南非	8.5435	玻利维亚	7.6540	—	—

四、小结

本节利用 Feder 的两部门生产函数，建立了用于检验能源消费对经济增长溢出效应的计量模型，对能源消费增长与经济增长之间是否存在"人均消费水平的门限效应"进行了实证检验。得到的主要结论有：一是能源消费增长与经济增长之间存在显著的非线性转换关系，通过对单门限效应和多门限效应的检验，可以确定它们之间只存在一个门限效应；二是通过对比门限前后变量系数的变化可以发现，当人均消费水平不超过 13 544 美元时，能源消费增长对经济增长具有显著的正向拉动作用，而当人均消费水平超过这一门限值时，这种作用的方向改变并且不再显著。

上述结论的得出对建立全球动态减排责任分担机制提供了经验上的支持。人均消费水平可以成为各国是否承担强制减排责任的衡量标准，各国在这一统一的标准下能够得出当前是否应当承担责任以及在未来何时应当承担责任等结论。同时，这一动态减排责任分担机制综合考察了生产者责任和消费者责任，符合责任认定的公平原则。

参考文献

［1］ Abadie A, Diamond A, Hainmueller J. Synthetic Control Methods For Comparative Case Studies: Estimating The Effect Of California's Tobacco Control Program ［J］. Journal Of The American Statistical Association, 2010, 105 (490): 493 – 505.

［2］ Abadie A, Gardeazabal J. The Economic Costs Of Conflict: A Case Study Of The Basque Country ［J］. American Economic Review, 2003, 93 (1), 112 – 132.

［3］ Acemoglu D, Johnson S, Robinson J. Institutions As A Fundamental Cause Of Economic Growth ［M］ //In The Handbook Of Economic Growth, Ed. Philippe Aghion And Steven Durlauf, Amsterdam: Elsevier, 2005: 385 – 465.

［4］ Acemoglu D, Johnson S, Robinson J. The Colonial Originsof Comparative Development: An Empirical Investigation ［J］. American Economic Review, 2001, 60 (2), 1369 – 1401.

［5］ Aldy J. E, Barrett S, Stavins R N. Thirteen plus one: a comparison of global climate policy architectures ［J］. Climate Policy, 2003, 3 (4): 373 – 397.

［6］ Aldy J E, Orszag P R, Stiglitz J E. Climate change: an agenda for global collectie action ［R］. 2001.

［7］ Allen F, Jun Qian, Meijun Qian. Law, Finance and Economic Growth In China, Journal Of Financial Economics ［J］. 2005, 77 (1), 57 – 116.

［8］ Anton W. R, Q Deltas G, Khanna M. Incentives for Environmental Self – Regulation And Implications For Environmental Performance ［J］. Journal of Environmental Economics & Management, 2004, 48 (1): 632 – 654.

［9］ Antonio M. Bento, Mark Jacobsen. Ricardian Rents, Environmental Policy And The "Double – Dividend" Hypothesis ［J］. Journal of Environmental Economics & Management, 2007, 53 (1): 17 – 31.

［10］Arellano M, Bond S R. Some Tests of Specification for Panel Data: Monte Carlo Evidence and an Application to Employment Equations ［J］. Review of Economic Studies, 1991, (58): 277 –297.

［11］Arellano M, Bover O. Another Look at The Instrumental Variable Estimationof Error – Components Models ［J］. Journal of Econometrics, 1995, 68 (1): 29 –52.

［12］Babiker M H. Climate change policy, market structure, and carbon leakage ［J］. Journal of International Economics, 2005, 65 (2): 421 –445.

［13］Babiker M, Maskus M, Rutherford K. Carbon taxes and the global trading system ［J］. University of Colorado Working Paper, 1997.

［14］Baron R, Kenny A. The Moderator – Mediator Variable Distinctionin Social Psychological Research: Conceptual, Strategic, And Statistical Considerations ［J］. Journal of Personality And Social Psychology, 1986, 51 (6): 1173.

［15］Bastianoni S, Pulselli F M, Tiezzi E. The problem of assigning responsibility for greenhouse gas emissions ［J］. Ecological Economics, 2004, 49 (3): 253 –257.

［16］Benford F A. On the Dynamics of the Regulation of Pollution: Incentive Compatible Regulation of a Persistent Pollutant ［J］. Journal of Environmental Economics and Management, 1998, (36): 1 –25.

［17］Bertrand M, Mullainathan S. How Much Should We Trust Differences – In – Differences Estimates ［J］. Risk Management & Insurance Review, 2004, 119 (1): 173 –199 (27).

［18］Bodansky D, Chou S. International climate efforts beyond 2012: a survey of approaches ［R］. 2004.

［19］Bohringer C, Lange A. Mission impossible? On the harmonization of National Allocation Plans Under the EU trading directive ［J］. Journal of Regulatory Economics, 2005, (27): 81 –94.

［20］Bovenberg A L, De M R. Environmental levies and distortionary taxation ［J］. The American Economic Review, 1994, 84 (4): 1085 –1089.

［21］Bovenberg A L, Van Ploeg F. Optimal taxation, public goods and environmental policy with involuntary unemployment ［J］. Journal of Public Economics, 1996, 62 (1 - 2): 59 - 83.

[22] Buchanan J. External Diseconomies, Corrective Taxes and Market Structure [J]. American Economic Review, 1969, 59 (1): 174 - 177.

[23] Carter, N. The Politics of The Environment [M]. Cambridge: Cambridge University Press, 2001.

[24] Cherubini Umberto, E. Luciano, W. Vecchiato. Copula Methodin Finance [M]. Wiley, 2004.

[25] Chevallier J. The European Carbon Market (2005 - 2007): Banking, Pricing and risk - hedging strategies [J]. Handbook of Sustainable Energy, 2010, 19 (4): 395 - 414.

[26] Cline W. Political Economy of the Greenhouse Effect [R]. Washington D. C. : Institute for International Economics, 1989.

[27] Cole M A. Trade the pollution haven hypothesis and the environmental Kuznets curve: examining the linkages [J]. Ecological Economics, 2004, (48): 71 - 81.

[28] Cooper R. Toward a Real Global Warming Treaty [J]. Foreign Affairs, 1998, 77 (2): 66 - 79.

[29] Dasgupta S, Klassen Wheeler D. Citizen Complaintsas Environmental Indicators: Evidence from China [C]. Policy Research Working Paper, 1997.

[30] Davis L W. The Effectof Driving Restrictions On Air Quality In Mexico City [J]. Journal of Political Economy, 2008, 116 (1): 38 - 81.

[31] Dinan T M, Rogers. Distributional Effects of Carbon Allowance Trading: How Government Decisions Determine Winners and Losers [J]. National Tax Journal, 2002, (55): 199 - 222.

[32] Elder S. R T F. Unilateral CO2 reductions and carbon leakage: the consequences of international trade in oil and basic materials [J]. Journal of Environmental Economics and Management, 1992, (25): 162 - 176.

[33] Ellerman A D, Buchner B K. Over - Allocation orAbatement? A Preliminary Analysis of the EU ETS Based on the 2005 - 06 Emissions Data [J]. Environmental and Resource Economic, 2010, 41 (2): 267 - 287.

[34] Eskeland G S, Harrison A E. Moving to greener pastures? Multina-

tionals and the pollution haven hypothesis [J]. Journal of Development Economics, 2003, (70): 1 - 23.

[35] Eskeland G S, Harrison A E. Moving to greener pastures? multinationals and the pollution haven hypothesis [R]. Cambirdge MA: National Bureau of Economic Research, 2002.

[36] Ferng J J. Allocating the responsibility of CO2 over - emissions from the perspectives of benefit principle and ecological deficit [J]. Ecological Economics, 2003, 46 (1): 121 - 141.

[37] Gatersleben B, Steg L, Vlek C. Measurement And Determinants Of Environmentally Significant Consumer Behavior [J]. Environment & Behavior, 2016, 34 (3): 335 - 362.

[38] Goedhuys M, Sleuwaegen L. The Impactof International Standards Certification On The Performance Of Firms In Less Developed Countries [J]. World Development, 2013, 47 (47): 87 - 101.

[39] Greenstone M, Hanna R. Environmental Regulations, Air And Water Pollution And Infant Mortality In India [J]. American Economic Review, 2014, 104 (10): 3038 - 72.

[40] Milfont T L, Duckitt J. The Environmental Attitudes Inventory: A Valid And Reliable Measure To Assess The Structure Of Environmental Attitudes [J]. Journal Of Environmental Psychology, 2010, 30 (1): 80 - 94.

[41] Greenstone Michael, Rema Hanna. Environmental Regulations, Air And Water Pollution, And Infant Mortality In India [J]. American Economic Review, 2014, 104 (10): 3038 - 3072.

[42] Ipcc. Second Assessment Report of the Intergovernmental Panel on Climate Change [R]. Cambridge: Cambridge University Pres, 1996.

[43] Ipcc. Third Assessment Report of the Intergovernmental Panel on Climate Change [R]. Cambridge: Cambridge University Pres, 2001.

[44] Jacoby H D. The 'Safety Valve' and Climate Policy [R]. Cambridge, Massachusetts: MIT Joint Program on the Science and Policy of Climate Change, 2002.

[45] Kolstad C D, Toman M. The economics of climate policy [J].

Handbook of environmental economics, 2005 (3): 1561 – 1618.

[46] Kumar N, Foster A D. Have CNG Regulations In Delhi Done Their Job? [J]. Economic & Political Weekly, 2007, 42 (51): 48 – 58.

[47] Lu Y, Tao Z. Contract Enforcementand Family Control Of Business: Evidence From China, Journal Of Comparative Economics [J]. 2009, 37 (4): 597 – 609.

[48] Mckibbin W J. A Better Way to Slow Global Climate Change [R]. Washington D. C: Brookings Institution, 1997.

[49] Muendler M. Converterfrom SITC to ISIC [J]. CESifo and NBER, 2009.

[50] Nordhaus W D. A Sketch of the Economics of the Greenhouse Effect. The American Economic Review, 1991, 81 (2): 146 – 150.

[51] Nordhaus W D. After Kyoto: alternative mechanisms to control global warming. The American economic review, 2006, 96 (2): 31 – 34.

[52] North Douglass. Institutions, Institutional Change, And Economic Performance [M]. Cambridge: Cambridge University Press, 1990.

[53] Oterba J. Lifetime Incidence and the Distributional Burden of Excise Taxes. American Economic Review, 1989 (79): 325 – 330.

[54] Owen Ann, Lvideras Julio R. Culture And Public Good: The Case Of Religion And Voluntary Provision Of Environmental Quality [J]. Journalof Environmental Economics And Management, 2007, 54 (2): 162 – 180.

[55] Parry I W. Are emissions permits regressive [J]. Journal of Environmental Economics and Management, 2004, 47: 364 – 387.

[56] Parry I W. Pollution Taxes and Revenue Recycling [J]. Journal of Environmental Economics and Management, 1995, 29 (3): 64 – 77.

[57] Parry I W. When Can Carbon Abatement Policies Increase Welfare? The Fundamental Role of Distorted Factor Markets [R]. NBER Working Paper, 1997.

[58] Pearce D. The role of carbon taxes in adjusting to global warming [J]. The Economic Journal, 1991, 101 (407): 938 – 948.

[59] Peter C, Suzi K. The Distributional Effects of Carbon Regulation:

Why Auctioned Carbon Permits Are Attractive and Feasible [R]. U. K. : Cheltenham, 1999.

[60] Pezzey J. Impacts of Greenhouse Gas Control Strategies on the Competitiveness of The U. K [R]. Economy: A Survey and Exploration of The Issues. Bristol: HMSO, 1991.

[61] Pizer W A. Combining price and quantity controls to mitigate global climate change [J]. Journal of public economics, 2002, 85 (3): 409 – 434.

[62] Pizer W. The Optimal Choice of Climate Change Policy in the Presence of Uncertainty [J]. Resource and Energy Economics, 1999, 21 (3 – 4): 409 – 434.

[63] Poterba J. Is the Gasoline Tax Regressive? [J]. Tax Policy Economics, 1991 (5): 145 – 164.

[64] Ramsey, Frank P. (1927). A Contributionto The Theory Of Taxation [J]. The Economic Journal, 1927 (3): 47 – 61.

[65] Rubin J D. A model of intertemporal emission trading, banking, and borrowing [J]. Journal of Environmental Economics and Management, 1996 (31): 269 – 286.

[66] Sandmo, Agnar (1967), Optimal Taxationin The Presence Of Externalities [J]. Swedish Journal of Economics, 1975 (10): 86 – 98.

[67] Smith – Sebasto N J. The Revised Perceived Environmental Control Measure: A Review And Analysis [J]. Journalof Environmental Education, 1992 (23): 2.

[68] Stern P C. Toward a coherent theory of environmentally significant behavior [J]. Journal of Social Issues, 2000, 56 (3): 407 – 424.

[69] Sterner T. The Selection and design of policy instruments: applications to environmental protection and natural resource management [R]. World Bank Working Paper, 2002: 2212.

[70] Tietenberg T. Disclosure Strategies for Pollution Control [J]. Environmental & Resource Economics, 1998, 11 (3 – 4): 587 – 602.

[71] Wang H. D. Wheeler. Financial incentives and endogenous enforcement in China's pollution levy system [J]. Journal of Environmental Economics

& Management, 2005 (1).

[72] Weigel R, Weigel J. Environmental concern: the development of a measure [J]. Environment and Behavior, 1978, 10 (1): 3 – 15.

[73] Weitzman M L. Prices vs. quantities [J]. The Review of Economic Studies, 1974, 41 (4): 477 – 491.

[74] Wheeler D, Dasgupta S. Citizen complaints as environmental indicators: evidence from China [R]. Policy Research Working Paper, 1997.

[75] Winters L A. The trade and welfare effects of greenhouse gas abatement: a survey of empirical estimates [R]. Harvester Wheatsheaf: The greening of world trade issue, 1992.

[76] Wittneben B B, Kiyar D. Climate change basics for managers [J]. Management Decision, 2009, 47 (7): 1122 – 1132.

[77] Wood R, Wiedmann T, Lenzen M. Uncertainty analysis for multi – region input – utput models: case study of the UK's carbon footprint [J]. Economic Systems Research, 2010, 22 (1): 43 – 63.

[78] 包群, 邵敏, 杨大利. 环境管制抑制了污染排放吗? [J]. 经济研究, 2013 (12): 42 – 54.

[79] 道格拉斯·诺思. 制度、制度变迁与经济绩效 [M]. 上海: 格致出版社, 2014.

[80] 范进, 赵定涛, 洪进. 消费排放权交易对消费者选择行为的影响——源自实验经济学的证据 [J]. 中国工业经济, 2012 (3): 30 – 42.

[81] 李树, 翁卫国. 我国地方环境管制与全要素生产率增长——基于地方立法和行政规章实际效率的实证分析 [J]. 财经研究, 2014, 40 (2): 19 – 29.

[82] 刘红梅, 孙梦醒, 王宏利, 等. 环境税 "双重红利" 研究综述 [J]. 税务研究, 2007 (7): 82 – 87.

[83] 刘甲炎, 范子英. 中国房产税试点的效果评估: 基于合成控制法的研究 [J]. 世界经济, 2013 (11): 117 – 135.

[84] 刘立夫. "天人合一" 不能归约为 "人与自然和谐相处" [J]. 哲学研究, 2007 (2): 67 – 7.

[85] 刘震. 重思天人合一思想及其生态价值 [J]. 哲学研究, 2018

（6）：43－52.

[86] 卢风. 超越物质主义 [J]. 清华大学学报（哲学社会科学版），2016（4）：154－160.

[87] 马向前，任若恩. 中国投入产出序列表外推方法研究 [J]. 统计研究，2004（4）：31－34.

[88] 秦昌波，王金南，葛察忠，等. 征收环境税对经济和污染排放的影响 [J]. 中国人口·资源与环境，2015，25（01）：19－25.

[89] 盛斌. 中国对外贸易政策的政治经济分析 [M]. 上海：上海三联出版社，2002.

[90] 史亚东. 公众诉求与我国地方环境法规的实施效果 [J]. 大连理工大学学报（社会科学版），2018（39）：111－120.

[91] 苏治，胡迪. 通货膨胀目标制是否有效？——来自合成控制法的新证据 [J]. 经济研究，2015（6）：74－88.

[92] 汤韵，梁若冰. 两控区政策与二氧化硫减排——基于倍差法的经验研究 [J]. 山西财经大学学报，2012（6）：9－16.

[93] 王贤彬，聂海峰. 行政区划调整与经济增长 [J]. 管理世界，2010（4）：42－53.

[94] 吴明琴，周诗敏. 环境规制与污染治理绩效——基于我国"两控区"的实证研究 [J]. 现代经济探讨，2017（9）：7－15.

[95] 徐成芳，顾林. 信息社会西方政党"去意识形态化"趋向初探 [J]. 社会主义研究，2015（5）：127－131.

[96] 尹磊. 环境税制度构建的理论依据与政策取向 [J]. 税务研究，2014（6）：47－50.

[97] 于文超，高楠，龚强. 公众诉求、官员激励与地区环境治理 [J]. 浙江社会科学，2014（5）：23－35.

[98] 张海星. 开征环境税的经济分析与制度选择 [J]. 税务研究，2014（6）：34－40.

[99] 张华. 地区间环境规制的策略互动研究——对环境规制非完全执行普遍性的解释 [J]. 中国工业经济，2016（7）：74－90.

[100] 张三峰，卜茂亮. 嵌入全球价值链、非正式环境规制与中国企业 ISO14001 认证——基于 2004—2011 年省际面板数据的经验研究 [J]. 财贸研究，2015（2）：70－78.